21 世纪高等学校机械设计制造及其自动化专业系列教材

模拟电子技术与应用

李 曦 艾 武 主编

U0321327

华中科技大学出版社

中国·武汉

内 容 简 介

　　本书以高等学校非电类专业的本科生为读者对象,以常见的基本放大电路结构与相关分析计算为主线,面向实际应用,强调以工程的概念分析问题、解决问题的一般性方法,既注重本学科基本概念、基本方法的传授,又注重学科之间的交叉融合,以及与相关课程教学内容的衔接,通过启发创新思维,培养学生主动实践的工程应用能力。全书共分 8 章,内容包括:半导体器件、放大电路分析基础、场效应管及其放大电路、放大电路中的负反馈、集成电路运算放大器及其应用、信号产生电路、功率放大电路、直流稳压电源等。编者在编写时,力求深入浅出、图文并茂,以便读者自学。本书还讨论了各种放大电路的分析方法在机电系统控制、测量等方面的实际应用,为电子技术在机电一体化领域的应用提供了必要的基础知识与方法。

　　本书由华中科技大学的多位教师结合近些年的教学和科研经验,综合机械制造自动化等专业的总体培养目标共同编写而成,可作为高等学校机械类专业、近机类专业的教学用书,也可供高等学校其他有关专业的师生和相关工程技术人员参考,可满足 48~56 学时本科教学的需要。

图书在版编目(CIP)数据

模拟电子技术与应用/李　曦　艾　武　主编.—武汉:华中科技大学出版社,2013.1
　ISBN　978-7-5609-8471-1

　Ⅰ.模…　Ⅱ.①李…　②艾…　Ⅲ.模拟电路-电子技术-高等学校-教材　Ⅳ.TN710

中国版本图书馆 CIP 数据核字(2012)第 257791 号

模拟电子技术与应用	李　曦艾　武　主编

策划编辑:俞道凯
责任编辑:姚　幸
封面设计:李　嫚
责任校对:朱　玢
责任监印:张正林
出版发行:华中科技大学出版社(中国·武汉)
　　　　　武昌喻家山　邮编:430074　电话:(027)81321915
录　　排:武汉楚海文化传播有限公司
印　　刷:武汉华工鑫宏印务有限公司
开　　本:710mm×1000mm　1/16
印　　张:18.25
字　　数:384 千字
版　　次:2018 年 7 月第 1 版第 3 次印刷
定　　价:38.00 元

21世纪高等学校
机械设计制造及其自动化专业系列教材

总　序

"中心藏之，何日忘之"，在新中国成立 60 周年之际，时隔"21 世纪高等学校机械设计制造及其自动化专业系列教材"出版 9 年之后，再次为此系列教材写序时，《诗经》中的这两句诗又一次涌上心头，衷心感谢作者们的辛勤写作，感谢多年来读者对这套系列教材的支持与信任，感谢为这套系列教材出版与完善作过努力的所有朋友们。

追思世纪交替之际，华中科技大学出版社在众多院士和专家的支持与指导下，根据 1998 年教育部颁布的新的普通高等学校专业目录，紧密结合"机械类专业人才培养方案体系改革的研究与实践"和"工程制图与机械基础系列课程教学内容和课程体系改革研究与实践"两个重大教学改革成果，约请全国 20 多所院校数十位长期从事教学和教学改革工作的教师，经多年辛勤劳动编写了"21 世纪高等学校机械设计制造及其自动化专业系列教材"。这套系列教材共出版了 20 多本，涵盖了"机械设计制造及其自动化"专业的所有主要专业基础课程和部分专业方向选修课程，是一套改革力度比较大的教材，集中反映了华中科技大学和国内众多兄弟院校在改革机械工程类人才培养模式和课程内容体系方面所取得的成果。

这套系列教材出版发行 9 年来，已被全国数百所院校采用，受到了教师和学生的广泛欢迎。目前，已有 13 本列入普通高等教育"十一五"国家级规划教材，多本获国家级、省部级奖励。其中的一些教材(如《机械工程控制基础》《机电传动控制》《机械制造技术基础》等)已成为同类教材的佼佼者。更难得的是，"21 世纪高等学校机械设计制造及其自动化专业系列教材"也已成为一个著名的丛书品牌。9 年前为这套教材作序的时候，我希望这套教材能加强各兄弟院校在教学改革方面的交流与合作，对机械工程类专业人才培养质量的提高起到积极的促进作用,现在看来,这一目标很好地达到了,让人倍感欣慰。

李白讲得十分正确:"人非尧舜,谁能尽善?"我始终认为,金无足赤,人无完人,文无完文,书无完书。尽管这套系列教材取得了可喜的成绩,但毫无疑问,这套书中,某本书中,这样或那样的错误、不妥、疏漏与不足,必然会存在。何况形势总在不断地发展,更需要进一步来完善,与时俱进,奋发前进。较之9年前,机械工程学科有了很大的变化和发展,为了满足当前机械工程类专业人才培养的需要,华中科技大学出版社在教育部高等学校机械学科教学指导委员会的指导下,对这套系列教材进行了全面修订,并在原基础上进一步拓展,在全国范围内约请了一大批知名专家,力争组织最好的作者队伍,有计划地更新和丰富"21世纪机械设计制造及其自动化专业系列教材"。此次修订可谓非常必要,十分及时,修订工作也极为认真。

"得时后代超前代,识路前贤励后贤。"这套系列教材能取得今天的成绩,是几代机械工程教育工作者和出版工作者共同努力的结果。我深信,对于这次计划进行修订的教材,编写者一定能在继承已出版教材优点的基础上,结合高等教育的深入推进与本门课程的教学发展形势,广泛听取使用者的意见与建议,将教材凝练为精品;对于这次新拓展的教材,编写者也一定能吸收和发展原教材的优点,结合自身的特色,写成高质量的教材,以适应"提高教育质量"这一要求。是的,我一贯认为我们的事业是集体的,我们深信由前贤、后贤一起一定能将我们的事业推向新的高度!

尽管这套系列教材正开始全面的修订,但真理不会穷尽,认识不是终结,进步没有止境。"嘤其鸣矣,求其友声",我们衷心希望同行专家和读者继续不吝赐教,及时批评指正。

是为之序。

中国科学院院士

2009.9.9

前　言

随着电子技术的快速发展,尤其是微电子学与计算机科学的发展,电子技术已成为机电一体化技术的基础和重要组成部分。

为了适应我国制造业快速发展及国家振兴制造业的战略规划,遵循高等工科院校教学规律的要求,根据教育部机械学科教学指导委员会教材编写的有关精神,结合多年来的教学及科研方面的实践经验,参考最新的国际动态资讯,我们编写了此书。在编写过程中,力求反映模拟电子技术的基本概念、基本方法和分析工程问题与解决工程问题的思路,兼顾理论与实际的需求,在内容的取舍上,注重先进性与实用性的统一,同时注重知识面的广阔性,在文字的叙述上,注意简练通俗、层次分明,并遵从由点到面、由浅入深的认识规律。本书既可作为高等工科院校机械工程及自动化专业主干技术基础课程"模拟电子技术"的教材,也可供从事相关工作的工程技术人员参考使用。

全书共分8章。第1章简单介绍半导体器件及其工作原理和简单应用;第2章介绍了由分立元件所组成的基本放大电路的分析方法及工程测算方法,通过典型电路结构的分析,讨论了电路组成、工作状态分析和主要指标的计算;第3章阐述了场效应管及其放大电路;第4章讨论了负反馈的概念,以及如何通过负反馈改善电路的性能;第5章是集成电路运算放大器及其应用,重点由理论分析转向实际应用;包括比例放大、常用运算、比较、滤波等典型应用;第6章为波形产生与变换方面的应用;第7章为功率放大电路;第8章为直流稳压电源。附录还提供了进行各种仿真虚拟实验的素材,以便读者利用业余时间建立自己的实验室,不受约束地完成课程学习所需的实践环节。

本书由李曦和艾武负责主编。参加本书编写的有李曦(第1、2、3、6章,第7、8章的部分内容),张冈(第4、5章及附录的仿真实验部分),肖鹏(第7、8章的部分内容)。全书由艾武教授进行统稿。

本书在编写过程中,参阅了有关院校、科研机构、企业出版的教材、资料和文献;许多专家同行鼎力协助,对本书初稿提出了许多宝贵的意见和建议;同时还得到了华中科技大学众多教师的热情鼓励与无私支持,他们为本书的出版提供了大量素材,付出了辛勤劳动;在出版过程中,华中科技大学的领导和华中科技大学出版社的编辑也给予了极大支持与帮助,使本书得以顺利付梓。编者在此谨向他们表示诚挚的谢意!

由于编者水平有限,书中的错误和不当之处在所难免,恳请各方面专家及广大读者批评指正。

作 者

2012 年 8 月

本书所用的主要符号说明

一、基本符号

q	电荷	L	电感
Φ,ϕ	磁通量	C	电容
I,i	电流	M	互感
U,u	电压	Z	阻抗
P,p	功率	X	电抗
W,w	能量	Y	导纳
R,r	电阻	B	电纳
G,g	电导	A	放大倍数

二、电压、电流符号

英文小写字母 $u(i)$,其下标若为英文小写字母,则表示交流电压(电流)瞬时值,如:u_o 表示输出交流电压瞬时值。

英文小写字母 $u(i)$,其下标若为英文大写字母,则表示含有直流的电压(电流)瞬时值,如:u_O 表示含有直流的输出电压瞬时值。

英文大写字母 $U(I)$,其下标若为英文小写字母,则表示正弦电压(电流)有效值,如:U_o 表示输出正弦电压有效值。

英文大写字母 $U(I)$,其下标若为英文大写字母,则表示直流电压(电流)值,如:U_O 表示输出直流电压值。

$\dot{U}$、$\dot{I}$	正弦电压、电流相量(复数量)
U_Q、I_Q	电压、电流的静态值
U_f、I_f	反馈电压、电流有效值
U_{CC}、U_{EE}	集电极、发射极直流电源电压
U_{BB}	基极直流电源电压
U_{DD}、U_{SS}	漏极和源极直流电源电压
U_s、I_s	直流电压源、电流源
u_s、i_s	正弦电压源、电流源
U_i	输入交流电压有效值
u_I	含有直流成分的输入电压瞬时值
u_i、u_o	输入、输出电压瞬时值

U_o、I_o	输出交流电压、电流有效值
u_O	含有直流成分的输出电压的瞬时值
U_R	基准电压、参考电压、二极管最大反向工作电压
I_R	参考电流、二极管反向电流
U_+、I_+(u_+、i_+)	运放同相端输入电压、电流
U_-、I_-(u_-、i_-)	运放反相端输入电压、电流
U_id	差模输入电压信号
U_ic	共模输入电压信号
U_oim	整流或滤波电路输出电压中基波分量的幅值
U_CEQ	集电极、发射极间静态压降
U_oh	电压比较器输出的高电平电压
U_ol	电压比较器输出的低电平电压
U_th	电压比较器的阈值电压
I_BQ	基极静态电流
I_CQ	集电极静态电流
ΔU_CE	直流变化量
Δi_c	瞬时值变化量

三、电阻符号

R_s	信号源内阻
r_i	输入电阻
r_o	输出电阻
r_if	具有反馈时的输入电阻
r_of	具有反馈时的输出电阻
r_id	差模输入电阻
R_i(R')	运放输入端的平衡电阻
R_P(R_W)	电位器(可变电阻器)
R_c	集电极外接电阻
R_b	基极偏置电阻
R_e	发射极外接电阻
R_L	负载电阻

四、放大倍数、反馈系数

A_v	电压放大倍数 $A_\text{v}=U_\text{o}/U_\text{i}$
A_vs	考虑信号源内阻时电压放大倍数 $A_\text{vs}=U_\text{o}/U_\text{s}$,即源电压放大倍数
A_vd	差模电压放大倍数
A_vc	共模电压放大倍数

A_{od}	开环差模电压放大倍数
A_{vsm}	中频电压放大倍数
A_{vsl}	低频电压放大倍数
A_{vsh}	高频电压放大倍数
A_i	开环电流放大倍数
A_{if}	闭环电流放大倍数
F	反馈系数
A_p	功率放大倍数

五、功率符号

p	瞬时功率
P	平均功率(有功功率)
Q	无功功率
$\tilde{S}$	复功率
S	视在功率
λ	功率因数
P_o	输出信号功率
P_c	集电极损耗功率
P_E、P_S	直流电源供给功率

六、频率符号

f	频率
ω	角频率
$f_H(f_h)$	放大电路的上限截止频率。此时,$A_{vsh}=0.707\,A_{vsm}$
$f_L(f_l)$	放大电路的下限截止频率。此时,$A_{vsl}=0.707\,A_{vsm}$
f_{BW}	通频带(带宽),$f_{BW}=f_H-f_L$
f_{hf}	具有负反馈时放大电路的上限截止频率
f_{lf}	具有负反馈时放大电路的下限截止频率
f_{BWf}	具有负反馈时的通频带
f_α	共基极接法时三极管电流放大系数的上限截止频率
f_β	共射极接法时三极管电流放大系数的上限截止频率
f_T	三极管的特征频率
ω_0	谐振角频率、振荡角频率
f_0	振荡频率

七、器件符号

D	二极管
T	三极管
U_T	温度电压当量,$U_T=kT/q$;增强型场效应管的开启电压

I_D	二极管电流,漏极电流
I_S	反向饱和电流,源极电流
I_F	最大整流电流
U_{on}	二极管开启电压
U_B	PN 结击穿电压,基极直流电压
V_{DZ}	稳压二极管
U_Z	稳压管稳定电压值
I_Z	稳压管工作电流
$I_{Z\,max}$	最大稳定电流
r_Z	稳压管的微变电阻
b、B	基极
c,C	集电极
e,E	发射极
I_{CBO}	发射极开路、集-基极间的反向饱和电流
I_{CEO}	基极开路、集-射极间的穿透电流
I_{CM}	集电极最大允许电流
P	空穴型半导体
N	电子型半导体
n	电子浓度
p	空穴浓度
$r_{bb'}$	基区体电阻
$r_{b'e}$	发射结的微变等效电阻
r_{be}	共射接法下,基-射极间的微变电阻
r_{ce}	共射接法下,基-射极间的微变电阻
α	共基接法下,集电极电流的变化量与发射极电流的变化量之比,即 $\alpha=\Delta I_C/\Delta I_E$
$\bar{\alpha}$	从发射极到达集电极的载流子的百分数,或 $\bar{\alpha}=I_C/I_E$
β	共射接法下,集电极电流的变化量与基极电流的变化量之比,即 $\beta=\Delta I_C/I_E$
$\bar{\beta}$	共射接法下,不考虑穿透电流时,I_C 与 I_B 的比值
g_m	跨导
BU_{EBO}	集电极开路时 e-b 间的击穿电压
BU_{CEO}	基极开路时 c-e 间的击穿电压
U_{IO}、I_{IO}	集成运放输入失调电压、失调电流
I_{IB}	集成运放输入偏置电流
S_R	集成运放的转换速率

D	场效应管漏极
G	场效应管栅极
S	场效应管源极
S	整流电路的脉动系数
U_p	场效应管夹断电压
r_DS	场效应管漏源间的等效电阻
I_DSS	结型、耗尽型场效应管 $U_\mathrm{GS}=0$ 时的 I_D 值
CMRR	共模抑制比
CMR	用分贝表示的共模抑制比,即 20 lg CMRR
Q	静态工作点、LC 回路的品质因数
τ	时间常数
η	效率
$\varphi(\theta)$	相角
φ_F	反馈网络的相移
ρ	电阻率

目 录

第 1 章

半导体器件

本章内容是全书所需掌握知识的基础。半导体器件是构成信号放大电路与处理电路的核心单元部件,因此,在学习信号放大电路之前有必要了解半导体的性质及其导电特性,了解各种半导体器件的基本结构与原理。

1.1 半导体基础知识

根据物体导电能力(电阻率)的不同,可将物质分为导体、绝缘体和半导体。

(1)导体 导体是指电阻率 $\rho < 10^{-4}$ $\Omega \cdot cm$ 的物质。如铜、银、铝等金属材料,由于其最外层电子受原子核的束缚力较小,极易脱离原子核的束缚而成为自由电子,这些自由电子在外电场的作用下产生定向运动(称为漂移运动)形成电流,呈现良好的导电性。

(2)绝缘体 绝缘体是指电阻率 $\rho > 10^9$ $\Omega \cdot cm$ 物质。如橡胶、塑料等,它们与金属材料相反,最外层电子受原子核的束缚力极强,故导电性很差。

(3)半导体 半导体的电阻率为 $10^{-3} \sim 10^9 \Omega \cdot cm$。典型的半导体有硅(Si)、锗(Ge)和砷化镓(GaAs)及其他聚合物材料等,其导电性介于导体与绝缘体之间。

1.1.1 本征半导体及其导电性

完全纯净的、不含其他杂质且具有晶体结构的半导体称为本征半导体。

1. 本征半导体的共价键结构

硅(Si)和锗(Ge)都是四价元素,在原子最外层轨道上的 4 个电子称为价电子,其中硅原子及其简化模型结构如图 1-1 所示。它们分别与周围的 4 个原子的价电子形成共价键。共价键中的价电子为这些原子所共有,并为它们所束缚,在空间形成排列有序的结构,如图 1-2 所示。

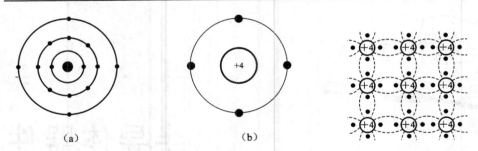

图 1-1　硅原子及其简化模型　　　　　　图 1-2　简化模型共价键平面结构

（a）硅的原子结构　（b）简化模型

2. 半导体中的常用术语和特性

（1）本征激发　一般来说,本征半导体共价键中的价电子不完全像绝缘体中价电子所受束缚那样强,如果能从外界获得一定的能量（如光照、温升、电磁场激发等）,一些价电子就可能挣脱共价键的束缚而成为自由电子。理论和实验表明:在常温（$T=300K$）下,硅共价键中的价电子只要获得大于电离能 E_g（也可用禁带宽度衡量,硅本征半导体的 $E_g=1.1eV$）的能量便可激发成为自由电子。锗本征半导体的电离能更小,只有 $0.72eV$。这一现象称为本征激发,也称热激发。

（2）电子空穴对　当自由电子产生时,在原来的共价键中的位置就出现了一个空位,原子的电中性被破坏,呈现出正电性,其正电量与电子的负电量相等,人们常称呈现正电性的这个空位为空穴。可见因热激发而出现的自由电子和空穴是同时成对出现的,称为电子空穴对,如图 1-3（a）所示。

（3）复合　游离的部分自由电子在运动过程中遇到空穴时可能回到空穴中去,该现象称为复合,如图 1-3（b）所示,很显然,复合与激发是一对可逆的过程。

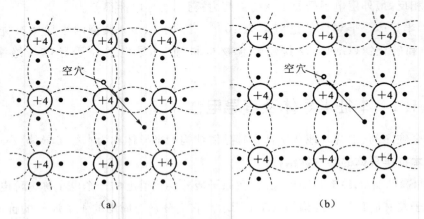

图 1-3　本征激发与复合过程

（a）电子空穴对　（b）复合

（4）空穴的移动　自由电子的定向运动形成了电子电流,空穴的定向运动也可形成空穴电流,它们的方向相反。当空穴出现时,相邻原子的价电子比较容易离开它所在的共价键而填补到这个空穴中来,使该价电子原来所在的共价键中出现一个新的空穴,这个空穴又可能被相邻原子的价电子填补,再出现新的空穴。价电子填补空穴的这种运动无论在形式上还是效果上都相当于带正电荷的空穴在运动,只不过空穴的运动是靠相邻共价键中的价电子依次充填空穴来实现的,因此,空穴的导电能力不如自由电子。

(5)动态平衡　在一定温度条件下,产生的"电子-空穴对"和复合的"电子-空穴对"数量相等时,形成相对平衡,这种相对平衡属于动态平衡,达到动态平衡时"电子-空穴对"维持一定的数目。

可见,在半导体中存在着自由电子和空穴两种载流子,而金属导体中只有自由电子一种载流子,这也是半导体与导体导电方式的不同之处。

(6)半导体材料的热敏性与光敏性　半导体材料的电阻率随温度的变化会发生明显地改变,如锗元素半导体,温度每升高 10℃,它的电阻率就大约减小一半;半导体材料的电阻率对光的变化也十分敏感,如硫化镉在没有光照时,电阻值可高达几兆欧,而受到光照时,电阻值降到几十千欧。这些特性都广泛地应用于自动控制和无线电技术中。

(7)半导体材料的掺杂性　在纯净的半导体中掺入极微量的杂质元素,就会使它的电阻率发生巨大变化,如在纯硅中掺入百万分之一的硼元素,其电阻率就会从 214 000 $\Omega \cdot cm$ 急剧减小为 0.4 $\Omega \cdot cm$,也就是说硅的导电能力提高了 50 多万倍。

1.1.2　杂质半导体

在本征半导体中掺入某些微量元素作为杂质,可使半导体的导电性发生显著变化。掺入的杂质主要是三价或五价元素。掺入杂质后的本征半导体称为杂质半导体。

1.N 型半导体

在本征半导体中掺入五价杂质元素,例如磷,可形成 N 型半导体,也称电子型半导体。因五价杂质原子中只有 4 个价电子能与周围 4 个半导体原子中的价电子形成共价键,而多余的 1 个价电子因无共价键束缚而很容易形成自由电子。

提供自由电子的五价杂质原子因自由电子脱离而带正电荷成为正离子,因此,五价杂质原子也被称为施主杂质。N 型半导体的结构示意图如图 1-4 所示。由于在 N 型半导体中自由电子的浓度远大于空穴的浓度,即 $n \gg p$。在 N 型半导体中自由电子称为多数载流子(简称多子),空穴称为少数载流子(简称少子)。

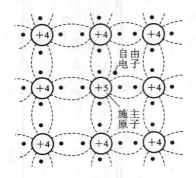

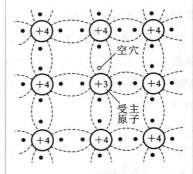

图 1-4　N 型半导体的晶体结构　　　　图 1-5　P 型半导体的晶体结构

2. P 型半导体

本征半导体中掺入三价杂质元素,如硼、镓、铟等形成 P 型半导体,也称为空穴型半导体。因三价杂质原子与硅原子形成共价键时,缺少一个价电子而在共价键中留下一个空穴。

空穴很容易俘获(吸引相邻原子的价)电子,使杂质原子成为负离子。三价杂质因而也称为受主杂质。P 型半导体的结构示意图如图 1-5 所示。三价杂质原子称为受主原子。

P 型半导体中空穴浓度多于自由电子浓度,即 $p \gg n$。所以 P 型半导体中空穴为多数载流子,自由电子为少数载流子。

1.2　PN 结

通过现代工艺,把一块本征半导体的一边制成 P 型半导体,另一边制成 N 型半导体,于是这两种半导体的交界处就形成了 PN 结。PN 结是构成其他半导体材料的基础。

1.2.1　异型半导体接触现象

在形成的 PN 结中,由于两侧的电子和空穴的浓度相差很大,因此它们会产生扩散运动:N 区的多数载流子电子从 N 区向 P 区扩散;而 P 区的多数载流子空穴则从 P 区向 N 区扩散。因为它们都是带电粒子,在向另一侧扩散的同时,在 N 区留下了带正电的空穴,在 P 区留下了带负电的杂质离子,这样就形成了空间电荷区,也就是形成了内电场(自建电场)。它们的形成过程如图 1-6(a)、图 1-6(b)所示。

在电场的作用下,载流子将作漂移运动,它的运动方向与扩散运动的方向相反,即阻止扩散运动。电场的强弱与扩散的程度有关,扩散的载流子越多,空间电荷区越厚,所形成的内电场越强,对扩散运动的抑制能力(阻力)也越大,同时有助于漂移运动。当扩散运动与漂移运动达到动态平衡(相等)时,通过界面的载流子为零。此时,PN 结的交界区就形成一个缺少载流子的高阻区,又把它称为阻挡层或耗尽层。

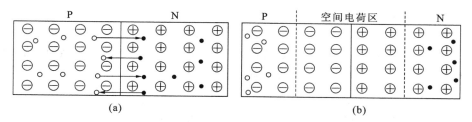

图 1-6　PN 结的形成

(a)多数载流子的扩散运动　(b)空间自建电场的形成

1.2.2　PN 结的单向导电性

在 PN 结两端加不同方向的电压,可以破坏它原来的平衡,从而使它呈现出单向导电性。

1.PN 结外加正向电压

PN 结外加正向电压的接法是 P 区接电源的正极,N 区接电源的负极。这时外加电压形成电场的方向与自建电场的方向相反,从而使阻挡层变窄,扩散作用大于漂移作用,多数载流子向对方区域扩散时形成正向电流,方向是从 P 区指向 N 区,如图 1-7(a)所示。

这时的 PN 结处于导通状态,它所呈现的电阻为正向电阻,正向电压越大,电流也越大。它的关系呈指数关系,即

$$I_D = I_S e^{\frac{U}{U_T}}$$

式中:I_D 为流过 PN 结的电流;

U 为 PN 结两端的电压;

$U_T = kT/q$ 称为温度电压当量,其中,k 为玻耳兹曼常量,T 为热力学温度,q 为电子电量,在室温下(300K),$U_T = 26\text{mV}$;

I_S 为反向饱和电流。

2.PN 结外加反向电压

这种接法与正向电压的接法相反,即 P 区接电源的负极,N 区接电源的正极,也称反向偏量。此时的外加电压形成电场的方向与自建电场的方向相同,从而使阻挡层变宽,漂移作用大于扩散作用,少数载流子在电场的作用下,形成漂移电流,它的方向与正向电压的方向相反,所以又称为反向电流,如图 1-7(b)所示。因反向电流是由少数载流子形成的,故反向电流很小,即使反向电压再增加,少数载流子也不会增加,反向电压也不会增加,因此它又被称为反向饱和电流,即

$$I_D = -I_S$$

此时,PN 结处于截止状态,呈现的电阻为反向电阻,而且阻值很高。

综上所述:PN 结在正向电压作用下,处于导通状态,在反向电压的作用下,处于截止状态,因此 PN 结具有单向导电性。

其电流和电压的关系通式为

$$I_D = I_S(e^{\frac{U}{U_T}} - 1) \tag{1-1}$$

式(1-1)也被称为 PN 结的伏安特性方程,如图 1-7(c)所示为伏安特性曲线(其中 $OABC$ 段为正向特性,ODE 段为反向特性)。

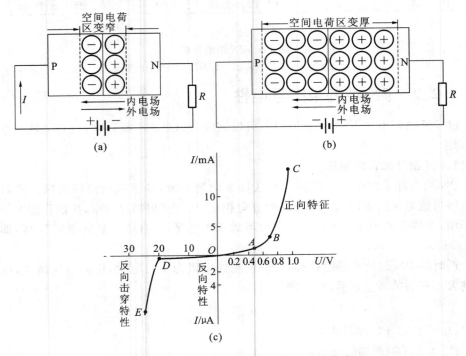

图 1-7　PN 结的单向导电性及伏安特性曲线
(a)PN 结正向接法　(b)PN 结反向接法　(c)PN 结的伏安特性曲线

1.2.3　PN 结的击穿

PN 结处于反向偏置时,在一定的电压范围内,流过 PN 结的电流很小,但电压超过某一数值时,反向电流会急剧增加,这种现象就被称为反向击穿。这种现象破坏了 PN 结的单向导电性,在使用时要避免出现上述现象。击穿形式分为两种:雪崩击穿和齐纳击穿。不过需要补充的是:有些击穿现象并不意味着 PN 结损坏,如后面所要介绍的稳压二极管。

1.2.4　PN 结的电容效应

由于电压的变化将引起电荷的变化,从而出现电容效应。PN 结内部有电荷的变化,因此它具有电容效应,它的电容效应有两种:势垒电容和扩散电容。PN 结正偏时,扩散电容起主要作用;PN 结反偏时,势垒电容起主要作用。

1. 势垒电容

势垒电容是由阻挡层内的空间电荷引起的,通常用 C_B 表示,即是由空间电荷区离子薄层形成的。当外加电压使 PN 结上压降发生变化时,离子薄层的厚度也相应地随之改变,这相当于 PN 结中存储的电荷量也随之变化,犹如电容的充放电。势垒电容的示意图如图 1-8 所示。

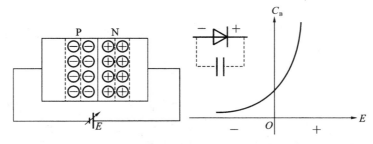

图 1-8　势垒电容示意图

2. 扩散电容

扩散电容(C_D)是 PN 结在正向电压的作用下,多数载流子在扩散过程中引起电荷的积累而产生的。即多数载流子扩散后,在 PN 结的另一侧面积累而形成的。因 PN 结正偏时,由 N 区扩散到 P 区的电子与外电源提供的空穴相复合,形成正向电流。刚扩散过来的电子就堆积在 P 区内紧靠 PN 结的附近,形成一定的多数载流子浓度梯度分布曲线。

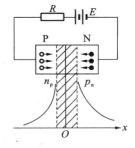

图 1-9　扩散电容示意图

反之,由 P 区扩散到 N 区的空穴,在 N 区内也形成类似的浓度梯度分布曲线。扩散电容的示意图如图 1-9 所示。

当外加正向电压不同时,扩散电流即外电路电流的大小也就不同。所以 PN 结两侧堆积的多数载流子的浓度梯度分布也不相同,这就相当电容的充放电过程。势垒电容和扩散电容均是非线性电容。

1.3　半导体二极管

半导体二极管是由 PN 结加上引线和管壳构成的,符号及各种常见二极管外形如图 1-10 所示。它的类型很多,按其结构,通常有点接触型和面接触型,如图 1-11 所示。

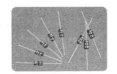

阳极　　阴极

图 1-10　二极管符号及其外形

按二极管的结构来分有如下几种。

（1）点接触型二极管　其特点是 PN 结面积小,结电容小,最高工作频率可达几百兆赫兹,但不能通过很大的电流。主要用于小电流的整流和检测、混频等,如图 1-11(a)所示。

（2）面接触型二极管　其特点是 PN 结面积较大,一般用于工频及大电流整流电路,如图 1-11(b)所示。

（3）硅平面型二极管　往往用于集成电路制造工艺中。PN 结面积可大可小,用于高频整流和开关电路中,如图 1-11(c)所示。

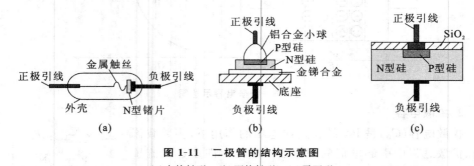

图 1-11　二极管的结构示意图
(a)点接触型　(b)面接触型　(c)平面型

此外,二极管还可按使用的半导体材料分,有硅二极管和锗二极管;按用途分,有普通二极管、整流二极管、检波二极管、混频二极管、稳压二极管、开关二极管、光敏二极管、变容二极管、光电二极管等。

1.3.1　二极管的特性

二极管是由一个 PN 结构成的,它的主要特性就是单向导电性,通常主要用它的伏安特性来表示。

二极管的伏安特性是指流过二极管的电流 i_D 与加于二极管两端的电压 u_D 之间的关系或曲线。用逐点测量的方法测绘出来或用三极管图示仪显示出来的 U-I 曲线称为二极管的伏安特性曲线。图 1-12 所示为二极管的伏安特性曲线示意图,以此为例说明其特性。

1. 正向特性

由图 1-12 可以看出,当所加的正向电压为零时,电流为零;当正向电压较小时,由于外电场远不足以克服 PN 结内电场对多数载流子扩散运动所造成的阻力,故正向电流很小(几乎为零),二极管呈现出较大的电阻。这段曲线称为死区。

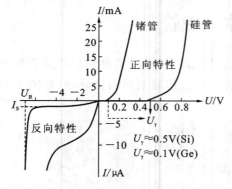

图 1-12　二极管的伏安特性曲线

当正向电压升高到一定值 $U_\gamma(U_{th})$ 以后内电场被显著减弱,正向电流才有明显增加。U_γ 被称为门限电压或阈电压。U_γ 视二极管材料和温度的不同而不同,常温下,硅管一般为 0.5 V 左右,锗管为 0.1 V 左右。在实际应用中,常把正向特性较直部分即将离开横轴的一点定为门限电压 U_γ 的值。

当正向电压大于 U_γ 以后,正向电流随正向电压几乎线性增长。把正向电流随正向电压线性增长时所对应的正向电压称为二极管的导通电压,用 U_F 来表示。通常,硅管的导通电压为 0.6~0.8 V(一般取为 0.7 V),锗管的导通电压为 0.1~0.3 V(一般取为 0.3 V)。

2. 反向特性

当二极管两端外加反向电压时,PN 结内电场进一步增强,使扩散更难进行。这时只有少数载流子在反向电压作用下的漂移运动形成微弱的反向电流 I_R。反向电流很小,且几乎不随反向电压的增大而增大(在一定的范围内),如图 1-12 所示。但反向电流是温度的函数,将随温度的变化而变化。常温下,小功率硅管的反向电流在 nA 数量级,锗管的反向电流在 μA 数量级。

3. 反向击穿特性

当反向电压增大到一定数值 U_{BR} 时,反向电流剧增,这种现象称为二极管的击穿,U_{BR}(或用 U_B 表示)称为击穿电压。U_{BR} 视不同二极管而定,普通二极管一般在几十伏以上,且硅管较锗管为高。

击穿特性的特点是:虽然反向电流剧增,但二极管的端电压却变化很小,这一特点成为制作稳压二极管的依据。

4. 二极管伏安特性的数学表达式

二极管的伏安特性的数学表达式与 PN 结完全相同。

5. 温度对二极管伏安特性的影响

二极管是温度的敏感器件,温度的变化对其伏安特性的影响主要表现为:随着温度的升高,其正向特性曲线左移,即正向压降减小;反向特性曲线下移,即反向电流增大。一般在室温附近,温度每升高 1 ℃,其正向压降减小 2~2.5 mV;温度每升高 10 ℃,反向电流增大 1 倍左右。综上所述,二极管的伏安特性具有以下特点。

(1)二极管具有单向导电性。

(2)二极管的伏安特性具有非线性。

(3)二极管的伏安特性与温度有关。

1.3.2 半导体二极管的主要参数

描述二极管特性的物理量称为二极管的参数,它是反映二极管电性能的质量指标,是合理选择和使用二极管的主要依据。在半导体器件手册或生产厂家的产品目录中,对各种型号的二极管均用表格列出其参数。二极管的主要参数有以下几种。

1. 最大平均整流电流 $I_{F(AV)}$

$I_{F(AV)}$ 是指二极管在长期工作时,允许通过的最大正向平均电流,它与 PN 结的面积、材料及散热条件有关。实际应用时,工作电流应小于 $I_{F(AV)}$;否则,可能导致结温过高而损毁 PN 结。

2. 最高反向工作电压 U_{RM}

U_{RM} 是指二极管反向运用时,所允许加的最大反向电压。实际应用时,当反向电压增加到击穿电压 U_{BR} 时,二极管可能被击穿损坏,因而,U_{RM} 通常取为$(1/2 \sim 2/3)$ U_{BR}。

3. 反向电流 I_R

I_R 是指二极管未被反向击穿时的反向电流。理论上 $I_R = I_{R(sat)}$,但考虑表面漏电等因素,实际上 I_R 稍大一些。I_R 越小,表明二极管的单向导电性能越好。另外,I_R 与温度密切相关,使用时应注意这一点。

4. 最高工作频率 f_M

f_M 是指二极管正常工作时,允许通过交流信号的最高频率。实际应用时不要超过此值;否则二极管的单向导电性将显著退化。f_M 的大小主要由二极管的电容效应来决定。

其他参数可参考相关手册。

1.3.3　半导体器件的型号命名

二极管(三极管)的型号命名通常根据国家标准 GB/T 249—1989 规定,由五个部分组成。第一部分用阿拉伯数字表示器件的电极数目;第二部分用汉语拼音字母表示器件的材料和极性;第三部分用汉语拼音字母表示器件的类型;第四部分用阿拉伯数字表示器件序号;第五部分用汉语拼音字母表示规格号,如表 1-1、表 1-2 所示。

表 1-1　我国半导体器件的命名规则

第一部分　第二部分　第三部分　第四部分　第五部分

用汉语拼音字母表示规格号

用阿拉伯数字表示序号

用汉语拼音字母表示器件的类型

用汉语拼音字母表示器件的材料和极性

用阿拉伯数字表示器件的电极数目

表 1-2　我国半导体器件命名实例

第一部分		第二部分		第三部分				第四部分	第五部分
器件的电极数		器件的材料和极性		器件的类型				器件的序号	器件的规格号
符号	意义	符号	意义	符号	意义	符号	意义		
2	二极管	A	N 型锗材料	P	普通管	X	低频小功率管 $(f_a<3\text{MHz}$ $P_c<1\text{W})$		
		B	P 型锗材料	V	微波管				
		C	N 型硅材料	W	稳压管	G	高频小功率管 $(f_a\geqslant3\text{MHz}$ $P_c<1\text{W})$		
		D	P 型硅材料	C	参量管				
				Z	整流管				
3	三极管	A	PNP 型锗	L	整流堆	D	低频大功率管 $(f_a<3\text{MHz}$ $P_c\geqslant1\text{W})$		
		B	NPN 型锗	S	隧道管				
		C	PNP 型硅	N	阻尼管	A	高频大功率管 $(f_a\geqslant3\text{MHz}$ $P_c\geqslant1\text{W})$		
		D	NPN 型硅	U	光电管				
		E	化合物材料	K	开关管	T	半导体闸流管		
				B	雪崩管	CS	场效应器件		

1.3.4　稳压二极管

　　稳压二极管是利用二极管的击穿特性。它是因为二极管工作在反向击穿区,反向电流变化很大的情况下,反向电压变化则很小,从而表现出很好的稳压特性,它的符号、应用电路及伏安特性曲线如图 1-13 所示。

　　使用稳压管需要注意以下几个问题。

　　(1)外加电源的正极接稳压管的 N 区,电源的负极接稳压管的 P 区,保证稳压管工作在反向击穿区。

　　(2)稳压管应与负载电阻 R_L 并联。

　　(3)必须限制流过稳压管的电流 I_z 超过规定值,以免因过热而损毁稳压管。

　　稳压二极管的主要参数如下。

1. 稳定电压 U_z

　　稳定电压是稳压管工作在反向击穿区时的稳定工作电压。由于稳定电压随着工作电流的不同而略有变化,因而测试 U_z 时应使稳压管的电流为规定值。稳定电压 U_z 是根据要求挑选稳压管的主要依据之一。不同型号的稳压管,其稳定电压值不

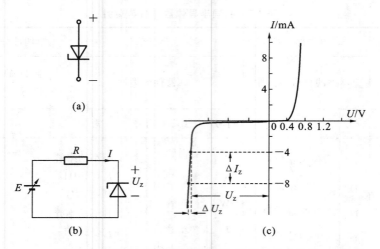

图 1-13　稳压二极管符号、应用电路及其伏安特性
(a)符号　(b)应用电路　(c)伏安特性

同。同一型号的管子,由于制造工艺的分散性,各个管子的 U_Z 值也有差别。例如稳压管 2DW7C,其 $U_Z=6.1\sim6.5$ V,表明均为合格产品,其稳定值有的管子是 6.1 V,有的可能是 6.5 V 等,但这并不意味着同一个管子的稳定电压的变化范围有如此大。

2. 稳定电流 I_Z

稳定电流是使稳压管正常工作时的最小电流,低于此值时稳压效果较差。工作时应使流过稳压管的电流大于此值。一般情况是,工作电流较大时,稳压性能较好。但电流要受管子功耗的限制,即

$$I_{Z\,max} = \frac{P_Z}{U_Z}$$

3. 电压温度系数 α

α 指稳压管温度每变化 1℃时,所引起的稳定电压变化的百分数。一般情况下,稳定电压大于 7 V 的稳压管的 α 为正值,即当温度升高时,稳定电压值增大。如 2CW17,其 $U_Z=9\sim10.5$ V,$\alpha=0.09$ %/℃,说明当温度升高 1 ℃时,稳定电压增加 0.09%。而稳定电压小于 4 V 的稳压管,α 为负值,即当温度升高时,稳定电压值减小,如 2CW11,其 $U_Z=3.2\sim4.5$ V,$\alpha=-(0.05\%\sim0.03\%)/℃$,若 $\alpha=-0.05\%/℃$,表明当温度升高 1 ℃时,稳定电压减少 0.05%。稳定电压在 4~7 V 间的稳压管,其 α 值较小,稳定电压值受温度影响较小,性能比较稳定。

4. 动态电阻 r_Z

r_Z 是稳压管工作在稳压区时,两端电压变化量与电流变化量之比,即

$$r_Z = \frac{\Delta U}{\Delta I}$$

r_Z 值越小,则稳压性能越好。同一稳压管,一般工作电流越大,r_Z 值越小。通常使用手册上给出的 r_Z 值是在规定的稳定电流之下测得的。

5. 额定功耗 P_Z

由于稳压管两端的电压值为 U_Z，而管子中又流过一定的电流，因此要消耗一定的功率。这部分功耗转化为热能，会使稳压管发热。P_Z 的大小取决于稳压管允许的温升。

1.3.5　二极管的应用

二极管的应用主要是利用它的单向导电性。它导通时，可用短线来代替它，它截止时，可认为它断路。

1. 限幅电路

当输入信号电压在一定范围内变化时，输出电压也随着输入电压相应的变化；当输入电压高于某一个数值时，输出电压保持不变，这就是限幅电路的作用。通常把开始不变的电压称为限幅电平。它分为上限幅和下限幅。

如图 1-14(a)所示的限幅电路，输入电压的波形如图 1-14(b)所示。

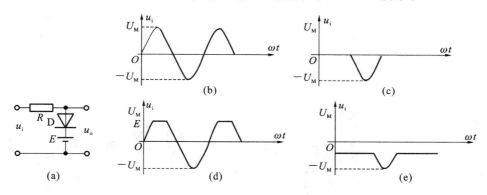

图 1-14　二极管应用于限幅时的电路及波形

（1）$E=0$　限幅电平为 0 V。$u_i>0$ 时，二极管导通，$u_o=0$；$u_i<0$ 时，二极管截止，$u_o=u_i$。它的波形为图 1-14(c)所示形态。

（2）$0<E<U_M$　限幅电平为 $+E$。$u_i<+E$ 时，二极管截止，$u_o=u_i$；$u_i>+E$ 时，二极管导通，$u_o=E$，它的波形为图 1-14(d)所示。

（3）$-U_M<E<0$　限幅电平为负，则它的波形如图 1-14(e)所示。

2. 二极管门电路

二极管组成的门电路可实现逻辑运算。如图 1-15 所示的电路，只要有一条电路输入为低电平时，输出即为低电平，仅当全部输入为高电平时，输出才为高电平。实现逻辑"与"运算。

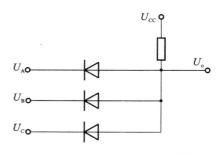

图 1-15　二极管实现的"与"逻辑电路

1.3.6　其他二极管

1. 发光二极管

发光二极管是一种直接能把电能转变为光能的半导体器件。与其他发光器件相比,它具有体积小、功耗低、发光均匀、稳定、响应速度快、寿命长和可靠性高等优点,被广泛应用于各种电子仪器、音响设备、计算机等作电流指示、音频指示和信息状态显示等。

(1)发光原理　发光二极管的管芯结构与普通二极管相似,由一个 PN 结构成。当在发光二极管 PN 结上加正向电压时,空间电荷层变窄,载流子扩散运动大于漂移运动,致使 P 区的空穴注入 N 区,N 区的电子注入 P 区。当电子和空穴复合时会释放出能量并以发光的形式表现出来。

(2)种类和符号　发光二极管的种类很多,按发光材料来区分有磷化镓(GaP)发光二极管、磷砷化镓(GaAsP)发光二极管、砷铝镓(GaAlAs)发光二极管等;按发光颜色来分有发红光、黄光、绿光二极管,以及肉眼看不见红外线的红外发光二极管等;若按功率来区别可分为小功率(HG 400 系列)、中功率(HG50 系列)和大功率(HG52 系列)发光二极管;另外还有多色、变色发光二极管等。发光二极管外形及符号如图 1-16 所示。发光二极管在电源指示电路中的应用如图 1-17 所示。

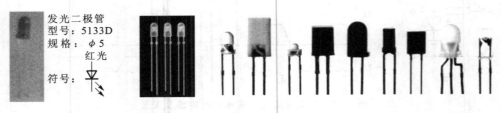

图 1-16　发光二极管外形与符号及各类产品

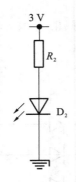

图 1-17　发光二极管的应用(操作面板指示)

小功率的发光二极管正常工作电流在 $10 \sim 30$ mA 之间。通常正向压降值在 $1.5 \sim 3$ V 之间。发光二极管的反向耐压一般在 6 V 左右。发光二极管的伏安特性与整流二极管相似。为了避免由于电源波动引起正向电流值超过最大允许工作电流而导致管子烧坏，通常应串联一个限流电阻来限制流过发光二极管的电流。由于发光二极管最大允许工作电流随环境温度的升高而降低，因此，发光二极管不宜在高温环境中使用。发光二极管的反向耐压（即反向击穿电压）值比普通二极管的小，所以在使用时，为了防止击穿造成发光二极管不发光，在电路中要加接二极管来保护。

2. 光敏二极管

光敏二极管是实现光电转换的半导体器件，与光敏电阻器相比，它具有灵敏度高、高频性能好、可靠性好、体积小、使用方便等优点。

（1）光电转换原理　根据 PN 结反向特性可知，在一定的反向电压范围内，反向电流很小且处于饱和状态。此时，如果无光照射 PN 结，则因本征激发产生的电子-空穴对数量有限，反向饱和电流保持不变，在光敏二极管中被称为暗电流。当有光照射 PN 结时，结内将产生附加的大量电子-空穴对（称之为光生载流子），使流过 PN 结的电流随着光照强度的增加而剧增，此时的反向电流被称为光电流。不同波长的光（如蓝光、红光、红外光等）在光敏二极管的不同区域被吸收形成光电流。被表面 P 型扩散层所吸收的主要是波长较短的蓝光，在这一区域，因光照产生的光生载流子（电子）一旦漂移到耗尽层界面，就会在结电场作用下，被拉向 N 区，形成部分光电流；波长较长的红光，将透过 P 型层在耗尽层激发出电子-空穴对，这些新生的电子和空穴载流子也会在结电场作用下，分别到达 N 区和 P 区，形成光电流。波长更长的红外光，将透过 P 型层和耗尽层，直接被 N 区吸收。在 N 区内因光照产生的光生载流子（空穴）一旦漂移到耗尽区界面，就会在结电场作用下被拉向 P 区，形成光电流。因此，光照射时，流过 PN 结的光电流应是三部分光电流之和。

光敏（电）二极管
型号：**2CU2A**

符号：

图 1-18　光敏二极管外形与符号

（2）结构特点与符号　光敏二极管在电路中的符号如图 1-18 所示。光敏二极管使用时要反向接入电路中，即正极接电源负极，负极接电源正极。

除上述介绍的之外，还有光耦合二极管、变容二极管等，有兴趣的读者可参考相关专业文献。

1.4　半导体三极管

在半导体三极管内有两种载流子：自由电子与空穴，它们同时参与导电，故三极管又称为双极型晶体三极管，简记为 BJT（bipolar junction transistor）。它们是组成各种电子电路的核心器件。三极管有三个电极，常见的外形如图 1-19 所示。

图 1-19　常见三极管外形及实物

1.4.1　三极管的结构及类型

图 1-20(a)和图 1-20(b)所示为 NPN 和 PNP 型两类三极管的结构和符号。它有两个 PN 结(分别称为发射结和集电结),三个区(分别称为发射区、基区和集电区),从三个区域引出三个电极(分别称为发射极 e、基极 b 和集电极 c)。发射极的箭头方向代表发射结正向导通时的电流的实际流向。为了保证三极管具有良好的电流放大作用,在制造三极管的工艺过程中,必须做到以下几点。

(1)使发射区的掺杂浓度最高,以有效地发射载流子。

(2)使基区掺杂浓度最小,且最薄,以有效地传输载流子。

(3)使集电区面积最大,且掺杂浓度小于发射区,以有效地收集载流子。

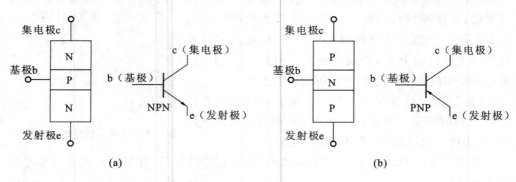

图 1-20　三极管的结构和符号

(a)NPN 型　　(b)PNP 型

1.4.2　三极管的三种连接方式

三极管在电路中的有共基极、共发射极和共集电极三种连接方式,如图 1-21 所示。共什么极是指电路的输入端口及输出端口以这个极作为公共端。必须注意,无论哪种接法,为了使三极管具有正常的电流放大作用,都必须外加大小和极性适当的电压,即必须给发射结加正向偏置电压,发射区才能起到向基区注入载流子的作用;必须给集电结加反向偏置电压(一般几伏至几十伏),在集电结才能形成较强的电场,才能把发射区注入基区,并扩散到集电结边缘的载流子拉入集电区,使集电区起到收集载流子的作用。

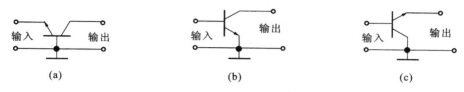

图 1-21 三极管在电路中的连接方式

(a)共基接法 (b)共射接法 (c)共集接法

1.4.3 三极管的放大作用

众所周知,把两个二极管背靠背的连在一起是没有放大作用的,要想使它具有放大作用,除了工艺上必须满足其内部条件外,还必须做到正常工作时:发射结正向偏置,集电结反向偏置。

1. 载流子的传输过程

1)发射

由于发射结正向偏置,发射区中的电子通过发射结大量注入基区,同时基区中的空穴通过发射结注入发射区。由于基区的空穴浓度远低于发射区中的电子浓度,与电子电流相比,空穴电流是很小的,可以忽略。

2)扩散与复合

由发射区注入基区的电子,使基区内电子的浓度发生了变化,即靠近发射结的区域内电子浓度最高,以后逐渐降低,因而形成了一定的浓度梯度。于是,由发射区来的电子将在基区内源源不断地向集电结扩散。另外,由于基区很薄,且掺杂浓度很低,因而在扩散过程中,只有很少的一部分会与基区中的空穴相复合,大部分将到达集电结。

3)收集

由于集电结外加反向电压,在结电场作用下,通过扩散到达集电结的电子将作漂移运动,到达集电区。因为集电结的面积大,所以基区扩散过来的电子基本上都被集电区收集。

此外,因为集电结反向偏置,所以集电区中的空穴和基区中的电子在结电场的作用下作漂移运动。上述载流子的传输过程如图 1-22 所示。

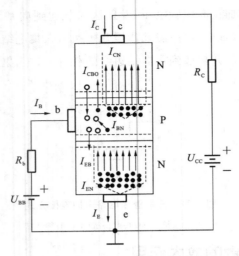

图 1-22　载流子在三极管内部的传输过程

2. 电流分配关系

由于载流子的运动,从而产生相应电流,它们的关系如下。

集电集电流 I_C 由两部分组成: I_{CN} 和 I_{CBO}。 I_{CN} 是由发射区发射的电子被集电极收集后形成的,注进基区进而扩散到集电区的电子流; I_{CBO} 是由集电区和基区的少数载流子漂移运动形成的,称为反向饱和电流。于是有

$$I_C = I_{CN} + I_{CBO}$$

发射极电流 I_E 也由两部分组成: I_{EN} 和 I_{EP}。 I_{EN} 是发射区发射的电子所形成的电流, I_{EP} 是由基区向发射区扩散的空穴所形成的电流。因为发射区是重掺杂的,所以 I_{EP} 忽略不计,即

$$I_E \approx I_{EN}$$

I_{EN} 又分成两个部分,主要部分是 I_{CN},极少部分是 I_{BN}。 I_{BN} 是电子在基区与空穴复合时所形成的电流,基区空穴是由电源 U_{BB} 提供的。故它是基极电流的一部分,有

$$I_E \approx I_{EN} = I_{CN} + I_{BN}$$

基极电流 I_B 是 I_{BN} 与 I_{CBO} 之差,即

$$I_B = I_{BN} - I_{CBO}$$

通常希望发射区注入的电子绝大多数能够到达集电极,形成集电极电流,即要求

$$I_{CN} \gg I_{BN}$$

通常用共基极的电流放大系数来衡量上述关系,用 $\bar{\alpha}$ 表示,即

$$\bar{\alpha} = \frac{I_{CN}}{I_{EN}} = \frac{I_{CN}}{I_E}$$

一般 $\bar{\alpha} \leqslant 1$(取值为 $0.9 \sim 0.99$)。因此可得

$$I_C = I_{CN} + I_{CBO} = \bar{\alpha} I_E + I_{CBO}$$

通常 $I_C \gg I_{CBO}$,可将 I_{CBO} 忽略,由上式可得出

$$\overline{\alpha} \approx \frac{I_C}{I_E}$$

三极管的三个极的电流满足基尔霍夫电流定律(KCL),即

$$I_E = I_C + I_B$$

即

$$I_C = \overline{\alpha}(I_C + I_B) + I_{CBO}$$

整理后得

$$I_C = \frac{\overline{\alpha}}{1-\overline{\alpha}}I_B + \frac{1}{1-\overline{\alpha}}I_{CBO}$$

令

$$\overline{\beta} = \frac{\overline{\alpha}}{1-\overline{\alpha}}$$

$\overline{\beta}$ 称为共发射极接法直流电流放大系数。当 $I_C \gg I_{CBO}$ 时,$\overline{\beta}$ 又可写为

$$\overline{\beta} = \frac{I_C}{I_B}$$

则

$$I_C = \overline{\beta}I_B + (1+\overline{\beta})I_{CBO} = \overline{\beta}I_B + I_{CEO}$$

其中 I_{CEO} 称为穿透电流,即

$$I_{CEO} = (1+\overline{\beta})I_{CBO}$$

　　一般三极管的 $\overline{\beta}$ 值为几十至几百。$\overline{\beta}$ 太小,三极管的放大能力变差;而 $\overline{\beta}$ 过大,则三极管工作不够稳定。

1.4.4　三极管的特性曲线

　　三极管外部各极电压和电流的关系曲线称为三极管的特性曲线,又称伏安特性曲线。它不仅能反映三极管的质量与特性,还能用来定量地估算出三极管的某些参数,是分析和设计三极管电路的重要依据。

　　对于三极管的不同连接方式,有着不同的特性曲线。应用最广泛的是共射极电路,其基本测试电路如图 1-23 所示。共发射极特性曲线可以用描点法绘出,也可以由三极管特性图示仪直接显示出来。

1. 输入特性曲线

　　在三极管共射极连接的情况下,当集电极与发射极之间的电压 U_{BE} 维持不同的定值时,U_{BE} 和 I_B 之间的一簇关系曲线称为共射极输入特性曲线,如图 1-24 所示。输入特性曲线的数学表达式为

$$I_B = f(U_{BE})|_{U_{BE}=\text{常数}}$$

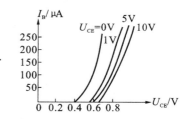

图 1-23　共射极电路输入特性曲线测试电路　　　　图 1-24　共射极输入特性曲线簇

由图 1-24 可以看出这簇曲线有下面几个特点。

(1)$U_{BE}=0$ 的一条曲线与二极管的正向特性相似。这是因为 $U_{CE}=0$ 时，集电极与发射极短路，相当于两个二极管并联，这样 I_B 与 U_{CE} 的关系就成了两个并联二极管的伏安特性。

(2)U_{CE} 由零开始逐渐增大时输入特性曲线右移，而且当 U_{CE} 的数值增至较大时（如 $U_{CE}>1$ V），各曲线几乎重合。这是因为 U_{CE} 由零逐渐增大时，使集电结宽度逐渐增大，基区宽度相应地减小，使存贮于基区的注入载流子的数量减小，复合减少，因而 I_B 减小。如需保持 I_B 为定值，就必须加大 U_{BE}，故使曲线右移。当 U_{CE} 较大时（如 $U_{CE}>1$ V），集电结所加反向电压已足够把注入基区的非平衡载流子的绝大部分都拉向集电极去，以致 U_{CE} 再增加，I_B 也不再明显减小，这样，就形成了各曲线几乎重合的现象。

(3)和二极管一样，三极管也有一个门限电压 U_γ，通常硅管为 $0.5\sim0.6$ V，锗管为 $0.1\sim0.2$ V。

2.输出特性曲线

输出特性曲线的数学表达式为

$$I_C = f(U_{CE})\big|_{I_B=常数}$$

根据上述表达式可绘出不同 I_B 电流作用下一系列的输出特性曲线，如图 1-25 所示。由图 1-25 可以看出，输出特性曲线可分为三个区域。

(1)截止区　指 $I_B=0$ 的那条特性曲线以下的区域。在此区域里，三极管的发射结和集电结都处于反向偏置状态，三极管失去了放大作用，集电极只有微小的穿透电流 I_{CEO}。在截止区，三极管的发射结和集电结都处于反向偏置状态。

(2)饱和区　在此区域内，对应不同 I_B 值的输出特性曲线簇几乎重合在一起。也就是说，U_{CE} 较小时，I_B 虽然增加，但 I_C 增加不大，即 I_B 失去了对 I_C 的控制能力。这种情况称为三极管的饱和。三极管集电极与发射极间的电压称为集-射饱和压降，用 U_{CES} 表示。U_{CES} 很小，通常中小功率硅管 $U_{CES}<0.5$ V；三极管基极与发射极之间的电压称为基-射饱和压降，以 U_{CES} 表示，硅管的 U_{CES} 在 0.8 V 左右。

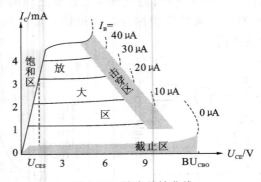

图 1-25　输出特性曲线

图 1-25 中放大区与饱和区的分界线称为临界饱和线,在此曲线上的每一点应有 $|U_{CE}|=|U_{BE}|$。它是各特性曲线急剧拐弯点的连线。在临界饱和状态下的三极管,其集电极电流称为临界集电极电流,以 I_{CS} 表示;其基极电流称为临界基极电流,以 I_{BS} 表示。这时 I_{CS} 与 I_{BS} 的 β 倍关系仍然成立。在饱和区,三极管的发射结和集电结都处于正向偏置状态。

(3)放大区 在截止区以上,介于饱和区与击穿区之间的区域为放大区。在此区域内,特性曲线近似于一簇平行等距的水平线,I_C 的变化量与 I_B 的变量基本保持线性关系,即 $\Delta I_C=\beta\Delta I_B$,且 $\Delta I_C\gg\Delta I_B$,就是说在此区域内,三极管具有电流放大作用。此外,集电极电压对集电极电流的控制作用也很弱,当 $U_{CE}>1$ V 后,即使再增加 U_{CE},I_C 几乎不再增加,此时若 I_B 不变,则三极管可以看成是一个恒流源。在放大区,三极管的发射结处于正向偏置,集电结处于反向偏置状态。

1.4.5 三极管的主要参数

三极管的参数反映了三极管各种性能的指标,是分析三极管电路和选用三极管的依据。

1. 电流放大系数

(1)共发射极直流电流放大系数 $\bar{\beta}$ 它表示三极管在共射极连接时,某工作点处直流电流 I_C 与 I_B 的比值,当忽略 I_{CBO} 时,有

$$\bar{\beta}\approx\frac{I_C}{I_B}$$

(2)共发射极交流电流放大系数 β 它表示三极管共射极连接且 U_{CE} 恒定时,集电极电流变化量 ΔI_C 与基极电流变化量 ΔI_B 之比,即

$$\beta=\frac{\Delta I_C}{\Delta I_B}\Big|_{U_{CE}=常数}$$

三极管的 β 值太小时,放大作用差;β 值太大时,工作性能不稳定。因此,一般选用 β 在 $30\sim80$ 的三极管。

2. 极间反向电流

1)集-基极反向饱和电流 I_{CBO}

I_{CBO} 是指发射极开路,在集电极与基极之间加上一定的反向电压时所对应的反向电流。它是少数载流的漂移电流。在一定温度下,I_{CBO} 是一个常量。随着温度的升高,I_{CBO} 将增大,它是三极管工作不稳定的主要因素。在相同环境温度下,硅管的 I_{CBO} 比锗管的 I_{CBO} 小得多。

2)穿透电流 I_{CEO}

I_{CEO} 是指基极开路,集电极与发射极之间加一定反向电压时的集电极电流。I_{CEO} 与 I_{CBO} 的关系为

$$I_{CEO}=I_{CBO}+\bar{\beta}I_{CBO}=(1+\bar{\beta})I_{CBO}$$

该电流好像从集电极直通发射极一样,故称为穿透电流。I_{CEO}和I_{CBO}一样,也是衡量三极管热稳定性的重要参数。

3. 极限参数

1)最大允许集电极耗散功率P_{CM}

P_{CM}是指三极管集电结受热而引起三极管参数的变化不超过所规定的允许值时,集电极耗散的最大功率。当实际功耗P_C大于P_{CM}时,不仅使三极管的参数发生变化,甚至还会烧坏三极管。P_{CM}表示为

$$P_{CM} = I_C U_{CE}$$

当已知三极管的P_{CM}时,利用上式可以在输出特性曲线上画出P_{CM}曲线。

2)最大允许集电极电流I_{CM}

当I_C很大时,β值逐渐下降。一般规定在β值下降到额定值的 2/3(或 1/2)时所对应的集电极电流为I_{CM}。当$I_C > I_{CM}$时,β值已减小到不实用的程度,且有损毁三极管的可能。

3)反向击穿电压U_{BCBO}与U_{BCEO}

U_{BCEO}是指基极开路时,集电极与发射极间的反向击穿电压。

U_{BCBO}是指发射极开路时,集电极与基极间的反向击穿电压。一般情况下,同一三极管的$U_{BCEO} = (0.5\sim0.8)U_{BCBO}$。三极管的反向工作电压应小于击穿电压的(1/2~1/3),以保证三极管安全可靠地工作。

三极管的三个极限参数P_{CM}、I_{CM}、U_{BCEO}和前面讲的临界饱和线、截止线所包围的区域,便是三极管安全工作的线性放大区。一般作放大用的三极管,均须工作于此区。

4. 温度对三极管参数的影响

几乎所有的三极管参数都与温度有关,因此不容忽视。温度对下列的三个参数影响最大。

(1)对β的影响　三极管的β随温度的升高将增大,温度每上升 1 ℃,β值增加 0.5%~1%,其结果是在相同的I_B情况下,集电极电流I_C随温度上升而增大。

(2)对反向饱和电流I_{CEO}的影响　I_{CEO}是由少数载流子漂移运动形成的,它与环境温度关系很大,I_{CEO}随温度上升会急剧增加。温度上升 10 ℃,I_{CEO}将增加一倍。由于硅管的I_{CEO}很小,所以,温度对硅管I_{CEO}的影响不大。

(3)对发射结电压U_{BE}的影响　与二极管的正向特性一样,温度上升 1 ℃,U_{BE}将下降 2~2.5 mV,最终也会导致I_C的增大。

综上所述,随着温度的上升,β值将增大,I_C也将增大,U_{CE}将下降($U_{CE} = U_{CC} - I_C R_C$),这对三极管放大电路性能不利,使用中应采取相应的措施克服温度对I_C的影响。

思考题与习题

选择题

1. 半导体导电的载流子是（　　　），金属导电的载流子是（　　　）。

　　A. 电子　　　　B. 空穴　　　　　　　C. 电子和空穴　　D. 原子核

2. 在纯净半导体中掺入微量三价元素形成的是（　　　）型半导体。

　　A. P　　　　　B. N　　　　　　　　C. PN　　　　　　D. 电子导电

3. 纯净半导体中掺入微量五价元素形成的是（　　　）型半导体。

　　A. P　　　　　B. N　　　　　　　　C. PN　　　　　　D. 空穴导电

4. N 型半导体多数载流子是（　　　），少数载流子是（　　　）；P 型半导体中多数载流子是（　　　），少数载流子是（　　　）。

　　A. 空穴　　　　B. 电子　　　　　　　C. 原子核　　　　D. 中子

5. 杂质半导体中多数载流子浓度取决于（　　　），少数载流子浓度取于（　　　）。

　　A. 反向电压的大小　　　　　B. 环境温度

　　C. 制作时间　　　　　　　　D. 掺入杂质的浓度

6. PN 结正向导通时，需外加一定的电压 U，此时，电压 U 的正端应接 PN 结的（　　　），负端应接 PN 结（　　　）。

　　A. P 区　　　　B. N 区　　　　　　　C. 无法确定

7. 二极管的反向饱和电流主要与（　　　）有关。

　　A. 反向电压的大小　　　　　B. 环境温度

　　C. 制作时间　　　　　　　　D. 掺入杂质的浓度

8. 二极管的伏安特性曲线反映的是二极管（　　　）的关系曲线。

　　A. U_D-I_D　　　B. U_D-r_D　　　　C. I_D-r_D　　　　D. f-I_D

9. 用万用表测量二极管的极性，将红、黑表笔分别接二极管的两个电极，若测得的电阻很小（几千欧以下），则黑表笔所接电极为二极管的（　　　）。

　　A. 正极　　　　B. 负极　　　　　　　C. 无法确定

10. 下列器件中，（　　　）不属于特殊二极管。

　　A. 稳压管　　　B. 整流管　　　　　　C. 发光管　　　　　D. 光电管

11. 稳压二极管稳压，利用的是二极管的（　　　）。

　　A. 正向特性　　B. 反向特性　　　　　C. 反向击穿特性

12. 稳压管的稳定电压 U_z 是指其（　　　）。

　　A. 反向偏置电压　　　　　　　B. 正向导通电压

　　C. 死区电压　　　　　　　　　D. 反向击穿电压

13. 三极管的主要特征是具有（　　　）作用。

　　A. 电压放大　　　　　　　　　B. 单向导电

C. 电流放大　　　　　　　　　　　　D. 电流与电压放大

14. 三极管处于放大状态时,( )。

A. 发射结正偏,集电结反偏　　　　B. 发射结正偏,集电结正偏

C. 发射结反偏,集电结反偏　　　　D. 发射结反偏,集电结正偏

15. NPN 三极管工作在放大状态时,其两个结的偏置为( )。

A. $U_{BE}>0$、$U_{BE}<U_{CE}$　　　　　　B. $U_{BE}<0$、$U_{BE}<U_{CE}$

C. $U_{BE}>0$、$U_{BE}>U_{CE}$　　　　　　D. $U_{BE}<0$、$U_{CE}>0$

16. 对于 PNP 型三极管,为实现电流放大,各极电位必须满足( )。

A. $U_C>U_B>U_E$　　　　　　　　B. $U_C<U_B<U_E$

C. $U_B>U_C>U_E$　　　　　　　　D. $U_B<U_C<U_E$

17. 对于 NPN 型三极管,为实现电流放大,各极电位必须满足( )。

A. $U_C>U_B>U_E$　　　　　　　　B. $U_C<U_B<U_E$

C. $U_B>U_C>U_E$　　　　　　　　D. $U_B<U_C<U_E$

18. 输入特性曲线是反映三极管( )关系的特性曲线。

A. u_{CE} 与 i_B　　B. u_{CE} 与 i_C　　　C. u_{BE} 与 i_C　　　　D. u_{BE} 与 i_B

19. 输出特性曲线是反映三极管( )关系的特性曲线。

A. u_{CE} 与 i_B　　B. u_{CE} 与 i_C　　　C. u_{BE} 与 i_C　　　　D. u_{BE} 与 i_B

填空题

20. 半导体具有_____性、_____性和_____性。

21. 温度_____将使半导体的导电能力大大增加。

22. 半导体材料中有两种载流子,即_____和_____。

23. 杂质半导体按导电类型分为_____和_____。

24. N 型半导体多数载流子是_____;P 型半导体多数载流子是_____。

25. PN 结的基本特点是具有_____性,PN 结正向偏置时_____,反向偏置时_____。

26. 二极管的伏安特性包括:_____、_____和_____特性三个部分。

27. 二极管的反向电流随外界温度的升高而_____;反向电流越小,说明二极管的单向导电性_____。一般硅二极管的反向电流比锗管_____很多。

28. 二极管处于反偏时,呈现电阻_____。

29. 二极管反向饱和电流 I_S 会随_____升高而增大。

30. 二极管的最高反向工作电压 U_{RM} 的含义是_____。

31. 稳压二极管通常是工作在_____状态下的特殊二极管,发光二极管的 PN 结工作在_____偏置状态时会发光。

32. 光电二极管又称_____二极管,其 PN 结工作在_____状态,它的反向电流会随光照强度的增加而_____。

33. 三极管具有电流放大作用的外部条件是:发射结_____偏置;集电结

_____偏置。

34.三极管起放大作用时的内部要求是:基区_____;发射区_____;集电区_____。

35.三极管具有电流放大作用的实质,它是利用_____电流的变化控制_____电流的变化。

36.三极管输出特性曲线分为_____区、_____区和_____区。

37.三极管的三个管脚电流关系是 $I_E = $_____,直流电流放大系数的定义式 $\beta = $_____,交流电流放大系数的定义式 $\bar{\beta} = $_____。

综合题

38.二极管电路如题图所示,假设二极管为理想二极管,判断图中的二极管是导通还是截止,并求出 AO 两端的电压 U_{AO}。

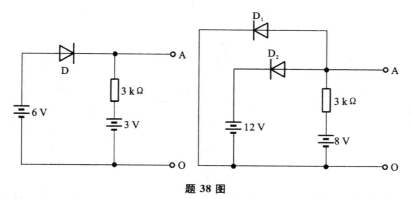

题 38 图

39.电路如题图(a)所示,设二极管是理想的。若输入电压 $u_i = 20\ \sin\omega t$(V),如题图(b)所示。试根据传输特性绘出一周期的输出电压 u_o 的波形。

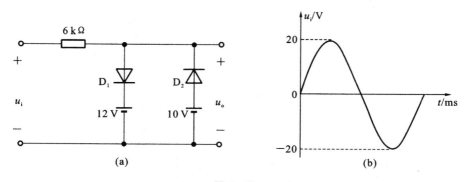

题 39 图

40.电路如题图(a)、(b)所示,稳压管的稳定电压 $U_Z = 3$ V,R 的取值合适,u_i 的波形如题图(c)所示。试分别画出 u_{o1} 和 u_{o2} 的波形。

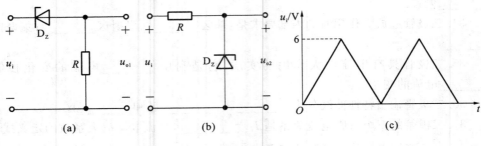

题 40 图

41. 三极管工作在放大状态时，测得三只三极管的直流电位如题图所示。试判断各三极管的管脚、管型和半导体材料。

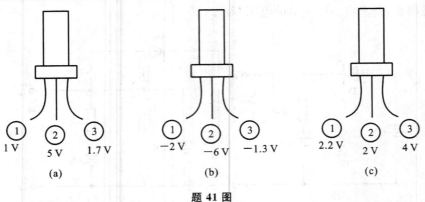

题 41 图

42. 三极管的每个电极对地的电位如题图所示，试判断各三极管处于何种工作状态？（NPN 型为硅管，PNP 型为锗管）

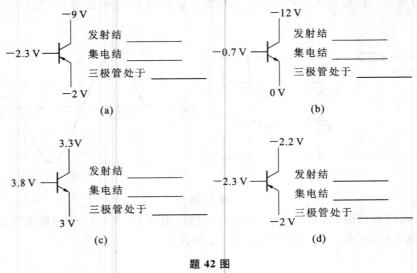

题 42 图

第2章

放大电路分析基础

本章内容是模拟电子技术的重点与基础。任何一个电子设备都离不开复杂放大电路，而复杂放大电路都是由基本单元电路组成的。只有将基本单元电路熟练掌握，复杂电路也就不难。本章的内容比较丰富，也比较重要，学习过程中注意抓住五个"基本"，即基本电路形式、基本概念、基本原理、基本规律和基本分析方法。

2.1 放大电路的性能指标

图 2-1 所示为放大电路的示意图。对于信号而言，任何一个放大电路均可看成一个两端口网络：左边为输入端口，当内阻为 R_s 的正弦波信号源 U_s 作用时，放大电路得到输入电压 U_i，产生输入电流 I_i；右边为输出端口，输出电压为 U_o，输出电流为 I_o，R_L 为负载电阻。不同放大电路在 U_s 和 R_L 相同的条件下，I_i、U_o、I_o 将不同，说明不同放大电路从信号源索取的电流不同，且对同样信号的放大能力也不同，同一放大电路在幅值相同频率不同的 U_s 作用下，U_o 也将不同，即对不同频率的信号，同一放大电路的放大能力也存在差异。放大电路放大信号性能的优劣是用它的性能指标来表示的。性能指标是指在规定条件下，按照规定程序和测试方法所获得的有关数据。放大电路性能指标很多，且因电路用途不同而有不同的侧重，为了反映放大电路的各方面的性能，引出如下主要指标。

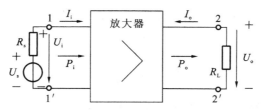

图 2-1　放大电路示意图

2.1.1 放大倍数

放大倍数表征放大电路对微弱信号的放大能力，它是输出信号（U_o、I_o、P_o）与输入信号（U_i、I_i、P_i）之比，表明输出信号相对输入信号增大的倍数，又称增益或放大系数。

1. 电压放大倍数

放大电路的电压放大倍数定义为输出电压有效值（或幅值）与输入电压有效值（或幅值）之比，即

$$A_\mathrm{v} = \frac{U_\mathrm{o}}{U_\mathrm{i}}$$

它表示放大电路放大电压信号的能力。

2. 电流放大倍数

放大电路电流放大倍数定义为输出电流有效值（或幅值）与输入电流（或幅值）有效值之比，即

$$A_\mathrm{i} = \frac{I_\mathrm{o}}{I_\mathrm{i}}$$

它表示放大电路放大电流信号的能力。

2.1.2　输入电阻和输出电阻

1. 输入电阻

当输入信号源加进放大电路时，放大电路对信号源所呈现的负载效应用输入电阻 r_i 来衡量，它相当于从放大电路的输入端看进去的等效电阻。这个电阻值的大小等于放大电路输入电压与输入电流的有效值之比，即

$$r_\mathrm{i} = \frac{U_\mathrm{i}}{I_\mathrm{i}}\bigg|_{I_\mathrm{o}=0(\text{输出端断开})}$$

放大电路的输入电阻反映了它对信号源的衰减程度。r_i 越大，放大电路从信号源索取的电流越小，加到输入端的信号 U_i 越接近信号源电压 U_s。

2. 输出电阻

当放大电路将信号放大后输出给负载时，对负载 R_L 而言，放大电路可视为具有内阻的信号源，该信号源的内阻即称为放大电路的输出电阻。它也相当于从放大电路输出端看进去的等效电阻。输出电阻的测量方法之一是：将输入信号电源短路（若是电流源则断开），保留其内阻，在输出端将负载 R_L 去掉，且加一测试电压 U_o，测出它所产生的电流 I_o 则输出电阻的大小为

$$r_\mathrm{o} = \frac{U_\mathrm{o}}{I_\mathrm{o}}\bigg|_{\substack{R_\mathrm{L}=\infty \\ U_\mathrm{i}=0(\text{输入端短接})}}$$

放大电路输出电阻的大小反映了它带负载能力的强弱。r_o 越小，带负载能力越强。

2.2　共射极放大电路的组成与工作原理

本节将以 NPN 型三极管组成的共射极基本放大电路为例，阐明放大电路的组成原则及电路中各元件的作用。

2.2.1　概述

图 2-2 所示为共射极基本放大电路,三极管是起放大作用的核心元件。输入信号 u_i 为正弦波电压。当 $u_i=0$ 时,称放大电路处于静态。在输入回路中,基极电源 E_B 使晶体管 b-e 间电压 U_{BE} 大于开启电压 U_{on},并与基极电阻 R_b 共同决定基极电流 I_B;在输出回路中,集电极电源 E_c 应足够高,使三极管的集电结反向偏置,以保证三极管工作在放大状态,因此集电极电流 $I_C=\beta I_B$;集电极电阻 R_c 上的电流等于 I_C,因而其电压为 $I_C R_c$,从而确定了 c-e 间电压 $U_{CE}=E_c-I_C R_c$。

当 $u_i\neq0$ 时,在输入回路中,必将在静态值的基础上产生一个动态的基极电 i_b,当然,在输出回路就得到动态电流 i_c;集电极电阻 R_c 将集电极电流的变化转化成电压的变化,使得管压降 u_{CE} 产生变化,管压降的变化量就是输出动态电压 u_o,从而实现了电压放大。直流电源 E_c 为输出提供所需能量。

由于图 2-2 所示电路的输入回路(u_i)与输出回路(u_o)都以发射极为公共端“⊥”,故称之为共射放大电路,并称公共端为“地”。

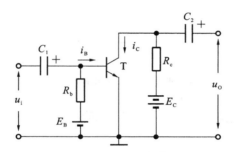

图 2-2　共射极基本放大电路

2.2.2　基本放大电路的组成

利用放大器件工作在放大区时所具有的电流(或电压)控制特性,可以实现放大作用,因此,放大器件是放大电路中必不可少的。为了保证器件工作在放大区,必须通过直流电源给器件提供适当的偏置电压或电流,这就需要有提供偏置的电路和电源;为了确保信号能有效地输入和输出,还必须设置合理的输入电路和输出电路。可见,放大电路应由放大器件、直流电源和偏置电路、输入电路和输出电路等几部分组成。

图 2-3 所示为共发射极放大电路的三种画法。图中 NPN 型三极管 T 是整个电路的核心,它担负着放大的任务;直流电源 E_c(几伏至几十伏),一方面通过 R_b 给三极管的发射结提供正向偏压,通过 R_c 给集电结提供反向偏压,另一方面提供负载所需信号的能量。

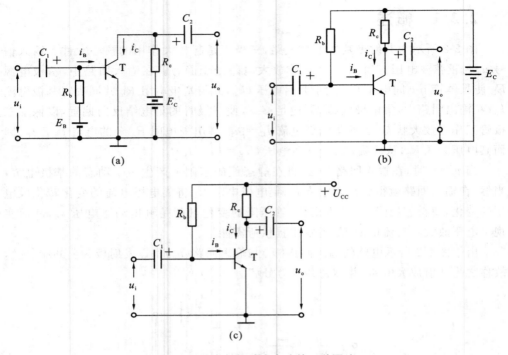

图 2-3　共发射极放大电路的三种画法

(a)双电源供电　　(b)单电源供电　　(c)电子电路画法

R_b 决定基极偏置电流 I_B 的大小,称为基极偏置电阻(一般为几十千欧至几百千欧)。

R_c 将集电极电流的变化转换为电压的变化,提供给负载,称为集电极负载电阻(一般为几千欧至几十千欧)。

电容 C_1、C_2 的作用是隔断放大电路与信号源、放大电路与负载之间的直流通路,仅让交流信号通过,即隔直通交。C_1 称为输入耦合电容,C_2 称为输出耦合电容。

C_1、R_b、U_{CC} 及 T 的 b、e 极构成信号的输入电路。

C_2、R_c、U_{CC} 及 T 的 c、e 极构成信号的输出电路。

R_b、U_{CC} 构成三极管的偏置电路。三极管的发射极是输入回路和输出回路的公共端,所以称这种电路为共发射极放大电路。与三极管的三个电极相对应,还可构成共基极放大电路和共集电极放大电路。

在分析放大电路时,常以公共端作为电路的零电位参考点,称之为"地"端。电路图上用"⊥"作标记,电路中各点的电压都是指该点对地端的电位差。电压参考正方向规定为上"＋"下"－"电流参考正方向规定为流入电路为正,流出电路为负(与双口网络规定相同)。画电路图时常采用图 2-3 中电子电路的画法。

综上所述,基本放大电路有四个组成部分,三种基本电路形式(或称为组态),在构成具体放大电路时,无论采用哪一种组态,都应遵从下列原则。

（1）必须保证放大器件工作在放大区（即三极管的发射结正向偏置，集电结反向偏置），以实现电流或电压的控制作用。

（2）元件的安排应保证信号能有效地传输，即当有 u_i 输入时，应有 u_o 输出。

（3）元件参数的选择应保证输入信号能得到不失真地放大；否则，放大作用将失去意义。

以上三条原则也是判断一个电路是否具有放大作用的依据。

例 2-1　判断图 2-4 所示的电路是否具有放大作用。

解　不能放大，因为是 NPN 三极管，所加的直流电源 E_{BE} 使三极管发射结反向偏置，不满足放大基本条件，所以不具有放大作用。

通常，在放大电路中，直流电源的作用和交流信号的作用总是共存的，即静态电流、电压和动态电流、电压总是共存的。但是由于电容、电感等电抗元件的存在，直流电量所流经的通路与交流信号所流经的通路不完全相同。因此，为了研究问题方便起见，常把直流电源对电路的作用和输入信号对电路的作用区分开来，分成直流通路和交流通路。

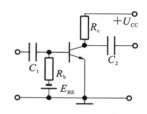

图 2-4　NPN 三极管放大电路

2.3　放大电路的分析方法

在了解基本放大电路的组成后，就可进一步放大电路的工作情况，主要包括对放大电路静态和动态的分析。基本分析方法有图解分析法和解析分析法。

2.3.1　图解分析法

1. 静态工作点的图解分析

无信号输入（$u_i = 0$）时，放大电路的工作状态称为静态。没加输入信号时，电路在直流电源作用下，电路中各处的电压、电流均为直流量，此时，直流电流流经的通路称为直流通路。直流通路用于确定电路处于直流工作状态时的直流工作点，又称静态工作点，简称 Q 点。在进行静态分析时，主要是求基极直流电流 I_{BQ}、集电极直流电流 I_{CQ}、集电极与发射极间的直流电压 U_{CEQ}。图 2-5（a）所示为基本放大电路，由于电路中的电容、电感等电抗元件对直流没有影响，因此，对直流而言，放大电路中的电容可视为开路（电感可视为短路），据此所得到的等效电路称为放大电路的直流通路，如图 2-5（b）所示。

静态时，三极管各极的直流电流、电压分别用 I_{BQ}、U_{BEQ}、I_{CQ}、U_{CEQ} 表示。由于这组数值分别与三极管输入、输出特性曲线上一点的坐标值相对应，故常称这组数值为静态工作点，用 Q 表示。显然，静态工作点是由直流通路决定的。

在实际测出放大管的输入特性、输出特性和已知放大电路中其他各元件参数的

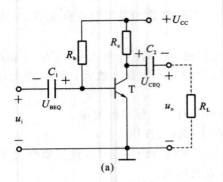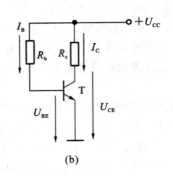

(a)　　　　　　　　　　　　　　　　(b)

图 2-5　共射极放大电路及其等效直流通路

情况下,利用作图的方法对放大电路进行分析即为图解法。

以图 2-5 为例,当输入信号 $u_i = 0$ 时,在三极管的输入回路中,静态工作点既应在三极管的输入特性曲线上,又应满足外电路的回路方程,即满足

$$U_{BE} = U_{cc} - I_B R_b \tag{2-1}$$

该方程可在输入特性坐标系中画出一条确定的直线,它与横轴的交点为 $(U_{cc},0)$,与纵轴的交点为 $(0, U_{cc}/R_b)$,斜率为 $-1/R_b$。直线与曲线的交点就是静态工作点 Q,其横坐标所对应的值为 U_{BEQ},纵坐标所对应的值为 I_{BQ},如图 2-6(a)中所示。式(2-1)所确定的直线称为输入回路负载线。

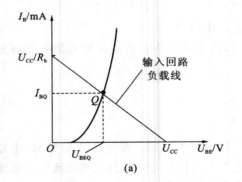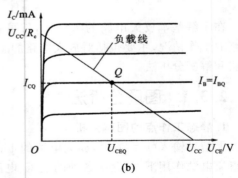

(a)　　　　　　　　　　　　　　　　(b)

图 2-6　图解法求静态工作点

(a)输入回路的图解分析　(b)输出回路的图解分析

与输入回路相似,在三极管的输出回路中,静态工作点既应在 $I_B = I_{BQ}$ 的那条输出特性曲线上,又应满足外电路的回路方程,即

$$U_{CE} = U_{cc} - I_C R_c \tag{2-2}$$

式(2-2)在输出特性坐标系中可画出一条确定的直线,它与横轴的交点为 $(U_{cc},0)$,与纵轴的交点为 $(0, U_{cc}/R_c)$,斜率为 $-1/R_c$;并且从输出特性曲线簇中找到 $I_B = I_{BQ}$ 的一条曲线,该曲线与上述直线的交点就是静态工作点 Q,该点所对应的坐标值为 I_{CQ},横坐标值为 U_{CEQ},如图 2-6(b)中的标注。由式(2-2)所确定的直线称为直流负载线。

由此可见,用图解法的关键是正确地作出直流负载线,通过直流负载线与 $I_B = I_{BQ}$ 的特性曲线的交点即为 Q 点。读出它的坐标即得 I_{CQ} 和 U_{CEQ}。

例 2-2　如图 2-7(a)所示电路,已知 $R_b = 280$ kΩ,$R_c = 3$ kΩ,$U_{CC} = 12$ V,三极管的输出特性曲线如图 2-7(b)所示。试用图解法确定静态工作点。

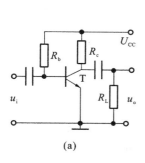
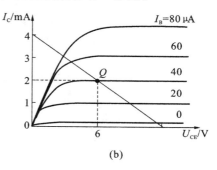

图 2-7　放大电路的静态工作点图解分析

解　(1)通过基极输入回路,求得 $I_{BQ} = \dfrac{U_{CC} - U_{BE}}{R_b} = 40$ μA

(2)画直流负载线:因直流负载方程为 $U_{CEQ} = U_{CC} - I_{CQ}R_c$

当 $I_C = 0$ 时,$U_{CEQ} = U_{CC} = 12$ V;而当 $U_{CEQ} = 0$ 时,$I_C = U_{CC}/R_c = 4$ mA,连接这两点,即得直流负载线,如图 2-7(b)中的直线。

(3)找到 Q 点(见图 2-7(b)),因此 $I_{CQ} = 2$ mA;$U_{CEQ} = 6$ V。

2. 电路参数对静态工作点的影响

静态工作点的位置在实际应用中很重要,它与电路参数有关。改变参数对静态工作点的影响分析结果如表 2-1 所示,在输出特性曲线上的变化情况如图 2-8 所示。

表 2-1　电路参数对静态工作点的影响分析

改变 R_b	改变 R_c	改变 U_{CC}
R_b 变化,只对 I_B 有影响	R_c 变化,只改变负载线的纵坐标	U_{CC} 变化,I_B 和直流负载线同时变化
R_b 增大,I_B 减小,工作点沿直流负载线下移	R_c 增大,负载线的纵坐标上移,工作点沿 $i_B = I_B$ 这条特性曲线右移	U_{CC} 增大,I_B 增大,直流负载线水平向右移动,工作点向右上方移动
R_b 减小,I_B 增大,工作点沿直流负载线上移	R_c 减小,负载线的纵坐标下移,工作点沿 $i_B = I_B$ 这条特性曲线左移	U_{CC} 减小,I_B 减小,直流负载线水平向左移动,工作点向左下方移动

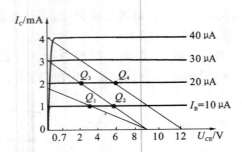

图 2-8　电路参数变化对静态工作点影响在输出特性曲线上的反映

　　例 2-3　共射极放大电路如图 2-5 所示,其输出特性如图 2-8 所示。(1)要使工作点由 Q_1 变到点 Q_2 应使(　　)。

　　A. R_c 增大　　　　B. R_b 增大　　　　C. U_{CC} 增大　　　　D. R_c 减小

　　解　由于 I_B 电流不变,仅是直流负载线的斜率变化,只需改变 R_c 即可,工作点沿 I_B 这条特性曲线右平移,故选 A。

　　(2)要使工作点由 Q_1 变到点 Q_3 应使(　　)。

　　A. R_b 增大且 R_c 增大　　　　　　　　B. R_b 减小但 R_c 增大

　　C. R_b 增大但 R_c 增大　　　　　　　　D. R_b 减小且 R_c 减小

　　解　由于 I_B 电流变化,则可能是 R_B 或 U_{CC} 变化,但由于直流负载线的斜率也变化,因此需要同时改变 R_b 和 R_c,因 I_B 电流增大,故 R_b 应减小,而直流负载线斜率减小,R_c 应增大,故选 B。

　　注意:在实际应用中,主要是通过改变电阻 R_b 来改变静态工作点。

　　3. 放大电路动态工作情况的图解分析

　　有信号输入时,放大电路的工作状态称为动态。当输入信号 u_i 加到放大电路输入端时,电路就由静态转入放大信号的动态,即当 u_i 输入后,通过 C_1 耦合,使三极管发射结上的电压发生了变化:由 U_{BE} 变为 $U_{BE}+u_i$,于是三极管基极电流发生了变化: $I_B \rightarrow I_{BQ}+i_b$;其变化量 i_b 通过三极管的电流控制作用使 i_C 发生变化,即 $i_C \rightarrow I_{CQ}+\beta i_b$。集电极电流通过电阻 R_c,在其上的电压也就发生变化: $i_C R_c \rightarrow I_{CQ} R_c + i_C R_c$,从而使 $u_{CE} \rightarrow U_{CEQ}+u_{CE}$。通过隔直耦合电容 C_2 将直流成分 U_{CEQ} 隔断,只把变化量传到输出端,使得到输出电压 u_o 按 u_i 的变化规律变化,但 u_o 比 u_i 大许多倍,这就相当于将 u_i "放大"了。

　　在这种情况下分析放大电路时,交流与直流可以分开讨论。应当指出:放大是对变化量而言的,放大信号的过程实质上是一个能量控制与转换的过程,即放大电路通过三极管的电流放大作用,对能量较小的输入信号 u_i 进行控制,按照 u_i 的变化规律,将电源提供的直流能量转换成负载所需的较大能量的交流输出信号 u_o。三极管是一个具有能量控制作用的器件,它本身并不会产生能量,却会消耗电源的直流能量(需有电源能量才能实现其特定功能的器件称为有源器件)。

　　交流通路是在输入信号的作用下交流信号流经的通路。交流通路用于分析、计算电路的动态性能指标(如 A_v、r_i、r_o),它又被称为动态分析。动态分析时,电路中既有代表信号的交流分量,又有代表静态偏置的直流分量,是交、直流共存状态。尽管电路中既有交流分量,又有直流分量,由于电路中含有电抗性元件,因此,交流通路与直流通路是不相同的。对交流信号而言,耦合电容 C_1、C_2 因其容抗较小,可视为短路;电源 E_c 因其内阻很小,亦可视为短路。据此原则即可画出基本放大电路的交流等效电路,称为交流通路。

　　基本放大电路如图 2-9 所示,其交流通路如图 2-10 所示,图 2-9 中 R_L 为外接负载。

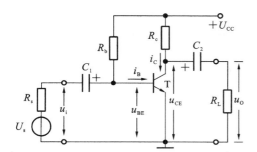

图 2-9　基本共射极放大电路

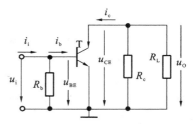

图 2-10　基本共射极的交流通路

　　从图 2-9 所示阻容耦合放大电路的交流通路可以看出,当电路带上负载电阻 R_L 时,输出电压是集电极动态电流 i_c 在集电极电阻 R_c 和负载电阻 R_L 并联总电阻(R_c // R_L)上所产生的电压(记为 R'_L),而不仅决定于 R_c。因此,由直流通路所确定的负载线($u_{CE}=U_{CC}-i_cR_c$)称为直流负载线,而动态信号遵循的负载线称为交流负载线。交流负载线应具备两个特征:第一,由于输入电压 $u_i=0$ 时,三极管的集电极电流应为 I_{CQ},管压降应为 U_{CEQ},所以它必过 Q 点;第二,由于集电极动态电流 i_c 仅决定于基极动态电流 i_b,而动态管压降 u_{CE} 等于 i_c 与 R_L 之积,所以它的斜率为 $-1/R'_L$。根据上述特征,只要过 Q 点做一条斜率为 $-1/R'_L$ 的直线就为交流负载线。实际上,已知直线上一点为 Q,再寻找另一点,连接两点即可。在图 2-11 中,对于直角三角形 QAB,已知直角边 QA 为 I_{CQ},斜率为 $-1/R'_L$;因而另一直角边 AB 为 $I_{CQ}R'_L$,所以交流负载线与横轴的交点坐标为($U_{CEQ}+I_{CQ}R'_L$,0),连接该点与 Q 点所得的直线就是交流负载线,它是动态时工作点移动的轨迹,如图 2-11 所示。

　　对于放大电路与负载直接耦合的情况,直流负载线与交流负载线是同一条直线;而对于阻容耦合放大电路,则只有在空载时两条直线才合二为一。由此可见,放大电路的动态分析关键在于交流负载线的绘制,具体可用两种方法实现。

　　(1)先作出直流负载线,找出 Q 点;作出一条斜率为 R'_L 的辅助线,然后过 Q 点作它的平行线即得。

　　(2)先求出 U_{CE} 坐标的截距,再连接 Q 点得到。由图 2-11 可以看出 B 点所代表

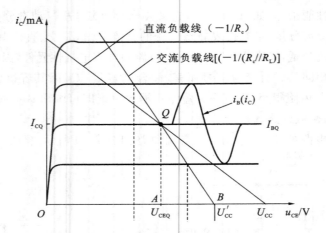

图 2-11　基本放大电路的直流负载线与交流负载线

的电压值 U'_{CC}，可以通过方程

$$U'_{CC} = U_{CEQ} + I_{CQ}R'_L$$

描述，连接 Q 点，得到交流负载线 QB。

例 2-4　作出图 2-12(a)所示电路的交流负载线。已知特性曲线如图 2-12(b)所示，$U_{CC}=12$ V，$R_c=3$ kΩ，$R_L=3$ kΩ，$R_b=280$ kΩ。

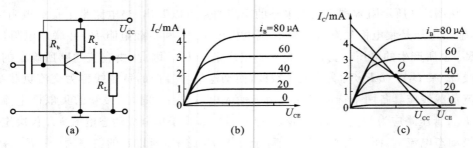

(a)　　　　　　　　　(b)　　　　　　　　　(c)

图 2-12　基本放大电路的动态分析

解　(1)作出直流负载线，求出点 Q。

(2)求出点 U'_{CC}。$U'_{CC}=U_{CEQ}+I_{CQ}R'_L=(6+1.5×2)V=9$ V

(3)连接点 Q 和点 U'_{CC} 即得交流负载线 AB，如图 2-12(c)所示。

4.电压放大倍数的分析

以图 2-13 所示的共射极放大电路为例进行分析，用虚线将三极管与外电路分开，两条虚线之间为三极管，虚线之外是电路的其他元件。当加入输入信号 Δu_i 时，输入回路方程为

$$u_{BE} = E_{BB} + \Delta u_i - i_B R_b \qquad (2-3)$$

该直线与横轴的交点为 $(E_{BB}+\Delta u_i,0)$，与纵轴的交点为 $\left(0,\dfrac{E_{BB}+\Delta u_i}{R_b}\right)$，但斜率仍为 $-1/R_b$，如图 2-14(a)所示。

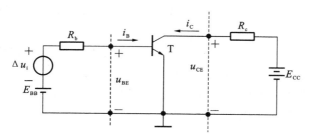

图 2-13　共射极放大电路

在求解电压放大倍数 A_v 时,首先给定 Δu_i,然后根据式(2-3)作输入回路负载线,从输入回路负载线与输入特性曲线的交点便可得到在 Δu_i 作用下的基极电流变化量 Δi_B;在输出特性中,找到 $i_B = I_{BQ} + \Delta i_B$ 的那条输出特性曲线,输出回路负载线与曲线的交点为($U_{CEQ} + \Delta u_{CE}$,$I_{CQ} + \Delta i_C$),其中 Δu_{CE} 就是输出电压,图 2-14(b)所示。从而可得电压放大倍数

$$A_v = \frac{\Delta u_{CE}}{\Delta u_i} = \frac{\Delta u_o}{\Delta u_i} \tag{2-4}$$

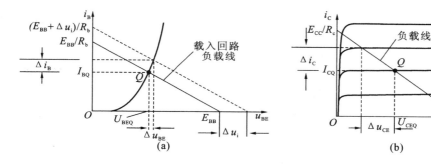

图 2-14　图解法求电压放大倍数

上述过程可简述如下:首先给定 Δu_i,然后遵循以下步骤逐步求解。

Δu_i(经输入回路图解)$\rightarrow \Delta i_B$(经输出回路图解)$\rightarrow \Delta i_C \rightarrow \Delta u_{CE} \rightarrow A_v$

从图解分析可知,当 $\Delta u_i > 0$ 时,$\Delta i_B > 0$,$\Delta i_C > 0$,而 $\Delta u_{CE} < 0$;反之,当 $\Delta u_i < 0$ 时,$\Delta i_B < 0$,$\Delta i_C < 0$,而 $\Delta u_{CE} > 0$;说明输出电压与输入电压的变化相反。在输入回路中,若直流电压 E_{BB} 的数值不变,则基极电阻 R_b 的值越小,Q 点越高(即 I_{BQ} 和 U_{BEQ} 的值越大),Q 点附近的曲线越陡,因而在同样的 Δu_i 作用下所产生的 Δi_B 就越大,也就意味着 $|A_v|$ 将越大。在输出回路中,R_c 的数值越小,负载线越陡,这就意味着同样的 Δi_C 下所产生的 Δu_{CE} 越小,即 $|A_v|$ 将越小。可见,Q 点的位置影响着放大电路的电压放大能力。

应当指出,利用图解法求解电压放大倍数时,Δu_i 的数值越大,三极管的非线性特性对分析结果的影响越大。另外,其分析过程与后面将阐述的小信号分析法相比,较为烦琐,而且误差较大。因此,讲述图解法求解 A_v 的目的是为了进一步体会放大电路的工作原理和 Q 点对 A_v 的影响。

图解法是放大电路的基本分析方法之一,主要用于定性分析电路的状态,它直观形象,有助于一些重要概念的建立与理解,有助于理解正确选择电路参数、合理设置静态工作点的重要性,但图解法不能分析信号幅值太小或频率太高的工作状态,也不能用于分析放大电路输入电阻和输出电阻等动态指标。

2.3.2 解析分析法

1. 放大电路静态工作的解析分析

可以根据放大电路的直流通路,把求 I_{BQ}、I_{CQ}、U_{CEQ} 的公式列出来,估算出放大电路的静态工作点。注意解析法确定静态工作点首先必须已知三极管的 β 值。

在正常工作情况下,对应不同的 I_{BQ} 值,U_{BEQ} 的变化很小。作为近似估算,可以认为 U_{BEQ} 不变,对硅管近似地取 $U_{BE} \approx 0.7$ V,对锗管近似地取 $U_{BE} \approx 0.3$ V。

例如,对于图 2-5(b)的电路而言,则有

$$
\left.
\begin{aligned}
I_{BQ} &= \frac{U_{CC} - U_{BE}}{R_b} \\
I_{CQ} &= \beta I_{BQ} \\
U_{CEQ} &= U_{CC} - I_{CQ} R_c
\end{aligned}
\right\}
\tag{2-5}
$$

例 2-5 试估算如图 2-5 所示的放大电路的静态工作点。其中 $R_b = 120$ kΩ,$R_c = 1$ kΩ,$U_{CC} = 24$ V,$\beta = 50$,三极管为硅管。

解

$$
I_{BQ} = \frac{U_{CC} - U_{BE}}{R_b}
$$

$$
= \frac{24 - 0.7}{120\ 000} \text{A} = 0.194 \text{ mA}
$$

$$
I_{CQ} = \beta I_{BQ} = 50 \times 0.194 \text{ mA} = 9.7 \text{ mA}
$$

$$
U_{CEQ} = U_{CC} - I_{CQ} R_c = (24 - 9.7 \times 1) \text{ V} = 14.3 \text{ V}
$$

由于电子电路中的电流一般比较小,在计算过程中,电流 I_{BQ} 的单位常取 μA,电流 I_{CQ} 的单位常取 mA,电阻的单位为 kΩ,电压的单位仍是 V。放大电路既然是放大交流信号的,为什么还要设置静态工作点呢?这主要是由于三极管等放大器件是非线性器件所致。如果三极管的发射结是单向导电的,而且存在着一定的门限电压,在门限电压附近,输入特性曲线具有严重的非线性,如图 2-15 所示。若不设偏置,直接输入正弦波电压 u_i,不仅要求 u_i 要有一定幅度,而且 I_B 已出现了严重的非线性失真,根本达不到不失真放大的目的。

要减小这种失真,就要设置一定的直流偏置电压 U_{BE},使交流信号 u_i 叠加在 U_{BE} 之上,从而使加到发射结两端的电压 $u_{BE} = U_{BE} + u_i$,基极电流 $I_B = I_{BQ} + i_B$,成为只有大小变化而没有极性变化的脉动直流,这就保证了在 u_i 的整个周期内,三极管始终工作在线性区域。因此,只有合理地设置静态工作点,才能不失真地放大信号。

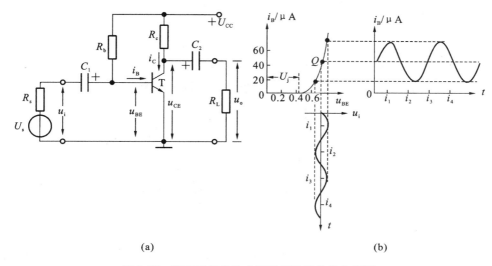

图 2-15 静态工作点的合理设置及线性放大原理

2. 解析法分析放大电路的动态指标(小信号模型分析法)

由于三极管特性曲线的非线性,使放大电路的分析变得较为复杂,不能直接采用线性电路的原理来分析计算,但在输入信号幅值较小的前提下,可将三极管的特性在一个局部视为是线性的,因而可以采用小信号线性模型来代替三极管,从而将由三极管组成的放大电路当做线性电路来处理,即为小信号模型分析法的基本思想。

通过上述思想,就可以把含有非线性元件(如三极管)的放大电路,在信号变化的范围很小(微变)时,近似为线性模型,即把图 2-16(a)所示电路视为线性电路,该方法亦称为微变等效电路法,在实际应用中把三极管等效为图 2-16(b)所示的电路模型(其演变过程不再赘述,而直接应用转换后的结果,有兴趣的读者可参考相关文献)。其中 r_{be} 为基极和发射极之间的等效电阻,主要由 $r_{bb'}$ 和 $r_{b'e}$ 两部分组成,可由图 2-17 所示的近似模型描述,一般情况下认为 $r_{bb'}$ 是固定值,通常选 300 Ω,故 r_{be} 表达式可近似写为

$$r_{be} = 300\Omega + (1+\beta)\frac{26(\text{mV})}{I_{EQ}(\text{mA})} \tag{2-6}$$

衡量放大电路的性能是通过性能指标来衡量的,这些指标主要包括电压放大倍

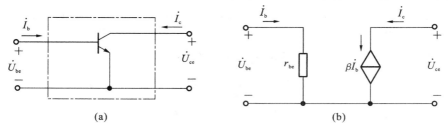

图 2-16 三极管小信号模型

(a)三极管等效线性双端口网络 (b)三极管简化小信号电路模型

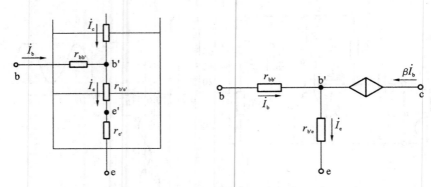

图 2-17　三极管输入回路结构及等效模型

数、输入电阻和输出电阻等。

　　1）电压放大倍数 A_v

　　电压放大倍数是用来衡量放大电路的电压放大能力,可定义为输出电压的幅值与输入电压的幅值之比,或者是输出电压的有效值与输入电压的有效值之比,有

$$A_v = \frac{U_o}{U_i}$$

　　电压源放大倍数 A_{vs} 是表示输出电压与信号源电压之比,它就是考虑了信号源内阻 R_s 影响时的 A_v,这时有

$$A_{vs} = \frac{U_o}{U_s}$$

　　2）输入电阻 r_i

　　输入电阻是用来衡量放大电路对输入信号源的影响,可表示为输入电压与输入电流之比,即

$$r_i = \frac{U_i}{I_i}$$

　　3）输出电阻 r_o

　　输出电阻是用来衡量放大电路所能驱动负载的能力。从输出端看进去的等效电阻就是输出电阻。

　　以下就利用小信号分析法对放大电路进行具体分析。在放大电路的交流通路中,用 h 参数等效模型取代三极管便可得到放大电路的微变等效电路。图 2-5 所示基本共射放大电路的交流通路及微变等效电路如图 2-18 所示。

　　(1)电压放大倍数 A_v　　由图 2-18(b)不难看出,$\dot{U}_i = \dot{I}_b r_{be}$,$\dot{U}_o = -\dot{I}_c(R_c /\!/ R_L)$,根据三极管 I_b 对 I_c 的控制关系 $\dot{I}_c = \beta \dot{I}_b$,因此电压放大倍数的表达式为

$$A_v = -\frac{\dot{I}_c(R_c /\!/ R_L)}{\dot{I}_b r_{be}} = -\beta \frac{(R_c /\!/ R_L)}{r_{be}} \tag{2-7}$$

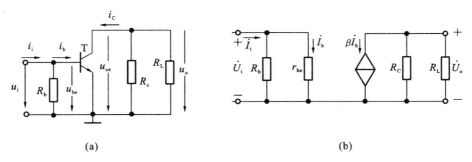

图 2-18　基本共射放大电路及其微变等效电路

（2）输入电阻 r_i　r_i 是从放大电路输入端看进去的等效电阻。因为输入电流有效值为 I_i，输入电压有效值 $U_i = I_i(R_b /\!/ r_{be})$，故输入电阻为

$$r_i = R_b /\!/ r_{be} \approx r_{be} \tag{2-8}$$

（3）输出电阻 r_o。　根据诺顿定理，将放大电路输出回路进行等效变换，使之成为一个有内阻的电压源，可得

$$r_o = R_c \tag{2-9}$$

例 2-6　在图 2-5 所示电路中，已知：$U_{CC} = 12 \text{ V}$，$R_b = 240 \text{ k}\Omega$，$R_c = 3 \text{ k}\Omega$，$R_L = 5.1 \text{ k}\Omega$，三极管的 $r_{bb'} = 300 \text{ }\Omega$，$\beta = 60$，导通时的 $U_{BEQ} = 0.7 \text{ V}$。求：

（1）静态工作点 Q；

（2）求解 A_v、r_i 和 r_o。

解　（1）利用式（2-5）求出 Q 点。

$$I_{BQ} = \frac{U_{CC} - U_{BEQ}}{R_b} = \frac{12 - 0.7}{240 \times 10^3} \text{ A} = 0.047 \text{ mA}$$

$$I_{CQ} = \beta I_{BQ} = 60 \times 0.047 \text{ mA} = 2.82 \text{ mA} \approx I_{EQ}$$

$$U_{CEQ} = U_{CC} - I_{CQ}R_c = (12 - 2.82 \times 3) \text{ V} = 3.54 \text{ V}$$

由于 $U_{CEQ} > U_{BEQ}$，说明三极管工作在放大区。

（2）动态分析时，应先求出 r_{be}。

根据式（2-6），有

$$r_{be} = r_{bb'} + (1 + \beta)\frac{26(\text{mV})}{I_{EQ}(\text{mA})} = \left(300 + 61 \times \frac{26}{2.82}\right) \text{ }\Omega = 862 \text{ }\Omega$$

根据式（2-7）至式（2-9），可得

$$A_v = -\frac{\dot{I_c}(R_c /\!/ R_L)}{\dot{I_b} r_{be}} = -\beta\frac{(R_c /\!/ R_L)}{r_{be}} = -60 \times \frac{1.89}{0.862} = -131.5$$

$$r_i = R_b /\!/ r_{be} \approx r_{be} = 0.862 \text{ k}\Omega$$

$$r_o = R_c = 3 \text{ k}\Omega$$

例 2-7　在图 2-10（a）所示电路中，已知：$U_{CC} = 12 \text{ V}$，$R_b = 510 \text{ k}\Omega$，$R_c = 3 \text{ k}\Omega$；三极管

的 $r_{bb'}=300\ \Omega,\beta=80,U_{BEQ}=0.7\ V,R_L=3\ k\Omega$；耦合电容对交流信号可视为短路。

（1）求出电路的 A_v、r_i 和 r_o。

（2）若所加信号源内阻 R_s 为 2 kΩ，求出 A_{vs}。

解 （1）首先求出 Q 点和 r_{be}，再求出 A_v、r_i 和 r_o，最后求出 A_{vs}。

根据式（2-5），可得

$$I_{BQ}=\frac{U_{CC}-U_{BEQ}}{R_b}=\left(\frac{12-0.7}{510}\right)\ mA\approx0.022\ 2\ mA=22.2\ \mu A$$

$$I_{CQ}=\beta I_{BQ}\approx(80\times0.022\ 2)mA\approx1.77\ mA$$

$$U_{CEQ}=U_{CC}-I_{CQ}R_c\approx(12-1.77\times3)\ V=6.69\ V$$

$U_{CEQ}>U_{BEQ}$，说明 Q 点在三极管的放大区。

$$r_{be}=r_{bb'}+(1+\beta)\frac{26(mV)}{I_{EQ}(mA)}=\left(300+81\times\frac{26}{1.77}\right)\ \Omega=1.489\ k\Omega$$

画出微变等效电路，如图 2-19 所示。

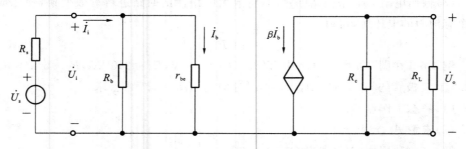

图 2-19　图 2-10(a)所示电路的微变等效电路

从图中可知 $\dot U_o=-\dot I_c(R_c/\!/R_L)=-\beta\dot I_b(R_c/\!/R_L)$，$\dot U_i=\dot I_b r_{be}$，根据 $\dot A_v$ 的定义可以得出

$$A_v=-\frac{\dot I_c(R_c/\!/R_L)}{\dot I_b r_{be}}=-\beta\frac{(R_c/\!/R_L)}{r_{be}}$$

代入数据，有

$$A_v=-80\times\frac{1.5}{1.489}=-80.6$$

根据 r_i 的定义，可得

$$r_i=R_b/\!/r_{be}$$

通常情况下 $R_b\gg r_{be}$，所以

$$r_i\approx r_{be}=1.489\ k\Omega$$

$$r_o=R_c=3\ k\Omega$$

（2）当考虑信号源内阻时，实际电压放大倍数为

$$A_{vs}=A_v\frac{r_i}{r_i+R_s}$$

代入数据

$$A_{vs} = -80.6 \times \frac{1.489}{1.489+2} = -34.39$$

对考虑信号源内阻时的放大倍数可见:当放大电路输入电阻(阻抗)较小时,信号不能充分被放大,而有较大一部分信号消耗在信号源的内阻上。这种情况应尽量避免。

应用实例　继电器因结构简单、动作可靠,在机电控制系统中十分常见,但由于其动作时驱动继电器线圈的电流较大,因此在实际应用中通常需要用三极管放大电路为线圈提供足够的电流。图 2-20(a)所示为共射极放大电路在驱动继电器线圈的原理图,图 2-20(b)所示为实物照片。其工作原理:当需要继电器动作时,由控制单元(装置)发出一个 U_{in} 信号,利用共射极放大电路基极电流的控制作用,由三极管提供足够大的集电极电流驱动继电器线圈,实现继电器的控制动作,用于接通或切断执行机构的电源。

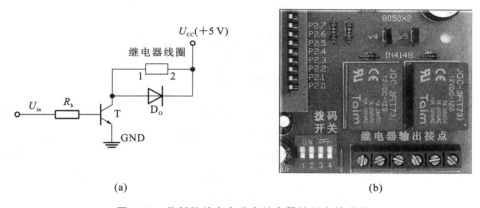

图 2-20　共射极放大电路在继电器控制中的应用

2.4　输出电压的最大幅度与非线性失真分析

2.4.1　输出电压的最大幅度

在应用放大电路时,一般是要求输出信号尽可能的大,但是它受到三极管非线性区域的限制。有时输入信号过大或工作点选择不恰当,输出电压波形就会产生失真。三极管工作在非线性区域所引起的失真称为非线性失真,根据波形失真所处的区域分别称为饱和失真和截止失真。在给定电路参数的条件下,输出电压不产生明显失真时的幅值称为最大输出幅度,常用峰值或峰~峰值来表示。

当输入电压为正弦波时,若静态工作点合适且输入信号幅值较小,则三极管 b-e 间的动态电压为正弦电压,基极动态电流为正弦电流,如图 2-21(a)所示。在放大区域内,集电极电流 i_c 随基极电流按 β 倍变化,并且 i_c 与 u_{CE} 将沿负载线变化:当 i_c 增大时,u_{CE} 减小;当 i_c 减小时,u_{CE} 增大;由此得到动态管压降 u_{CE},即输出电压 u_o,u_o 与 u_i 反相,如图 2-21(b)所示。

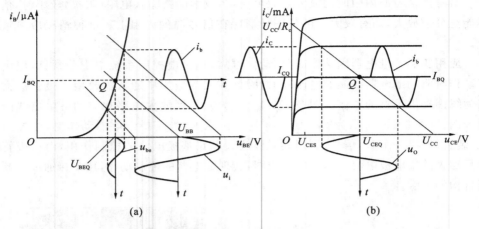

图 2-21　基本共射极放大电路的波形分析

(a)输入回路的波形分析　(b)输出回路的波形分析

2.4.2　波形非线性失真的分析

当 Q 点过低时,在输入信号负半周靠近峰值的某段时间内,三极管 b-e 间电压总量 U_{BE} 小于其开启电压 U_{on},三极管截止。因此基极电流 i_b 将产生底部失真,如图 2-22(a)所示。不难理解,集电极电流 i_c 和集电极电阻 R_c 上电压的波形必然随 i_b 产生同样的失真;而由于输出电压 u_o 与 R_c 上电压的变化相位相反,从而导致 u_o 波形产生顶部失真,如图 2-22(b)所示。因三极管截止而产生的失真称为截止失真。在图 2-5 所示电路中,只有增大基极电位,才能消除截止失真。

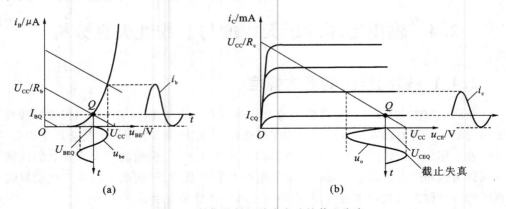

图 2-22　基本共射极放大电路的截止失真

(a)输入回路的波形分析　(b)输出回路的波形分析

当 Q 点过高时,虽然基极动态电流 i_b 为不失真的正弦波,如图 2-23(a)所示,但是由于输入信号正半周靠近峰值的某段时间内,三极管进入了饱和区,导致集电极动态电流 i_C 产生顶部失真,集电极电阻 R_c 上的电压波形随之产生同样的失真。由于输出电压 u_o 与 R_c 上电压的变化相位相反,从而导致 u_o 波形产生底部失真,如图 2-23(b)所示。因三极管饱和而产生的失真称为饱和失真。为了消除饱和失真,就要适当降低 Q 点。为此,可以增大基极电阻 R_b。

以减小基极静态电流 I_{BQ},从而减小集电极静态电流 I_{CQ};也可以减小集电极电阻 R_c 以改变负载线斜率,从而增大管压降 U_{CEQ};或者更换一只 β 较小的管子,以便在同样的 I_{BQ} 情况下减小 I_{CQ}。

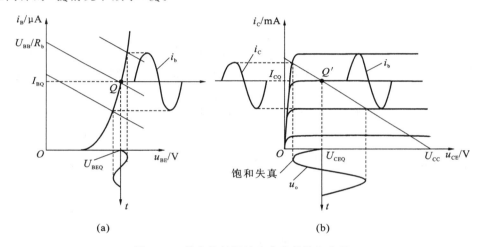

图 2-23　基本共射极放大电路的饱和失真

(a)输入回路的波形分析　(b)输出回路的波形分析

应当指出,截止失真和饱和失真都是比较极端的情况。实际上,在输入信号的整个周期内,即使三极管始终工作在放大区域,也会因为输入特性和输出特性的非线性使输出波形产生失真,只不过当输入信号幅值较小时,这种失真非常小,可忽略不计。

如果将三极管的特性理想化,即认为在管压降总量 u_{CE} 最小值大于饱和管压降 U_{CES}(即管子不饱和),且基极电流总量 i_B 的最小值大于零(即管子不截止)的情况下,非线性失真可忽略不计,那么就可以得出放大电路的最大不失真输出电压 U_{om}。对于图 2-5 所示的放大电路,从图 2-21(b)所示的输出特性图解分析过程可以看出,放大电路输出信号电压的幅度受到饱和区和截止区的限制:受饱和区的限制,输出电压的最大幅度只能达到($U_{CEQ}-U_{CES}$);受截止区的限制,最大输出电压幅度只能达到 I_c。因此,实际能达到的输出电压的最大幅度只能为($U_{CEQ}-U_{CES}$)与 I_c 中较小值的两倍(峰~峰值)。

由此可见静态工作点(Q 点)的设置对最大输出幅度有很大的影响,为了使 U_{om} 尽可能大,应将 Q 点设置在放大区内交流负载线的中点位置,即其横坐标值为

$\dfrac{U_{CC}+U_{CES}}{2}$的位置附近。

2.5 静态工作点的稳定及其偏置电路

2.5.1 温度变化对静态工作点的影响

三极管是一个温度敏感器件,当温度变化时,其特性参数(β、I_{CBO}、U_{BE})的变化比较显著。实验表明:温度每升高 1 ℃,β 约增大 0.1‰,U_{BE} 减小$(2\sim 2.5)$mV;温度每升高 10 ℃,I_{CBO} 约增加一倍。三极管参数随温度的变化,必然导致放大电路静态工作点发生漂移,这种漂移称为温漂。

以基本共射放大电路为例,当温度 $t\uparrow$,$U_{BE}\downarrow$,其静态电流 $I_B\uparrow$,$\beta\uparrow$ 则 $I_C\uparrow\uparrow$。可见,无论是 U_{BE} 的减小,还是 β、I_{CBO} 的增大,最终都会使 I_C 增大,从而使 Q 点向饱和区移动。

静态工作点的移动将影响放大电路的放大性能,为此,必须设法稳定静态工作点。常用的稳定静态工作点的方法主要有负反馈法和参数补偿法两种。

2.5.2 典型的静态工作点稳定电路

1.电路组成和 Q 点稳定原理

典型的 Q 点稳定电路如图 2-24(a)所示,其直流通路如图 2-24(b)所示。

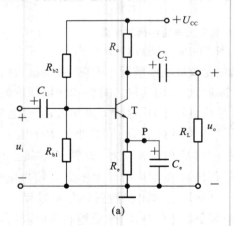
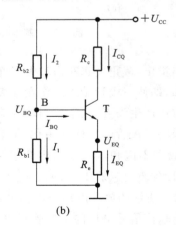

图 2-24　典型的静态工作点稳定电路及其直流通路

(a)自分压式共射极放大电路　(b)自分压式放大电路的直流通路

在图 2-24(b)所示的电路中,节点 B 的电流方程为

$$I_2=I_1+I_{BQ}$$

为了稳定 Q 点,通常选择适当的参数使节点中的电流满足

$$I_1 \gg I_{BQ}$$

因此，$I_2 \approx I_1$ 故 B 点的电位为

$$U_B = \frac{R_{b1}}{R_{b1} + R_{b2}} U_{CC} \tag{2-10}$$

式(2-10)表明：放大电路中三极管的基极电位几乎仅决定于 R_{b1} 与 R_{b2} 对 U_{CC} 的分压，分压点电压 U_B 与三极管参数无关，基本上不受温度的影响，即当温度变化时，U_{BQ} 基本保持不变。

当温度升高时，集电极电流 I_c 增大，发射极电流 I_e 必然相应增大，则 I_b 在 R_e 上的压降 $U_e = I_e R_e$ 将随之增加。因为 U_{BQ} 基本不变，而 $U_{BE} = U_b - U_e$，所以 U_{BE} 势必减小，引起 I_b 减小，I_c 减小，从而牵制了 I_c 的增大，结果是：I_c 随温度升高而增大的部分几乎被由于 I_b 减小而减小的部分相抵消，I_c 将基本不变，U_{CE} 也将基本不变。上述过程可简写为

$$t(℃)\uparrow \rightarrow I_c\uparrow (I_e\uparrow) \rightarrow U_e\uparrow (因为 U_{BQ} 基本不变) \rightarrow U_{BE}\downarrow \rightarrow I_b\downarrow$$
$$I_c\downarrow \overline{\qquad\qquad\qquad\qquad\qquad\qquad\qquad\qquad\qquad\qquad}$$

当温度降低时，各物理量向相反方向变化，I_c 和 U_{CE} 也将基本不变。

不难看出，在稳定的过程中，R_e 起着重要作用。当三极管的输出回路电流 I_c 变化时，通过 R_e 上产生电压的变化来影响 b-e 间电压，从而使 I_b 向相反方向变化，达到稳定 Q 点的目的，这种作用称为电流负反馈作用。又由于反馈出现在直流通路之中，故称为直流负反馈、R_e 为直流负反馈电阻。

由此可见，图 2-24(b)所示电路 Q 点稳定的原因如下。

(1)R_e 的直流负反馈作用。

(2)在 $I_1 \gg I_{BQ}$ 的情况下，U_{BQ} 在温度变化时基本不变。

所以也称这种电路为分压式电流负反馈 Q 点稳定电路。从理论上讲，R_e 越大，反馈越强，Q 点越稳定。但是实际上，对于一定的集电极电流 I_c，由于 U_{CC} 的限制，R_e 太大会使三极管进入饱和区，电路将不能正常工作。

例 2-8　如图 2-24 所示电路，已知：$U_{CC} = 24$ V，$R_{b1} = 20$ kΩ，$R_{b2} = 60$ kΩ，$R_e = 1.8$ kΩ，$R_c = R_L = 3.3$ kΩ，$\beta = 50$。求：(1)电路的静态工作点；(2)放大电路的动态参数。

解　(1)因为

$$U_B = \frac{R_{b1}}{R_{b1} + R_{b2}} U_{CC}$$

所以　　　　　　　　　　　　$U_B = 6\,\text{V}$

因而有　　　　　　$U_E = U_B - U_{BE} = (6 - 0.7)\,\text{V} = 5.3\,\text{V}$

$$I_{CQ} \approx I_{EQ} = \frac{U_E}{R_e} = \frac{5.3}{1.8}\,\text{mA} = 2.9\,\text{mA}$$

$$I_{BQ} = \frac{I_{EQ}}{1 + \beta} = 58\ \mu\text{A}$$

$$U_{CEQ} = U_{CC} - I_c(R_c + R_e) = 9.21 \text{ V}$$

$$r_{be} = 300 + (1+\beta)\frac{26\text{mV}}{I_{EQ}} = 757 \text{ } \Omega$$

（2）作出其微变等效电路图，如图 2-25 所示。

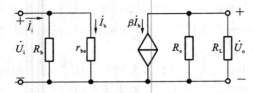

图 2-25　图 2-24(a)所示电路的微变等效电路

图 2-25 中的 $R_b = R_{b1} /\!/ R_{b2}$

动态参数为

$$A_v = -\beta \frac{R'_L}{r_{be}} = -50 \times \frac{1.65}{0.757} = -108$$

$$r_i = R_b /\!/ r_{be} \approx r_{be} = 0.757 \text{ k}\Omega$$

$$r_o = R_c = 3.3 \text{ k}\Omega$$

2.6　共集电极放大电路

　　共集电极放大电路是指放大电路的负载接在三极管的发射极上，由发射极输出放大电路的信号，由于该电路输入端与输出端是以集电极为公共端"⊥"，故称共集电极放大电路。这种电路又称射极输出器或射极跟随器（其发射极经 C_2 连接输出端），其电路如图 2-26 所示。

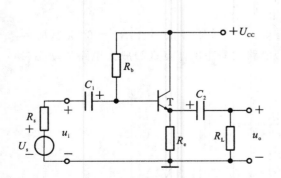

图 2-26　共集电极放大电路(射极跟随器)

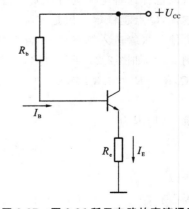

图 2-27　图 2-26 所示电路的直流通路

2.6.1　静态分析

　　参考共射极放大电路的分析方法，首先画出电路的直流通路，如图 2-27 所示。

估算静态工作点如下。

$$U_{CC}-I_{BQ}R_b-U_{BEQ}-I_{EQ}R_e=0$$

$$I_{BQ}=\frac{U_{CC}-U_{BEQ}}{R_b+(1+\beta)R_b}$$

$$I_{CQ}=\beta I_{BQ}\approx I_{EQ}$$

$$U_{CEQ}=U_{CC}-I_{EQ}R_e \tag{2-11}$$

2.6.2　动态分析

动态分析是指计算该电路的电流放大倍数、电压放大倍数和输入、输出电阻。根据共射极放大电路的分析方法,绘出共集电极放大电路的微变等效电路,如图 2-28 所示。

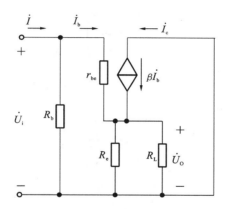

图 2-28　共集电极放大电路的微变等效电路

（1）电压放大倍数 A_v　因为

$$\dot{U}_o=(1+\beta)\dot{I}_bR'_e$$

其中

$$R'_e=R_e//R_L$$

$$\dot{U}_i=\dot{I}_br_{be}+(1+\beta)R'_e\dot{I}_b$$

所以

$$A_v=\frac{(1+\beta)R'_e}{r_{be}+(1+\beta)R'_e}\approx1 \tag{2-12}$$

（2）电流放大倍数 A_i　因为

$$\dot{I}_o=\dot{I}_e=(1+\beta)\dot{I}_b$$

$$\dot{I}_i=\dot{I}_b$$

所以

$$A_i=\frac{\dot{I}_e}{\dot{I}_b}=1+\beta$$

尽管该电路的电压没有放大,但电流得以放大。

（3）输入电阻 r_i　　因为

$$r_\text{i} = R_\text{b} /\!/ r'_\text{i}$$

$$r'_\text{i} = \dot{U}_\text{i} / \dot{I}_\text{b} = r_\text{be} + (1+\beta) R'_\text{e}$$

所以　　　　　　　　　　　　$$r_\text{i} = R_\text{b} /\!/ [r_\text{be} + (1+\beta) R'_\text{e}] \qquad (2\text{-}13)$$

（4）输出电阻 r_o。　按诺顿定理输出电阻的计算方法，有

$$r_\text{o} = R_\text{e} /\!/ [(R'_\text{s} + r_\text{be})/(1+\beta)] \qquad (2\text{-}14)$$

例 2-9　如图 2-26 所示的射极输出器，已知：$R_\text{b} = 200$ kΩ，$R_\text{e} = R_\text{L} = 5.6$ kΩ，R_s $= 3$ kΩ，$\beta = 80$，$U_\text{CC} = 12$ V。求电压放大倍数 $A_\text{v} = \dot{U}_\text{o}/\dot{U}_\text{i}$、$A_\text{vs} = \dot{U}_\text{o}/\dot{U}_\text{s}$、输入电阻 r_2 和输出电阻 r_o。

解　由式（2-11）可得

$$I_\text{BQ} = \frac{U_\text{CC} - U_\text{BE}}{R_\text{b} + (\beta+1) R_\text{e}} \approx \frac{12 - 0.7}{200 + (80+1) \times 5.6} \text{ mA} \approx 0.017 \text{ mA}$$

$$I_\text{EQ} = (\beta+1) I_\text{BQ} = 81 \times 0.017 \text{ mA} \approx 1.38 \text{ mA}$$

$$r_\text{be} = 300 + (\beta+1)\frac{26}{I_\text{EQ}} = (300 + 81 \times \frac{26}{1.38}) \Omega \approx 1.83 \text{ kΩ}$$

根据式（2-12）至式（2-14），有

$$A_\text{v} = \frac{(\beta+1)(R_\text{e} /\!/ R_\text{L})}{r_\text{be} + (\beta+1)(R_\text{e} /\!/ R_\text{L})} = \frac{81 \times (5.6 /\!/ 5.6)}{1.83 + 81 \times (5.6 /\!/ 5.6)} \approx 0.992$$

$$r_2 = R_\text{b} /\!/ [r_\text{be} + (\beta+1)(R_\text{e} /\!/ R_\text{L})] = 200 /\!/ [1.83 + 81 \times (5.6 /\!/ 5.6)] \text{ kΩ} \approx 107 \text{ kΩ}$$

$$r_\text{o} = R_\text{e} /\!/ \frac{r_\text{be} + R_\text{b} /\!/ R_\text{s}}{\beta+1} \approx R_\text{e} /\!/ \frac{r_\text{be} + R_\text{s}}{\beta+1} = 5.6 /\!/ \frac{1.83 + 3}{81} \text{ kΩ} \approx 60 \ \Omega$$

考虑信号源内阻时的电压放大倍数，有

$$A_\text{vs} = A_\text{v} \frac{r_\text{i}}{R_\text{s} + r_\text{i}} = 0.992 \times \frac{107}{3 + 107} \approx 0.965$$

由于射极输出器的输入电阻大，所以信号源有 3 kΩ 内阻时，电压放大倍数只下降到原来的 97.3%。

由例 2-9 可以看出，与以前介绍的由集电极输出的放大电路比较，射极输出器的特点是电压增益小于并近似等于 1，且输出电压与输入电压同相，输入电阻较大而输出电阻较小，因此射极输出器常作为多级放大电路的输入级，以便提高输入电阻，从输入信号源能获取更大的信号。射极输出器也常作为多级放大电路的输出级，以便减小输出电阻，提高带负载的能力。

2.7　多级放大电路

在实际工作中，单级放大电路的放大倍数有时不能满足需要。为了放大非常微弱的信号，需要把若干个基本放大电路连接起来，组成多级放大电路，以获得更高的

放大倍数和功率输出。多级放大电路结构如图 2-29 所示。

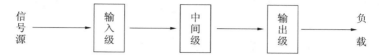

图 2-29　多级放大电路结构框图

其中,输入级与中间级的主要作用是实现电压放大,输出级的主要作用是功率放大,以推动负载工作。在计算多级放大电路交流参数时常采用两种方法:一是画出多级放大电路的微变等效电路,然后用电路方面的知识直接求出 U_o 和 U_i 之比,即整个多级放大电路的总电压放大倍数,以及输入电阻和输出电阻;二是先求出每级电压放大倍数(利用基本放大电路的一些公式),然后相乘得到总电压放大倍数。但在求单级放大电路的放大倍数时,它后面一级放大电路的输入电阻应看作为它的负载电阻,而它前面一级放大电路的输出电阻应看做是信号源的内阻。在求多级放大电路输入电阻和输出电阻时也应考虑前后级的影响。

2.7.1　多级放大电路的耦合方式

多级放大电路内部各级之间的连接称为级间耦合。级间耦合时,一方面要确保各级放大器有合适的直流工作点;另一方面,应使前级输出信号尽可能不衰减地加到后级的输入。常用的耦合方式有三种,即阻容耦合方式、直接耦合方式和变压器耦合方式。

1. 阻容耦合方式

阻容耦合的连接方法是:通过电容和电阻把前级输出接至下一级输入。

因为电容可以阻断两级放大电路之间的支流,所以各级间静态工作点互不影响,可以分别计算。但这种方式不能传输直流信号,只适用于交流放大。

它的特点是:各级静态工作点相对独立,便于调整。

它的缺点是:不能放大变化缓慢(直流)的信号;不便于集成。

图 2-30 所示为两级放大电路的阻容耦合连接方法。

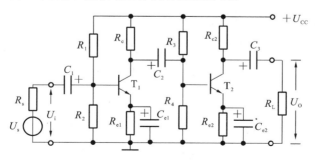

图 2-30　两级放大电路的阻容耦合

2. 直接耦合方式

为了避免电容对缓慢变化信号的影响,需要直接把两级放大电路接在一起,这就是直接耦合方式。

集成电路多应用直接耦合方式。这种方式既可放大交流信号,又可以放大交流信号。两级放大电路的静态工作点相互影响。为了使两级放大电路都有合适的静态工作点,对输入信号实施正常放大,可以提高第二级放大电路发射级电位。

直接耦合是把前级的输出端直接或通过恒压器件接到下级输入端。其特点如下。

(1)这种耦合方式不仅可放大缓变信号,而且便于集成。

(2)由于前后级之间的直流连通,使各级工作点互相影响、不能独立,因此,必须考虑各级间直流电平的配置问题。

(3)存在零点漂移,即前级工作点随温度的变化会被后级传递并逐级放大,使得输出端产生很大的漂移电压。显然,级数越多,放大倍数越大,则零点漂移现象就越严重。

(4)具有良好的低频特性,可以放大变化缓慢的信号。

3. 变压器耦合方式

将放大电路前级的输出端通过变压器接到后级的输入端或负载电阻上,这种方式称为变压器耦合方式。图 2-31(a)所示为变压器耦合共射放大电路,R_L 既可以是实际的负载电阻,也可以代表后级放大电路,图 2-31(b)所示为它的交流等效电路。

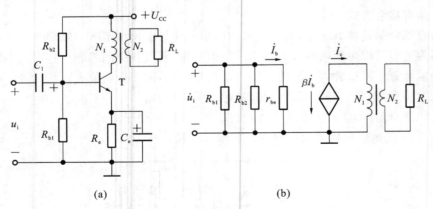

(a)　　　　　　　　　　　　(b)

图 2-31　变压器耦合共射放大电路

(a)电路　(b)交流等效电路

变压器耦合方式主要用于功率放大电路,它的优点是:可变化电压和实现阻抗变换,静态工作点相对独立;可以通过改变变压器的变比,使前后级之间获得最佳的匹配而得到最大的功率传输。它的缺点是:体积大,工艺复杂,不利于电路集成化;频率特性差;不能传输直流信号。这种方式一般应用于高频电路中。

2.7.2　多级放大电路的分析方法

分析多级放大电路的基本方法是:化多级电路为单级,然后再逐级求解。化解多级电路时要注意,后一级电路的输入电阻 $r_{i(n+1)}$ 作为前一级电路的负载电阻 R_{Ln};或者,将前一级输出电阻 $r_{o(n-1)}$ 作为后一级电路的信号源内阻 R_{Sn}。

1. 电压放大倍数

$$A_v = \frac{U_o}{U_i} = \frac{U_{o1}}{U_i} \cdot \frac{U_{o2}}{U_{o1}} \cdots \frac{U_o}{U_{o(n-1)}} = A_{v1} A_{v2} \cdots A_{vn}$$

式中:A_{v1},A_{v2},$\cdots$,A_{vn} 分别为多级放大电路中各级的电压放大倍数。

2. 输入电阻和输出电阻

多级放大电路的输入电阻就是第一级放大电路的输入电阻,其输出电阻就是最后一级放大电路的输出电阻。有时第一级放大电路的输入电阻也可能与第二级放大电路有关,最后一级放大电路的输出电阻也可能与前一级放大电路有关,这就取决于具体电路结构。图 2-32 所示为三级放大电路。

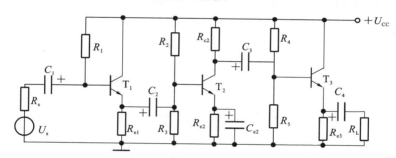

图 2-32　三级阻容耦合放大电路

可按前述分析方法将三级放大电路划分为三个单级放大电路,如图 2-33 所示。

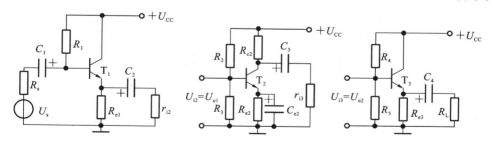

图 2-33　三个单级放大电路

由图 2-33 可见,第一级电路和第三级电路为共集电极放大电路,其电压放大倍数为:$A_{v1} = A_{v3} \approx 1$,第二级电路为共射极放大电路,它的电压放大倍数为

$$A_{v2} = -\beta(R_{c2} /\!/ r_{i3})/r_{be2}$$

故总的电压放大倍数为 $A_v = A_{v1} \cdot A_{v2} \cdot A_{v3} \approx -\dfrac{\beta R'_{L2}}{r_{be2}}$

（1）输入电阻　　第一级电路为射极输出器，它的输入电阻为

$$r_{i1} = r_{be1} + (1+\beta_1)R'_{L1}$$

故

$$r_i = r_{i1} = r_{be1} + (1+\beta_1)(R_{e1} /\!/ r_{i2})$$
$$\approx r_{be1} + (1+\beta_1)(R_{e1} /\!/ r_{be2})$$

（2）输出电阻　　第三级电路为射极输出放大电路，则有

$$r_o = r_{o3} = R_{e3} /\!/ \left(\frac{r_{o2}+r_{be3}}{1+\beta_3} \right) = R_{e3} /\!/ \left(\frac{r_{c2}+r_{be3}}{1+\beta_3} \right)$$

由上述分析可以看出，分析多级放大电路的关键在于正确划分各单级放大电路。

例 2-10　如图题 2-34（a）所示两级阻容耦合放大电路中，三极管的 β 均为 100，$r_{be1}=5.3$ kΩ，$r_{be2}=6$ kΩ，$R_s=20$ kΩ，$R_b=1.5$ MΩ，$R_{e1}=7.5$ kΩ，$R_{b21}=30$ kΩ，$R_{b22}=91$ kΩ，$R_{e2}=5.1$ kΩ，$R_{c2}=12$ kΩ，$C_1=C_3=10$ μF，$C_2=30$ μF，$C_e=50$ μF，$U_{CC}=12$ V。

（1）求输入电阻 r_i 和输出电阻 r_o。

（2）分别求出当 $R_L=\infty$ 和 $R_L=3.6$ kΩ 时的 A_{vs}。

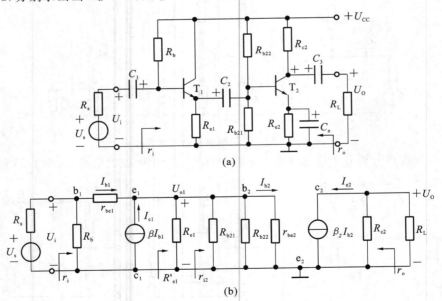

图 2-34　多级放大电路及其微变等效电路

解　（1）求交流参数之前先画出两级放大电路的微变等效电路，如图 2-34（b）所示。注意：图 2-34（b）中各级电流方向及电压极性均为实际情况。第一级中 I_{b1} 的方向受输入信号 U_i 极性的控制，而与 T_1 的导电类型（NPN 还是 PNP）无关，U_i 上正下负，因此 I_{b1} 向里流，输出电压 U_{o1} 与 U_i 极性相同；第二级中 I_{b2} 的方向受 U_{o1} 极性的控制，U_{o1} 上正下负，因此 I_{b2} 向里流，也与 T_2 的导电类型无关，或者根据 I_{c1} 的方向（由

c_1 流向 e_1），也能确定 I_{b2} 的方向是向里流。再由电流的受控关系 $I_{c2}(\beta_2 I_{b2})$ 的方向向下流（由 c_2 流向 e_2），输出电压 U_o 的实际极性应是下正上负，与假设极性相反。

$$R'_{e1}=R_{e1} /\!/ r_{i2}=R_{e1} /\!/ R_{b21} /\!/ R_{b22} /\!/ r_{b2}$$
$$=7.5 /\!/ 30 /\!/ 91 /\!/ 6 \text{ k}\Omega \approx 2.9 \text{ k}\Omega$$

则 $r_i=R_b /\!/ [r_{be1}+(1+\beta)R'_{e1}]=1.5\times10^3 /\!/ [5.3+(1+100)\times2.9] \text{ k}\Omega \approx 249 \text{ k}\Omega$

因为第二级是共射电路，所以其输出电阻近似由 R_{c2} 决定，即
$$r_o \approx R_{c2}=12 \text{ k}\Omega$$

（2）求 $A_{vs}=\dfrac{U_o}{U_s}$。

当 $R_L=\infty$ 时，$R'_L=R_{c2}=12 \text{ k}\Omega$

$$A_{v1}=\frac{(1+\beta)R'_{e1}}{r_{be1}+(1+\beta)R'_{e1}}=\frac{(1+100)\times2.9}{5.3+(1+100)\times2.9}\approx0.98$$

$$A_{v2}=-\beta\frac{R_{c2}}{r_{be2}}=-100\times\frac{12}{6}=-200$$

$$A_v=A_{v1}\times A_{v2}=0.98\times(-200)=-196$$

则 $A_{vs}=A_v\times\dfrac{r_i}{R_s+r_i}=(-198)\times\dfrac{249}{20+249}=-181$

当 $R_L=3.6 \text{ k}\Omega$ 时，$R'_L=R_{c2} /\!/ R_L=12 /\!/3.6 \text{ k}\Omega=2.77 \text{ k}\Omega$

$$A_{v2}=-\beta_2\frac{R'_L}{r_{be2}}=-100\times\frac{2.77}{6}=-46$$

$$A_v=A_{v1}\times A_{v2}=0.98\times(-46)=-45$$

因此
$$A_{vs}=-45\times\frac{249}{20+249}\approx-42$$

讨论：由以上两种情况下的 A_{vs} 结果可见，带载时的电压放大倍数比开载时小得多，即 $42<181$，说明 A_{vs} 与 R_L 有关。$R_L=3.6 \text{ k}\Omega$ 相当于后级的输入电阻，它越小，A_{vs} 下降得越多。放大电路的输入电阻越高，越有利于提高前级的电压放大倍数。

*2.8　放大电路的频率特性

本节简要了解放大电路在不同信号频率作用下的响应，即了解放大电路的频率特性。

2.8.1　频率特性简述

由于放大电路中存在电抗元件，因此它对不同频率呈现的阻抗不同，所以放大电路对不同频率成分的放大倍数和相位移不同。放大倍数与频率的关系称为幅频关系；相位与频率的关系称为相频关系。一般将电路的工作频率范围划分为低频段、中频段和高频段，电路在各频段对信号的响应是不同的。

1. 低频段

在低频范围内,耦合电容 C_1、C_2 及旁路电容 C_e 容抗增大,不能忽略。随着频率的不断降低,C_1、C_2 及 C_e 的容抗增大,使 $|\dot{I}_b|$ 减小,$|\dot{I}_c|$ 减小,导致输出 $|\dot{U}_o|$ 减小,从而使放大倍数降低。此外,频率越低,C_1、C_2 及 C_e 造成的附加相移越小,当 $f \to 0$ 时,附加相移接近 $-90°$。此过程可用图 2-35(a)所示 RC 构成的双端网络描述,其频率响应特性如图 2-35(b)表示。

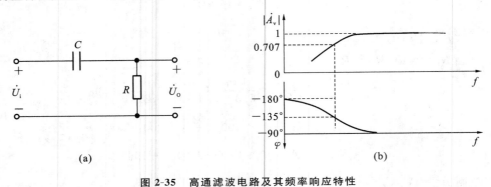

图 2-35　高通滤波电路及其频率响应特性

(a)电路　(b)频率响应

2. 中频段

在中频段,放大电路中由于输入耦合电容 C_1、输出耦合电容 C_2 及射极旁路电容 C_e 的容量较大,容抗较小,在中频段可视为短路;而三极管输入、输出回路的分布电容 C_i、C_o 及三极管内部 PN 结的扩散电容容量较小,容抗较大,在中频段可视为开路。由此可得出中频段放大电路的电压放大倍数为

$$\dot{A}_v = \frac{\dot{U}_o}{\dot{U}_i} = \frac{\beta R'_L}{r_{be}}$$

它表明在中频范围内,A_v 和相移 φ 均为常数,与频率无关。

3. 高频段

在高频段,放大电路的 C_1、C_2 及 C_e 的容抗较小均可视为短路,但 C_i、C_o 及三极管内部 PN 结的扩散电容的容抗也较小,其分流作用不可忽略。且这种影响随着频率的增高更加明显。同时,它们引起的附加相移也随着频率的增高而增大,当 $f \to \infty$ 时,附加相移接近 $-270°$。此过程可用如图 2-36(a)所示 RC 构成的双端网络描述,其频率响应特性如图 2-36(b)表示。

放大电路工作在中频段时,电压的放大倍数基本不随频率变化,保持一常数。在低频段,当频率降低时,导致放大倍数下降到中频段放大倍数的 0.707 倍时,称此时的频率为下限频率 f_L,放大器工作在此区域时,所呈现的容抗增大,因此放大倍数下降,同时输出电压与输入电压之间产生附加相移。类似地,在高频段,当频率升高时

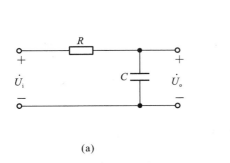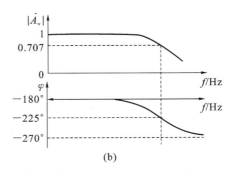

(a)　　　　　　　　　　　　　　　　(b)

图 2-36　低通滤波电路及其频率响应特性

(a)电路　(b)频率响应

的放大倍数也会下降,当放大倍数下降到中频段放大倍数的 0.707 倍时,称此时的频率为上限频率 f_h,因为放大器工作在高频段时,电路的容抗变小,频率上升时,使加至放大电路输入信号减小,从而使放大倍数下降。

2.8.2　单级共射极放大电路的全频域响应的综合

放大电路的低频响应与 RC 高通频响形式一样,高频响应与 RC 低通频响形式一样,只差一个常数倍。在分别讨论了电压放大倍数在中频段、低频段和高频段的频率响应,现在把它们加以综合,就可得到完整的单级共射电路电压放大倍数的全频域响应,如图 2-37 所示。

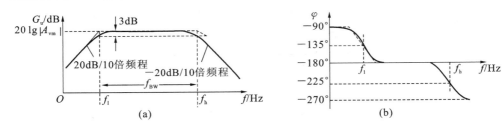

(a)　　　　　　　　　　　　　　　　(b)

图 2-37　共射极放大电路的完整频率特性曲线

(a)幅频特性　(b)相频特性

将放大倍数的三个频段的频响表达式综合,可写出放大倍数 $\dot{A}_v$ 的近似式,即

$$\dot{A}_v \approx A_{vm} \frac{j\dfrac{f}{f_1}}{\left(1+j\dfrac{f}{f_1}\right)\left(1+j\dfrac{f}{f_h}\right)}$$

当 $f_1 \ll f \ll f_h$ 时,则上式变为

$$\dot{A}_v = \dot{A}_{vm}$$

(1)通频带宽　上、下限频率之差既为通频带宽。它是表征放大电路对不同频率

的输入信号的响应能力。它定义为

$$f_{BW}=f_h-f_l$$

（2）截止频率　确定原则是：某电容所确定的截止频率与该电容所在回路的时间常数 τ 的关系为

$$f=\frac{1}{2\pi\tau}$$

2.8.3　多级放大电路的频率特性

由于多级放大电路的电压放大倍数是各级电压放大倍数的乘积，即

$$\dot{A}_v=\dot{A}_{v1}\cdot\dot{A}_{v2}\cdot\cdots\cdot\dot{A}_{nn}$$

那么，整个放大电路的放大倍数用模和相角可分别表示为

$$A_v=A_{v1}\cdot A_{v2}\cdot\cdots\cdot A_{vn}$$
$$\varphi=\varphi_1+\varphi_2+\cdots+\varphi_n$$

以上两式说明，多级放大电路的幅频特性等于各级的幅频特性的乘积，而相频特性等于各级的相频特性之和。用分贝表示其幅频特性为

$$20\lg A_v=20\lg A_{v1}+20\lg A_{v2}+\cdots+20\lg A_{vn}$$

两级放大电路的频率特性如图 2-38 所示，它是由相同频率特性的两个单级放大

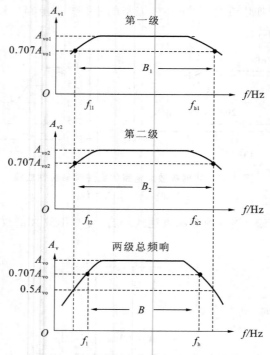

图 2-38　两级放大电路的频率特性

电路构成的两级放大电路。对两级放大电路幅频特性而言,对应于单级下降 3dB 的下限频率 $f_{l1}(f_{l2})$ 和上限频率 $f_{h1}(f_{h2})$ 处,已比中频值下降 6dB。由此可见,两级放大电路下降 3dB 的通频带比组成它的单级电路的通频带窄了。两级放大电路的综合上限频率 $f_h<f_{h1}$,而下限频率 $f_l>f_{l1}$。这说明采用多级放大电路来提高总增益是用牺牲通频带的宽度来换取的。

即:多级放大电路的频宽窄于单级放大电路的频宽;它的上限频率小于单级放大器的上限频率;下限频率大与单级放大器的下限频率。

(1)上限频率满足

$$\frac{1}{f_h}=1.1\sqrt{\frac{1}{f_{h1}^2}+\frac{1}{f_{h2}^2}+\cdots\frac{1}{f_{hn}^2}}$$

(2)下限频率满足

$$f_l=1.1\sqrt{f_{l1}^2+f_{l2}^2+\cdots+f_{ln}^2}$$

上两式表明,放大电路的级数越多则 f_h 越低,f_l 越高,通频带越窄。

思考题与习题

1.判断题。

电路的静态是指:

(1)输入交流信号的幅值不变时的电路状态。　　　　　　　　　　　　　　　　(　　)

(2)输入交流信号的频率不变时的电路状态。　　　　　　　　　　　　　　　　(　　)

(3)输入交流信号且幅值为零时的状态。　　　　　　　　　　　　　　　　　　(　　)

(4)输入端开路时的状态。　　　　　　　　　　　　　　　　　　　　　　　　(　　)

(5)输入直流信号时的状态。　　　　　　　　　　　　　　　　　　　　　　　(　　)

2.试判断题图中(a)～(i)所示各电路对交流正弦电压信号能不能进行正常放大,并说明理由。

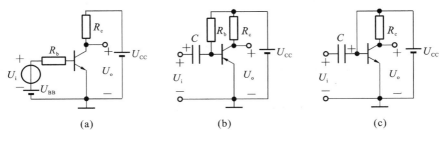

(a)　　　　　　　　　(b)　　　　　　　　　(c)

题 2 图

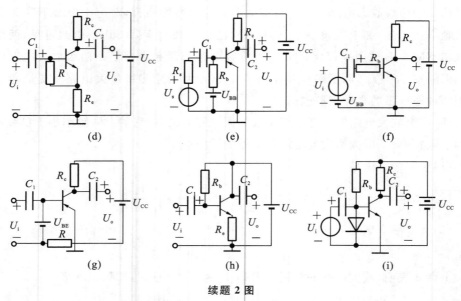

续题 2 图

3. 已知题图(a)中: $R_b = 510$ kΩ, $R_c = 10$ kΩ, $R_L = 1.5$ kΩ, $U_{CC} = 10$ V。三极管的输出特性如题图(b)所示。

(1)试用图解法求出电路的静态工作点,并分析这个工作点是否合适。

(2)在 U_{CC} 和三极管不变的情况下,为了把三极管的管压降 U_{CEQ} 提高到 5V 左右,可以改变哪些参数? 如何改变?

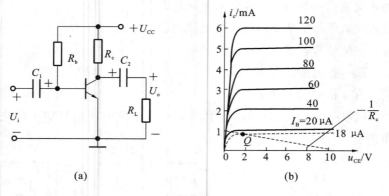

题 3 图

(3)在 U_{CC} 和三极管不变的情况下,为了使 $I_{CQ} = 2$ mA, $U_{CEQ} = 2$ V,应该改变哪些参数? 改成什么数值?

4. 画出题图所示各电路的直流通路,并估算它们的静态工作点。

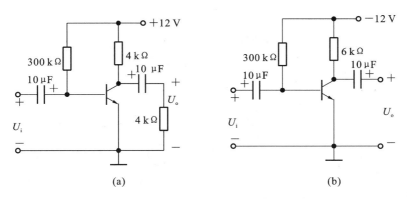

题 4 图

5. 设题图所示电路中,三极管的 $\beta=60$,$R_b=530$ kΩ,$R_c=R_L=5$ kΩ,$U_{CC}=6$ V。

(1)估算静态工作点。

(2)求 r_{be} 值。

(3)画出放大电路的微变等效电路。

(4)求电压放大倍数 A_v、输入电阻 r_i 和输出电阻 r_o。

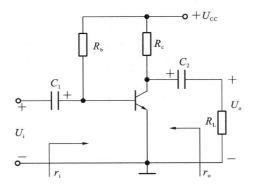

题 5 图

6. 设题图中三极管的 $\beta=100$,$U_{BEQ}=0.6$ V,$r_{bb}{}'=100$ Ω,$R_{b1}=33$ kΩ,$R_{b2}=100$ kΩ,$R_s=4$ kΩ,$R_c=R_L=3$ kΩ,$R_e=1.8$ Ω,$R'_e=200$ kΩ,$U_{CC}=10$ V。

(1)算静态工作点。

(2)画出 h 参数微变等效电路。

(3)求 A_v。

(4)求输入电阻 r_i 和输出电阻 r_o。

(5)求 $A_{vs}=\dfrac{U_o}{U_s}$。

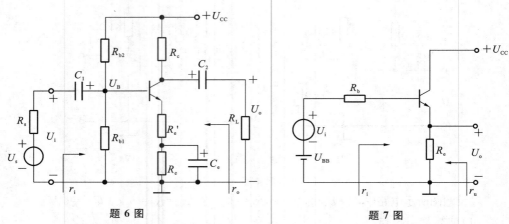

题 6 图   题 7 图

7.共集极电路如题图所示。设三极管的 $\beta=50$, $r_{bb}'=200\ \Omega$, $R_b=3.8\ k\Omega$, $R_e=5\ k\Omega$, $U_{BB}=7.3\ V$, $U_{CC}=12\ V$。

(1)计算 Q 点的数值。

(2)画出交流等效电路并求电压放大倍数 A_v,输入电阻 r_i 和输出电阻 r_o。

8.题图所示两级阻容耦合放大电路中,三极管的 β 均为 100, $r_{be1}=5.3\ k\Omega$, $r_{be2}=6\ k\Omega$, $R_s=20\ k\Omega$, $R_b=1.5\ M\Omega$, $R_{e1}=7.5\ k\Omega$, $R_{b21}=30\ k\Omega$, $R_{b22}=91\ k\Omega$, $R_{e2}=5.1\ k\Omega$, $R_{c2}=12\ k\Omega$, $C_1=C_3=10\ \mu F$, $C_2=30\ \mu F$, $C_e=50\ \mu F$, $U_{CC}=12\ V$。

(1)求输入电阻 r_i 和输出电阻 r_o。

(2)分别求出当 $R_L=\infty$ 和 $R_L=3.6\ k\Omega$ 时的 A_{vs}。

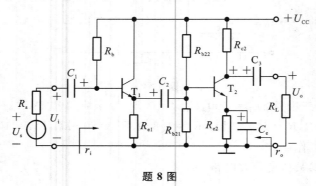

题 8 图

第3章

场效应管及其放大电路

　　本章主要以目前集成电路中普遍采用的场效应管器件为背景,介绍两类场效应管(结型场效应管、绝缘栅场效应管)的结构、工作原理、特性曲线和主要参数,并介绍场效应管所组成的各种放大电路。本章的内容相对来说比较难学,主要是场效应管的种类很多,常见的场效应管就有六种,记忆起来较困难,而且关于场效应管特性曲线的物理解释涉及半导体物理知识,不容易搞清楚。建议用对比的方法学习和认识。

3.1　概　　述

　　与三极管相似,场效应管(field effect transistor,FET)是一种由 PN 结组成的半导体器件,分为结型场效应管(junction field effect transistor,JFET)和绝缘栅场效应管(insulated gate field effect transistor,IGFET)两种主要结构,其中 IGFET 又称 MOS 管(metal-oxide-semiconductor)。FET 又有 P 型和 N 型两种导电沟道,其中 JFET 是利用 PN 结在反向偏置下所产生的耗尽区;IGFET 是利用栅极电压产生的感应电荷来改变导电沟道的宽窄度,从而控制多数载流子在沟道中运动所产生的漏极电流。

　　由于场效应管属于压控器件,它不吸收信号源电流,不消耗信号源功率,因此输入电阻十分高,可高达上百兆欧姆。除此之外,场效应管还具有温度稳定性好,抗辐射能力强、噪声低、制造工艺简单、便于集成等优点,所以得到广泛的应用。

　　从对应关系来看,FET 的栅极对应于三极管的基极,源极对应于发射极,漏极对应于集电极。二者相比,场效应管具有输入回路(栅源极之间)基本上不取用电流,噪声低,受温度和辐射影响小,源漏极可以互换,可作为压控电阻及便于集成化等优点。它的缺点是绝缘栅型易受外界感应电荷的影响而被击穿,输出功率不够大,频率不够高。

　　由于半导体三极管参与导电的两种极性的载流子,电子和空穴,所以又称半导体三极管双极性三极管。场效应管仅依靠一种极性的载流子导电,所以又称单极性三极管。

3.2　结型场效应管

3.2.1　结构

结型场效应管有两种结构形式：N 型沟道结型场效应管和 P 型沟道结型场效应管。以 N 沟道为例。在一块 N 型硅半导体材料的两边，利用适当的工艺做成高浓度的 P^+ 型区，使之形成两个 PN 结，然后将两边的 P^+ 型区连在一起，引出一个电极，称为栅极 G。在 N 型半导体两端各引出一个电极，分别作为源极 S 和漏极 D。夹在两个 PN 结中间的 N 型区是源极与漏极之间的电流通道，称为导电沟道。由于 N 型半导体多数载流子是电子，故此沟道称为 N 型沟道。同理，P 型沟道结型场效应管中，沟道是 P 型区，称为 P 型沟道，栅极与 N 型区相连。结型场效应管的电路结构与符号如图 3-1 所示，其符号中的箭头方向可理解为两个 PN 结的正向导电方向。

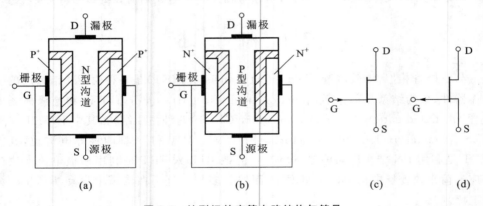

图 3-1　结型场效应管电路结构与符号

(a)N 型沟道　(b)P 型沟道　(c)N 型沟道　(d)P 型沟道

3.2.2　工作原理

从结型场效应管的结构可看出，如果在 D、S 间加上电压 U_{DS}，则在源极和漏极之间形成电流 I_D。通过改变栅极和源极的反向电压 U_{GS}，则可以改变两个 PN 结阻挡层（耗尽层）的宽度。由于栅极区是高掺杂区，所以阻挡层主要在沟道区。故 $|U_{GS}|$ 的改变，会引起沟道宽度的变化，其沟道电阻也随之而变，从而改变了漏极电流 I_D。如 $|U_{GS}|$ 上升，则沟道变窄，电阻增加，I_D 下降。反之亦然。所以改变 U_{GS} 的大小，可以控制漏极电流，这是场效应管工作的基本原理，也是核心部分。下面进行较详细的讨论。

1. U_{GS} 对导电沟道的影响

为了便于讨论，先假设 $U_{DS}=0$。

当 U_{GS} 由零向负值变化时,PN 结的阻挡层加厚,沟道变窄,电阻增大,如图 3-2 (a)、(b)所示。

若 U_{GS} 再向负值进一步变化,当 $U_{GS}=-U_P$ 时,则两个 PN 结的阻挡层相遇,沟道消失,则称沟道被"夹断"了,U_P 称为夹断电压,此时 $I_D=0$。上述过程如图 3-2(c) 所示。

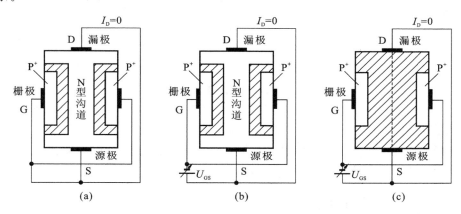

图 3-2　U_{GS} 对导电沟道的影响

(a)$U_{GS}=0$　(b)$U_{GS}<0$　(c)$U_{GS}=-U_P$

2. I_D 与 U_{DS}、U_{GS} 之间的关系

假定:栅、源电压 $|U_{GS}|<|U_P|$,如假定 $U_{GS}=-1\,\text{V}$,$U_P=-4\,\text{V}$。

(1)当 $U_{DS}=2\text{V}$ 时,沟道中将有电流 I_D 通过。此电流将沿着沟道方向产生一个电压降,这样沟道上各点的电位就不同,因沟道内各点的电位不同,故沟道内各点与栅极的电位差也就不相等。漏极端与栅极之间的反向电压最高,如 $U_{DG}=U_{DS}-U_{GS}=2-(-1)=3\text{V}$;沿着沟道向下反向电压逐渐降低,源极端为最低,如 $U_{SG}=-U_{GS}=1\,\text{V}$,两个 PN 结阻挡层将出现楔形,使得靠近源极端的沟道较宽,而靠近漏极端的沟道较窄,如图 3-3(a)所示。此时再增大 U_{DS},由于沟道电阻增长较慢,所以 I_D 随之增加。

(2)预夹断。当进一步增加 U_{DS},当栅、漏极之间的电压 U_{GD} 等于 U_P 时,即

$$U_{GD}=U_{GS}-U_{DS}=U_P$$

则在漏极附近的两个 PN 结的阻挡层相遇,如图 3-3(b)所示。这种情况称为预夹断。如果继续升高 U_{DS},就会使夹断区向源极端方向发展,沟道电阻增加。由于沟道电阻的增长速率与 U_{DS} 的增加速率基本相同,故这一期间 I_D 趋于一恒定值,不随 U_{DS} 的增大而增大,此时,漏极电流的大小仅取决于 U_{GS} 的大小。U_{GS} 越向负的方向增加,沟道电阻越大,I_D 便越小。

(3)当 $U_{GS}=U_P$ 时,沟道被全部夹断,$I_D=0$,如图 3-3(c)所示。

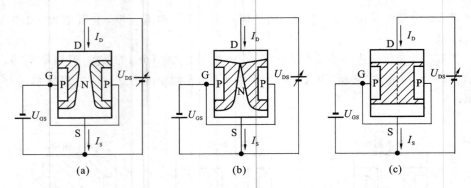

图 3-3　U_{DS} 对导电沟道与 I_D 的影响

(a)$U_{GS}<0,U_{DG}<|U_P|$　(b)$U_{GS}<0,U_{DG}=|U_P|$,预夹断　(c)$U_{GS}\leqslant U_P,U_{DG}>|U_P|$,夹断

注意：预夹断后还有电流。不要认为预夹断后就没有电流。

由于结型场效应管工作时，通常总是要在栅源之间加一个反向偏置电压，使得 PN 结始终处于反向接法，故 $I_D\approx0$，所以，场效应管的输入电阻 r_{gs} 很高。

3.2.3　特性曲线

1. 输出特性曲线

以 U_{GS} 为参变量时，漏极电流 I_D 与漏、源极的电压 U_{DS} 之间的关系称为输出特性，即

$$I_D=f(U_{DS})|_{U_{GS}=常数}$$

根据工作情况，输出特性可划分为四个区域，如图 3-4 所示。

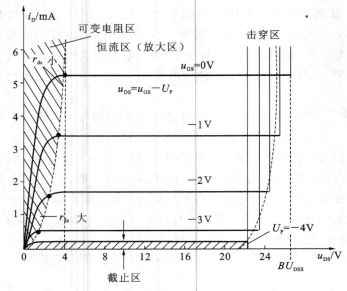

图 3-4　N 沟道结型 FET 的输出特性曲线

(1)可变电阻区　可变电阻区位于输出特性曲线的起始部分,此区的特点是:固定 U_{GS} 时,I_D 随 U_{DS} 增大而线性上升,相当于线性电阻;改变 U_{GS} 时,特性曲线的斜率变化,相当于电阻的阻值不同,U_{GS} 增大,相应的电阻增大。

(2)恒流区　该区的特点是:I_D 基本不随 U_{DS} 而变化,仅取决于 U_{GS} 的值,输出特性曲线趋于水平,故称为恒流区或饱和区。

(3)击穿区　位于特性曲线的最右部分,当 U_{DS} 升高到一定程度时,反向偏置的 PN 结被击穿,I_D 将突然增大。U_{GS} 越负时,达到雪崩击穿所需的 U_{DS} 电压越小。当 $U_{GS}=0$ 时,其击穿电压用 BU_{DSS} 表示。

(4)截止区　当 $|U_{GS}| \geqslant |U_P|$ 时,场效应管的导电沟道处于完全夹断状态,$I_D = 0$,场效应管截止。

2. 转移特性曲线

当漏、源极之间的电压 U_{DS} 保持不变时,漏极电流 I_D 和栅、源极之间的电压 U_{GS} 的关系称为转移特性,即

$$I_D = f(U_{GS})|_{U_{DS}=\text{常数}}$$

转移特性描述了栅、源极之间的电压 U_{GS} 对漏极电流 I_D 的控制作用,如图 3-5 所示,可以看出:$U_{GS}=0$ 时,$I_D = I_{DSS}$,漏极电流最大,I_{DSS} 称为饱合漏极电流。

$|U_{GS}|$ 增大,I_D 减小,当 $U_{GS} = -U_P$ 时,$I_D = 0$。U_P 称为夹断电压。

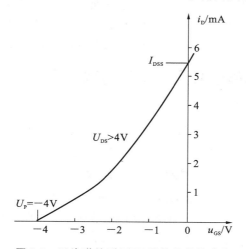

图 3-5　N 沟道结型 FET 的转移特性曲线

结型场效应管的转移特性在 $U_{GS}=0 \sim U_P$ 范围内可用近似公式

$$I_D = I_{DSS}\left(1 - \frac{U_{GS}}{U_P}\right)^2$$

表示。

根据输出特性曲线,可以做出转移特性曲线的对应关系,如图 3-6 所示。

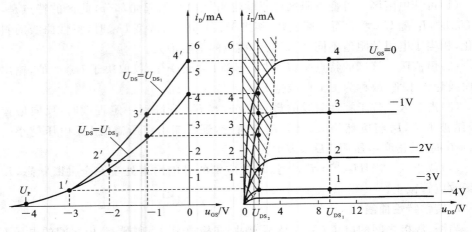

图 3-6　输出特性曲线与转移特性曲线的对应关系

3.3　绝缘栅场效应管

绝缘栅场效应管通常由金属、氧化物和半导体制成,所以又称金属-氧化物-半导体场效应管,简称为 MOS 场效应管。由于这种场效应管的栅极被绝缘层(SiO$_2$)隔离(所以称为绝缘栅)。因此其输入电阻更高,可达 $10^{10}\ \Omega$ 以上。绝缘栅场效应管包括 N 沟道增强型、N 沟道耗尽型、P 沟道增强型、P 沟道耗尽型四种。

3.3.1　N 沟道增强型 MOS 场效应管

1. 结构

N 沟道增强型 MOS 场效应管的结构如图 3-7 所示。把一块掺杂浓度较低的 P 型半导体作为衬底,然后在其表面上覆盖一层 SiO$_2$ 的绝缘层,再在 SiO$_2$ 层上刻出两个窗口,通过扩散工艺形成两个高掺杂的 N 型区(用 N$^+$ 表示),并在 N$^+$ 区和 SiO$_2$ 的表面各自喷上一层金属铝,分别引出源极、漏极和控制栅极。衬底上也引出一根引线,通常情况下将它和源极在内部相连,如图 3-7 所示。

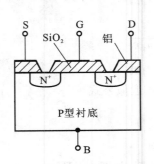

图 3-7　N 沟道增强型 MOS 场效应管结构

2. 工作原理

结型场效应管是通过改变 U_{GS} 来控制 PN 结的阻挡层来改变导电沟道的宽度,达到控制漏极电流 I_D 的目的。而绝缘栅场效应管则是利用 U_{GS} 来控制“感应电荷”的多少,以改变由这些“感应电荷”形成的导电沟道的状况,从而达到控制漏极电流 I_D 的目的。

对 N 沟道增强型的 MOS 场效应管,当 $U_{GS}=0$ 时,在漏极和源极的两个 N^+ 区之间是 P 型衬底,因此漏、源极之间相当于两个背靠背的 PN 结,所以无论漏、源极之间加上何种极性的电压,总是不导通的,即 $I_D=0$。

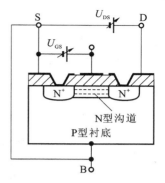

当 $U_{GS}>0$ 时(为方便假定 $U_{DS}=0$),则在 SiO_2 的绝缘层中产生了一个垂直于半导体表面、由栅极指向 P 型衬底的电场。这个电场排斥空穴,吸引电子,当 $U_{GS}>U_T$ 时,在绝缘栅下的 P 型区中形成了一层以电子为主的 N 型层。由于源极和漏极均为 N^+ 型,故此 N 型层在漏、源极之间形成电子导电的沟道,称为 N 型沟道。U_T 称为开启电压。此时在漏、源极之间加 U_{DS},则形成电流 I_D。显

图 3-8　$U_{GS}>U_T$ 时形成导电沟道

然,此时改变 U_{GS} 则可改变沟道的宽窄,即改变沟道电阻大小,从而控制了漏极电流 I_D 的大小。由于这类场效应管在 $U_{GS}=0$ 时,$I_D=0$,只有在 $U_{GS}>U_T$ 后才出现沟道,形成电流,故称为增强型,如图 3-8 所示。

3. 特性曲线

N 沟道增强型场效应管也用转移特性、输出特性表示 I_D、U_{GS}、U_{DS} 之间的关系,如图 3-9 所示。

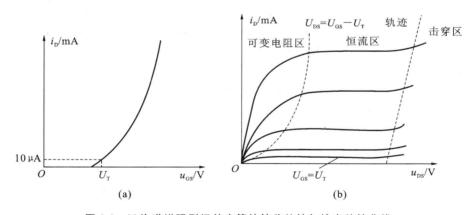

图 3-9　N 沟道增强型场效应管的转移特性与输出特性曲线

(a)转移特性　(b)输出特性

转移特性:$U_{GS}<U_T$,$I_D=0$;$U_{GS}\geq U_T$,$I_D\neq 0$。$U_{GS}\uparrow$,$I_D\uparrow$;$I_D=10\mu A$ 时对应的 U_{GS} 定义为开启电压 U_T。

输出特性:也可分为四个区,即可变电阻区、恒流区、击穿区和截止区。

3.3.2　N 沟道耗尽型 MOS 场效应管

1. 结构

耗尽型 MOS 场效应管是在制造过程中,预先在 SiO_2 绝缘层中掺入大量的正离

子。因此,在$U_{GS}=0$时,这些正离子产生的电场也能在 P 型衬底中"感应"出足够的电子,形成 N 型导电沟道,如图 3-10 所示。

衬底通常在内部与源极相连。

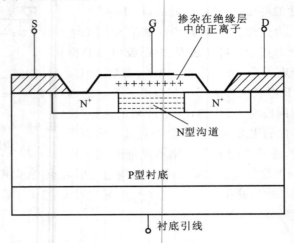

图 3-10　N 沟道耗尽型 MOS 场效应管结构

2. 工作原理

当$U_{DS}>0$时,将产生较大的漏极电流I_D。如果使$U_{GS}<0$,则它将削弱正离子所形成的电场,使 N 沟道变窄,从而使I_D减小。当U_{GS}更负,达到某一数值时沟道消失,$I_D=0$。使$I_D=0$的U_{GS}也称为夹断电压,仍用U_P表示。$U_{GS}<U_P$沟道消失,故称为耗尽型。

3. 特性曲线

N 沟道耗尽型 MOS 场效应管的特性曲线如图 3-11 所示,也分为转移特性和输出特性。其中:I_{DSS}为$U_{GS}=0$时的漏极电流;U_P为夹断电压,使$I_D=0$对应的U_{GS}的值。

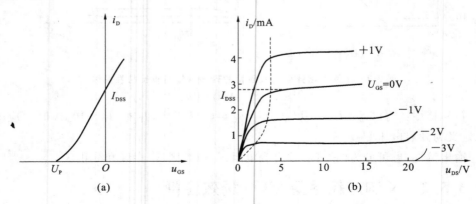

图 3-11　N 沟道耗尽型 MOS 场效应管特性曲线

(a)转移特性　(b)输出特性

　　P 沟道场效应管工作原理与 N 沟道类似,故不再讨论。各类场效应管的符号与特性曲线如表 3-1 所示。

表 3-1　各种场效应管的符号及特性曲线

种　类		符　号	转移特性	输出特性
结型 N 沟道	耗尽型			
结型 P 沟道	耗尽型			
绝缘栅型 N 沟道	增强型			
	耗尽型			
绝缘栅型 P 沟道	增强型			
	耗尽型			

3.4　场效应管的主要参数及特点

　　场效应管的主要参数包括直流参数、交流参数、极限参数三部分。

3.4.1 直流参数

1. 饱和漏极电流 I_{DSS}

I_{DSS} 是耗尽型和结型场效应管的一个重要参数。

定义:当栅、源极之间的电压 $U_{GS}=0$,而漏、源极之间的电压 U_{DS} 大于夹断电压 U_P 时对应的漏极电流。

2. 夹断电压 U_P

U_P 也是耗尽型和结型场效应管的重要参数。

定义:当 U_{DS} 一定时,使 I_D 减小到某一个微小电流(如 $1\mu A$,$50\mu A$)时所需 U_{GS} 的值。

3. 开启电压 U_T

U_T 是增强型场效应管的重要参数。

定义:当 U_{DS} 一定时,漏极电流 I_D 达到某一数值(如 $10\mu A$)时所需加的 U_{GS} 值。

4. 直流输入电阻 R_{GS}

R_{GS} 是栅、源极之间所加电压与产生的栅极电流之比,由于栅极几乎不索取电流,因此输入电阻很高,结型场效应管为 $10^6\,\Omega$ 以上,MOS 场效应管可达 $10^{10}\,\Omega$ 以上。

3.4.2 交流参数

1. 低频跨导 g_m

低频跨导 g_m 参数是描述栅、源极之间的电压 U_{GS} 对漏极电流的控制作用,它的定义是:当 U_{DS} 一定时,I_D 与 U_{GS} 的变化量之比,即

$$g_m = \frac{\partial I_D}{\partial U_{GS}}\bigg|_{U_{DS}=\text{常数}}$$

跨导 g_m 的单位是 mA/V。它的值可由转移特性或输出特性求得。在转移特性上的工作点 Q 的外切线斜率即是 g_m。或由输出特性看,在工作点处作一条垂直横坐标的直线(表示 $U_{DS}=$ 常数),在 Q 点上下取一个较小的栅、源极之间电压变化量 ΔU_{GS},然后从纵坐标上找到相应的漏极电流的变化量 $\Delta I_D/\Delta U_{GS}$,则 $g_m=\Delta I_D/\Delta U_{GS}$。

此外,对结型场效应管,可由

$$I_D = I_{DSS}\left(1-\frac{U_{GS}}{U_P}\right)^2$$

求得

$$g_m = \frac{\partial I_D}{\partial U_{GS}} = -\frac{2I_{DSS}}{U_P}\left(1-\frac{U_{GS}}{U_P}\right)$$

即只要将工作点处的 U_{GS} 值代入上式就可求得 g_m。

2. 极间电容

场效应管有三个极间的电容。包括 C_{gs}、C_{gd} 和 C_{ds}。C_{gs} 是栅、源极之间存在的电容,C_{gd} 是栅、漏极之间存在的电容。它们的值一般为 $1\sim 3$ pF。而漏、源极之间的电

容 C_{ds} 为 $0.1 \sim 1\text{pF}$。在低频情况下,极间电容的影响可以忽略,但在高频场合应用时,必须考虑极间电容的影响。

3.4.3　极限参数

1. 漏极最大允许耗散功率 P_{Dm}

其表达式为
$$P_{Dm} = I_D U_{DS}$$

P_{Dm} 取决于场效应管允许的最高温升,因为这部分功率将转化为热能,使场效应管的温度升高。

2. 漏源间击穿电压 U_{BDS}

U_{BDS} 是指在场效应管输出特性曲线上,当漏极电流 I_D 急剧上升产生雪崩击穿时的 U_{DS}。工作时,外加在漏极、源极之间的电压不得超过此值。

3. 栅源间击穿电压 U_{BGS}

结型场效应管正常工作时,栅、源极之间的 PN 结处于反向偏置状态,若 U_{GS} 过高,PN 结将被击穿。

对于 MOS 场效应管,栅源极击穿后不能恢复,因为栅极与沟道间的 SiO_2 被击穿属破坏性击穿。

3.4.4　场效应管的主要特点

场效应管具有放大作用,可以组成各种放大电路。它与双极性三极管相比,具有以下几个特点。

1. 场效应管是一种电压控制器件

场效应管是通过 U_{GS} 来控制 I_D;而双极性三极管是电流控制器件,通过 I_B 来控制 I_C。

2. 场效应管输入端几乎没有电流

场效应管工作时,栅、源极之间的 PN 结处于反向偏置状态,输入端几乎没有电流,所以其直流输入电阻和交流输入电阻都非常高。而双极性三极管的发射结始终处于正向偏置,总是存在输入电流,故基、射极之间的输入电阻较小。

3. 场效应管利用多数载流子导电

由于场效应管是利用多数载流子导电的,因此,与双极性三极管相比,具有噪声小、受辐射的影响小、热稳定性好,而且存在零温度系数工作点等特性。

4. 场效应管的源、漏极有时可以互换使用

由于场效应管的结构对称,有时漏极和源极可以互换使用,而各项指标基本上不受影响,因此使用时比较方便、灵活。不过对于有的绝缘栅场效应管,制造时源极已和衬底连在一起,这种场效应管的源极和漏极不能互换。

5. MOS 场效应管的制造工艺简单,便于大规模集成

每个 MOS 场效应管在硅片上所占的面积只有双极性三极管的 5%,因此集成度可以做得更高。

6. MOS 场效应管输入电阻高,栅源极容易被静电击穿

MOS 场效应管的输入电阻可高达 $10^{10}\,\Omega$,因此,由外界静电感应所产生的电荷不易泄漏。而栅极上的 SiO_2 绝缘层又很薄,这将在栅极上产生很高的电场强度,易导致绝缘层击穿而损坏管子。

7. 场效应管的跨导较小

组成放大电路时,在相同负载电阻下,场效应管的电压放大倍数比双极性三极管低。

3.5 场效应管放大电路

与三极管比较,场效应管也具有放大作用,它的三个极和三极管的三个极存在着对应关系,即

$$G(栅极) \rightarrow b(基极)$$
$$S(源极) \rightarrow e(发射极)$$
$$D(漏极) \rightarrow c(集电极)$$

所以与三极管放大电路的共射、共集、共基三种组态相对应,场效应管也能组成共源、共漏、共栅三种组态。下面讨论常用的共源与共漏放大电路。

由于两种放大器件各自的特点,故不能将三极管放大电路的三极管简单地用场效应管取代来组成场效应管放大电路。三极管是电流控制器件,组成放大电路时,应给双极性三极管设置偏流。而场效应管是电压控制器件,故组成放大电路时,应给场效应管设置偏压,保证放大电路具有合适的工作点,避免输出波形产生严重的非线性失真。

3.5.1 静态工作点与偏置电路

由于场效应管种类较多,故采用的偏置电路必须考虑其电压极性。下面以 N 沟道场效应管为例进行讨论。

N 沟道的结型场效应管只能工作在 $U_{GS} < 0$ 的区域;MOS 场效应管又分为增强型和耗尽型两种,增强型工作在 $U_{GS} > 0$ 的区域,而耗尽型工作在 $U_{GS} < 0$ 的区域。

1. 自给偏压偏置电路

图 3-12 所示为一种自给偏压电路的偏置电路,它适用于结型场效应管或耗尽型场效应管。它依靠漏极电流 I_D 在 R_S 上的电压降提供栅极偏压,即

$$U_{GS} = -I_D R_S$$

同样,在 R_S 上要并联一个足够大的旁路电容。

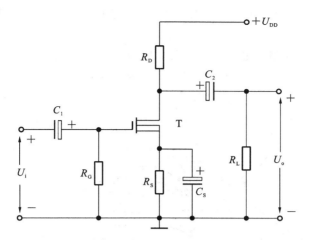

图 3-12　自给偏压 FET 放大电路

由场效应管的工作原理知道 I_D 是随 U_{GS} 变化的,而现在 U_{GS} 又取决于 I_D 的大小,怎么确定静态工作点的 I_D 和 U_{GS} 的值呢?一般可采用图解法和计算法两种方法。

1)图解法

首先,作直流负载线,由漏极回路写出方程

$$U_{DS}=U_{DD}-I_D(R_D+R_S) \tag{3-1}$$

由此在图 3-13 所示的输出特性曲线上做出直流负载线 AB,将此直流负载线逐点转到 $u_{GS}\sim i_D$ 坐标系中,得到对应直流负载线的转移特性曲线 CD,再根据 $U_{GS}=-I_DR_S$ 在转移特性坐标中作另一条直线,两线的交点即为 Q 点。

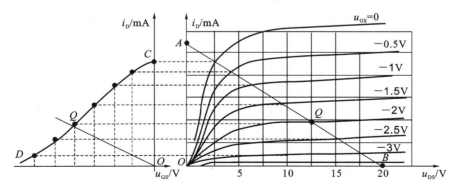

图 3-13　图解法求自给偏压场效应管放大电路的 Q 点

2)计算法

即

$$\left.\begin{array}{l}I_D=I_{DSS}\left(1-\dfrac{U_{GS}}{U_P}\right)^2\\[2mm]U_{GS}=-I_DR_S\end{array}\right\} \tag{3-2}$$

例 3-1　放大电路如图 3-12 所示,场效应管为 3DJG,其输出特性如图 3-14 所示,已知:$R_D = 2$ kΩ,$R_S = 1.2$ kΩ,$U_{DD} = 15$ V。试用图解法确定该放大器的静态工作点。

解　写出输出回路的电压电流方程,即直流负载线方程,即

$$U_{DS} = U_{DD} - I_D(R_D + R_S)$$

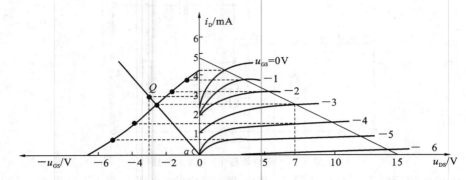

图 3-14　图解法确定 Q 点实例

设 $U_{DS} = 0$ V 时,有

$$I_D = \frac{U_{DD}}{R_D + R_S} = \frac{15}{2 + 1.2}\text{mA} = 4.7 \text{ mA}$$

$I_D = 0$ mA 时,有

$$U_{DS} = 15 \text{ V}$$

在输出特性图上将上述两点相连得直流负载线。

再根据上述直流负载线与输出特性曲线簇的交点,转移到 u_{GS}-i_D 坐标系中,画出相应于该直流负载线的转移特性曲线。

在转移特性曲线上,做出 $U_{GS} = -I_D R_S$ 的曲线。它在 u_{GS}-i_D 坐标系中是一条直线,找出两点即可。

令　　　　　　　　　　　　　$I_D = 0$,　$U_{GS} = 0$
$$I_D = 3 \text{ mA},\ U_{GS} = 3.6 \text{ V}$$

连接这两点,在 u_{GS}-i_D 坐标系中得一直线,此直线与转移特性曲线的交点即为 Q 点,对应 Q 点的值为

$$I_D = 2.5 \text{ mA},\ U_{GS} = -3 \text{ V},\ U_{DS} = 7 \text{ V}$$

2. 分压式偏置电路

分压式偏置电路也是一种常用的偏置电路,该种电路适用于所有类型的场效应管,如图 3-15 所示。为了不使分压电阻 R_1、R_2 对放大电路的输入电阻影响太大,故通过 R_G 与栅极相连。该电路栅源极电压为

$$U_{GS} = U_G - U_S = \frac{R_1}{R_1 + R_2}U_{DD} - I_D R_S$$

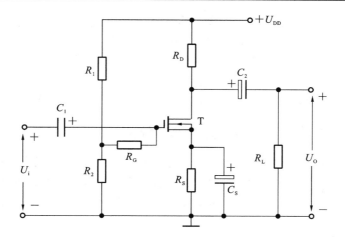

图 3-15 自分压偏置场效应管放大电路

1）图解法

分析过程同图 3-12 自给偏压偏置电路的图解法，不过 $I_D=0$，$U_{GS}\neq0$，即

$$U_{GS}=\frac{R_1}{R_1+R_2}U_{DD}$$

2）计算法

联立求解

$$\left.\begin{aligned}U_{GS}&=U_G-U_S=\frac{R_1}{R_1+R_2}U_{DD}-I_DR_S\\[2mm]I_D&=I_{DSS}\left(1-\frac{U_{GS}}{U_P}\right)^2\end{aligned}\right\}\tag{3-3}$$

例 3-2 试计算图 3-15 所示电路的静态工作点。已知 $R_1=50\ \text{k}\Omega$，$R_2=150\ \text{k}\Omega$，$R_G=1\ \text{M}\Omega$，$R_D=R_S=10\ \text{k}\Omega$，$R_L=1\ \text{M}\Omega$，$C_S=100\ \mu\text{F}$，$U_{DD}=20\ \text{V}$，场效应管为 3DJF，其 $U_P=-5\ \text{V}$，$I_{DSS}=1\ \text{mA}$。

解

$$U_{GS}=\frac{50}{50+150}\times20-10I_D$$

$$I_D=1\left(1+\frac{U_{GS}}{5}\right)^2$$

即

$$U_{GS}=5-10I_D$$

$$I_D=\left(1+\frac{U_{GS}}{5}\right)^2$$

将 U_{GS} 代入上式，得

$$I_D=\left(1+\frac{5-10I_D}{5}\right)^2$$

$$4I_D^2-9I_D+4=0$$

$$I_D = 0.61 \text{ mA}$$

I_D 的另一解为 $I_D = 1.65 \text{ mA} > I_{DSS}$，不合理，舍去，故

$$U_{GS} = (5 - 0.61 \times 10) \text{ V} = -1.1 \text{ V}$$

漏极对地电压为

$$U_D = U_{DD} - I_D R_D = (20 - 0.61 \times 10) \text{ V} = 13.9 \text{ V}$$

3.5.2　场效应管的微变等效电路

由于场效应管输入端不取电流，输入电阻极大，故输入端可视为开路。模仿三极管的小信号等效电路分析过程，直接给出场效应管简化后的等效电路，如图 3-16 所示。详细推导过程可参考文献 [1]、[2]。

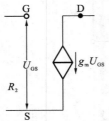

图 3-16　场效应管的简化
微变等效电路

3.5.3　共源极放大电路动态分析

共源极放大电路及其微变等效电路如图 3-17 所示。场效应管放大电路的动态分析同双极性三极管，也是求电压放大倍数 A_v、输入电阻 r_i 和输出电阻 r_o。

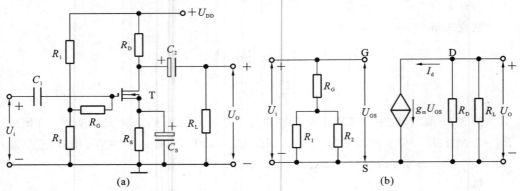

图 3-17　共源极放大电路及其微变等效电路
（a）分压式偏置共源极放大电路　（b）共源极放大电路微变等效电路

1. 电压放大倍数

根据电压放大倍数的定义，有

$$A_v = \frac{U_o}{U_i}$$

由等效电路可得

$$U_o = -g_m U_{GS} R'_L$$

再找出 U_o 和 U_i 的关系，即 U_{GS} 和 U_i 的关系，从等效电路可得

$$U_i = U_{GS}$$

所以

$$A_v = -g_m R'_L$$

2. 输入电阻

$$r_i = R_G + R_1 /\!/ R_2$$

3. 输出电阻

$$r_o = R_D$$

例 3-3　计算图 3-17 所示电路的电压放大倍数、输入电阻、输出电阻。电路参数为：$R_1 = 50$ kΩ，$R_2 = 150$ kΩ，$R_G = 1$ MΩ，$R_D = R_S = 10$ kΩ，$R_L = 1$ MΩ，$C_S = 100$ μF，$U_{DD} = 20$ V，场效应管为 3DJF，其 $U_P = -5$ V，$I_{DSS} = 1$ mA。

解　由例 3-2 可知，$U_{GS} = -1.1$ V，$I_D = 0.61$ mA

$$g_m = \frac{2 I_{DSS}}{U_P}\left(1 - \frac{U_{GS}}{U_P}\right) = \frac{2 \times 1}{2}\left(1 - \frac{1.1}{5}\right) \text{mA/V} = 0.312 \text{ mA/V}$$

$$A_v = -g_m R'_L = -0.312 \times \frac{10 \times 1\,000}{10 + 1\,000} \approx -3.12$$

$$r_i = R_G + R_1 /\!/ R_2 = 1\,000 + \frac{50 \times 150}{50 + 150} \text{ kΩ} = 1\,038 \text{ kΩ} \approx 1.04 \text{ MΩ}$$

$$r_o = R_D = 10 \text{ kΩ}$$

例 3-4　在图 3-18 所示的放大电路中，已知 $U_{DD} = 20$ V，$R_D = 10$ kΩ，$R_S = 10$ kΩ，$R_1 = 200$ kΩ，$R_2 = 51$ kΩ，$R_G = 1$ MΩ，并将其输出端接一负载电阻 $R_L = 10$ kΩ。所用的场效应管为 N 沟道耗尽型，其参数 $I_{DSS} = 0.9$ mA，$U_P = -4$ V，$g_m = 1.5$ mA/V。试求：(1)静态值；(2)电压放大倍数。

解　(1)画出其微变等效电路，如图 3-19 所示。其中考虑到 r_{GS} 很大，可认为 r_{GS} 开路，由电路图可知

$$U_G = \frac{R_2}{R_1 + R_2} U_{DD} = \frac{51 \times 10^3}{(200 + 51) \times 10^3} \times 20 \text{ V} = 4 \text{ V}$$

并可列出

$$U_{GS} = U_G - R_S I_D = 4 - 10 \times 10^3 I_D$$

在 $U_P \leqslant U_{GS} \leqslant 0$ 范围内，耗尽型场效应管的转移特性可近似用

$$I_D = I_{DSS}\left(1 - \frac{U_{GS}}{U_P}\right)^2$$

表示。

联立上列两式

$$\begin{cases} U_{GS} = 4 - 10 \times 10^3 I_D \\ I_D = (1 + \dfrac{U_{GS}}{4})^2 \times 0.9 \times 10^{-3} \end{cases}$$

解之得　　　　　　　　　$I_D = 0.5$ mA，$U_{GS} = -1$ V

并由此得

$$U_{DS} = U_{DD} - (R_D + R_S) I_D$$
$$= (20 - (10 + 10) \times 10^3 \times 0.5 \times 10^{-3}) \text{ V} = 10 \text{ V}$$

(2)电压放大倍数为

$$A_v = -g_m R'_L = -1.5 \times \frac{10 \times 10}{10 + 10} = -7.5$$

式中:$R'_L = R_D /\!/ R_L$

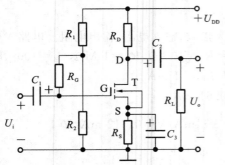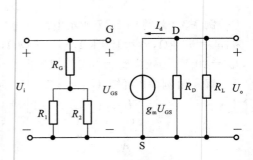

图 3-18　N 沟道绝缘栅 FET 自分压放大电路　　　图 3-19　微变等效电路

3.5.4　共漏极放大电路(源极输出器)动态分析

共漏极放大电路和等效电路如图 3-20 所示。

动态分析也是求该电路的电压放大倍数、输入电阻、输出电阻。

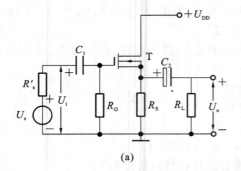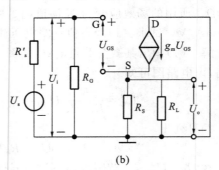

(a)　　　　　　　　　　　　　　　　(b)

图 3-20　结型共漏极放大电路及其微变等效电路

(a)共漏极放大电路　(b)微变等效电路

1. 电压放大倍数

根据电压放大倍数的定义,有

$$A_v = \frac{U_o}{U_i}$$

从等效电路可得

$$U_o = g_m U_{GS} R'_L$$

又有

$$U_i = U_{GS} + U_o, U_{GS} = U_i - U_o$$

$$U_o = g_m (U_i - U_o) R'_L$$

$$U_o = g_m R'_L U_i - g_m R'_L U_o$$

$$U_o = \frac{g_m R'_L U_i}{1 + g_m R'_L}$$

$$A_v = \frac{U_o}{U_i} = \frac{g_m R'_L}{1 + g_m R'_L} \approx 1$$

2. 输入电阻

$$r_i = R_G$$

3. 输出电阻

根据求输出电阻的方法,令 $U_S = 0$,并在输出端加一信号 U_2,如图 3-21 所示。

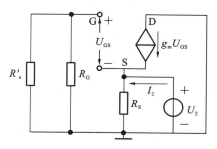

图 3-21　结型共漏极放大电路输出电阻的计算

则

$$I_2 = \frac{U_2}{R_S} - g_m U_{GS}$$

$$U_{GS} = -U_2$$

$$I_2 = \frac{U_2}{R_S} + g_m U_2 = \left(g_m + \frac{1}{R_S} \right) U_2$$

$$r_o = \frac{U_2}{I_2} = \frac{1}{g_m + \dfrac{1}{R_S}} = \frac{1}{g_m} /\!/ R_S$$

思考题与习题

1. 填空题

(1)场效应管是通过改变_____来改变漏极电流的,因此是一个_____控制的_____。

(2)场效应管电流由_____组成,而三极管的电流由_____组成。因此,场效应管电流受温度的影响比三极管_____。

(3)场效应管的导电机理为_____,而三极管的为_____。比较两者受温度的影响,_____管优于_____管。

(4)场效应管属于_____器件,其 G-S 之间的阻抗要_____三极管 b-e 极之间的阻抗,后者则应属于_____式器件。

(5)场效应管常把工作区域分为_____三种。

（6）场效应管的三个电极 G、D、S 类同三极管的＿＿＿＿＿＿＿电极，而 N 沟道、P 沟道场效应管则分别类同于＿＿＿＿＿＿＿两种类型的三极管。

2. 如题图所示电路，已知：$I_{DSS}=5$ mA，$U_{GS(off)}=-4$ V，$U_{DD}=20$ V，$R_G=2$ MΩ，$R_D=3$ kΩ，$R_S=1.5$ kΩ，$R_L=1$ kΩ，$U_{GSQ}=-0.5$ V。

（1）画出交流等效电路。

（2）求交流参数 A_v、r_i 和 r_o 值。

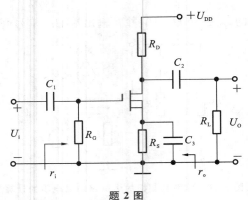

题 2 图

3. 如题图所示电路，已知：$I_{DSS}=5$ mA，$U_{GS(off)}=-4$ V，$U_{DD}=10$ V，$R_{G1}=10$ kΩ，$R_{G2}=91$ kΩ，$R_G=510$ kΩ，$R_D=3$ kΩ，$R_S=2$ kΩ，$R_L=3$ kΩ，C_1、C_2、C_3 足够大，$U_{GSQ}=-2.4$ V。

（1）画出交流等效电路。

（2）求交流参数 A_v、r_i 和 r_o 值。

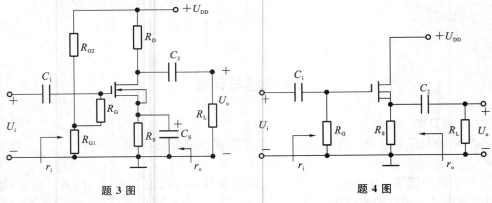

题 3 图　　　　　　　　　　题 4 图

4. 场效应管源极输出电路如题图所示，已知：$U_{GS(off)}=-4$V，$I_{DSS}=2$ mA，$U_{DD}=+15$ V，$R_G=1$ MΩ，$R_S=8$ kΩ，$R_L=1$ MΩ。求：

（1）静态工作点 Q；

（2）输入电阻 r_i 及输出电阻 r_o；

（3）电压放大倍数 A_v。

第 4 章

放大电路中的负反馈

在放大电路中引入适当的负反馈,可以改善放大电路的一些重要性能参数,使其能更好地满足实际需求。本章中,将先介绍负反馈的基本概念、四种基本类型、判别方法,以及负反馈对放大电路性能的影响和放大倍数等参数的相关计算;最后,讨论反馈放大电路的自激振荡现象,以及消除自激振荡的简单方法。

4.1 负反馈的基本概念

4.1.1 反馈的定义

在电子线路中,所谓反馈是指将放大电路输出信号(电压或电流)的一部分或全部,通过某种电路上的联系引回到输入端,与原有的输入信号进行叠加,形成新的输入信号,进而改变放大电路输出信号的过程。反馈体现了输出信号对输入信号的一种作用,其结构如图 4-1 所示。

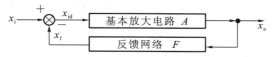

图 4-1 反馈放大电路框图

图中:A 代表基本放大电路的放大倍数;F 代表能够把输出信号(部分或全部)送回到输入端的电路的放大倍数,通常称为反馈网络的反馈系数;符号 $\otimes$ 表示信号的叠加,"+"、"—"号表示输入量进入求和环节前各自的符号(也称极性);箭头代表信号的传输方向。基本放大电路主要功能是放大净输入信号,是信号正向传输的通路。反馈网络的主要功能是将输出信号引回到输入端,并与输入信号进行比较。从图 4-1 中可以看出,在反馈放大电路中,输入信号通过 A 和 F 形成了一个闭合环路,所以该电路也称为闭环放大电路。与之相对应,无反馈环节的放大电路称为开环放大电路。

对于反馈放大电路,定义 x_i 是反馈放大电路的输入信号,x_o 是反馈放大电路的输出信号,x_f 是反馈信号。输入信号 x_i 与反馈信号 x_f 进行比较得到的信号定义为净输入信号,用 x_{id} 表示。当是负反馈时,反馈量的符号为"—"。由此可以得到基本放大电路的净输入信号为

$$x_{id} = x_i + (-x_f) = x_i - x_f \tag{4-1}$$

为了便于分析,特别定义三个比例系数:输出信号与净输入信号的比值定义为放大电路的开环放大倍数,也称开环增益,用 A 表示;反馈信号与输出信号的比值定义为放大电路的反馈系数,用 F 表示;净输入信号与输入信号的比值定义为放大电路的闭环放大倍数,也称闭环增益,用 A_f 表示。当图 4-1 所示放大电路为负反馈放大电路时,基本放大电路的开环放大倍数为

$$A = \frac{x_o}{x_{id}} \qquad\qquad (4\text{-}2)$$

反馈网络的反馈系数为

$$F = \frac{x_f}{x_o} \qquad\qquad (4\text{-}3)$$

负反馈放大电路的闭环放大倍数为

$$A_f = \frac{x_o}{x_i} \qquad\qquad (4\text{-}4)$$

将式(4-1)、式(4-2)和式(4-3)代入式(4-4),可得负反馈放大电路放大倍数的一般表达式为

$$A_f = \frac{x_o}{x_i} = \frac{x_o}{x_{id} + x_f} = \frac{Ax_{id}}{x_{id} + AFx_{id}} = \frac{A}{1 + AF} \qquad\qquad (4\text{-}5)$$

式中:$1+AF$ 定义为反馈深度,是衡量反馈程度的一个重要指标。

那么,如何判断一个电路是否引入了反馈呢?根据反馈的定义,判断的关键就是看是否存在反馈电路,即除了放大元件之外,在输入回路和输出回路之间是否还存在着其他电气上的通路(如由电阻或电容等电子元件组成的电路)。这种通路通常以两种形式存在:一种是跨接在输入回路和输出回路之间的电气通路;另一种是输入回路和输出回路之间的公共电气通路。

4.1.2　正反馈与负反馈

由图 4-1 所示的反馈放大电路组成框图可知,反馈信号 x_f 与输入信号 x_i 进行比较得到净输入信号 x_{id}。这种比较对于净输入信号 x_{id} 有两种效果:一种是使净输入信号量 x_{id} 比没有引入反馈时减小了,称为负反馈;另一种是使净输入信号量 x_{id} 比没有引入反馈时增大了,则称为正反馈。毫无疑问,净输入信号 x_{id} 的这种变化也会使输出信号发生变化。所以,根据输出信号也可以区分反馈的正、负。当反馈的引入使输出信号增大时,引入的是正反馈;使输出量减小时,引入的是负反馈。

由于正反馈和负反馈对放大电路具有截然相反的作用,因此正、负反馈的判别就显得尤其重要。通常采用瞬时极性法来判别一个反馈放大电路引入的是正反馈还是负反馈。该方法的具体流程如下。

(1)假设输入端的输入信号在某一时刻出现一个增强的变化,记为正极性,用符号＋或↑标记。

(2)沿着信号的正向传输通道和反馈通道,依次判断出各部分电路输出端信号的

极性,直至得到反馈信号的极性。若使信号增强,是正极性,用＋或 ↑ 标记;反之,为负极性,用－或 ↓ 标记。

(3)最后根据输入信号和反馈信号的极性进行判断。若判断出反馈信号的变化趋势是减弱输入信号的变化趋势,则引入的是负反馈;反之,则为正反馈。

4.1.3　直流反馈与交流反馈

交、直流信号在放大电路中所起的作用不同,因此反馈也可分为直流反馈和交流反馈。当反馈量中只含有直流量时,称为直流反馈;只含有交流量时称为交流反馈;既有直流量又有交流量时,则称为交直流反馈。放大电路中的直流负反馈常用来稳定放大电路的静态工作点;交流负反馈则用来改善放大电路的动态性能。所以,在很多放大电路中,常常是交直流反馈兼而有之。

判断交直流反馈的方法主要是看反馈通道:如果反馈通道只将直流信号引回到输入回路中,则为直流反馈;只将交流信号引回到输入回路中,为交流反馈;既将直流成分又将交流成分引回到输入回路中,则为交直流反馈。

4.1.4　本级反馈和级间反馈

在实用电子电路中,通常采用由多个放大元件构成的多级放大电路。因此,反馈的类型也可划分为本级反馈和级间反馈两种。前者指反馈网络连接在同一级放大电路的输出回路与输入回路之间,只影响这一级的性能;而后者的反馈网络连接在由两级或两级以上基本放大器组成的多级放大器的输出回路与输入回路之间,影响多级放大器的性能。若一个负反馈放大电路同时兼有本级反馈与级间反馈,则决定整个负反馈放大电路性能的通常是级间反馈。

4.2　负反馈的组态及其对放大电路的影响

从反馈放大电路的功能划分和信号流程框图可以看出,反馈通道与正向传输通道存在两个连接点:一个位于信号输出端,用于提取输出信号,也称取样端;另一个位于信号输入端,用来对输入信号和反馈信号进行比较,也称比较端。考虑到在电子放大电路中,信号有两种类型,即电压信号和电流信号,则在取样端也存在两种类型,即电压取样和电流取样。同样的,在比较端,也存在两种比较类型,即电压比较和电流比较。而这几种类型的反馈对于放大电路的动态性能,其影响是不同的。

4.2.1　输出端取样类型的判断

在反馈放大电路的输出端,反馈网络从输出回路提取信号,而输出回路中的输出信号有电压和电流两种,这样反馈网络就有电压和电流两种取样类型。根据其取样类型的不同,交流负反馈可以划分为电压反馈和电流反馈两种。若反馈信号取自输

出电压 u_o，如图 4-2(a)所示，即反馈信号 x_f 与输出电压成正比($x_f = Fu_o$)，则称该反馈为电压反馈；若反馈信号 x_f 取自输出电流 i_o，如图 4-2(b)所示，即反馈信号与输出电流成正比($x_f = Fi_o$)，称该反馈为电流反馈。

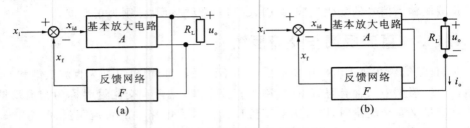

图 4-2　电压反馈与电流反馈框图

(a)电压反馈　(b)电流反馈

判断电压反馈与电流反馈的常用方法有输出短路法和电路结构法两种。

(1)输出短路法　首先假设输出电压 $u_o = 0$(即令负载电阻 $R_L = 0$)，然后观察反馈信号 x_f 是否为零：若为零，则说明反馈信号与输出电压相关，因此是电压反馈；若不为零，则说明反馈信号不与输出电压成正比，因此是电流反馈。

(2)电路结构法　首先要分别找出放大电路的输出端和反馈网络的取样端，然后对两个端点的位置进行判断：若两个端子位于同一个放大元件的同一个电极上时，为电压反馈；若不在一个电极上，则为电流反馈。

要特别说明的是，由于电压反馈和电流反馈都是建立在交流负反馈这一基本出发点之上的，所以，对于电压反馈和电流反馈的判别和分析也都是基于交流通路和交流分析的，即通路中的电容可视为短路。

例 4-1　试分别用输出电路法和电路结构法判断图 4-3 所示电路中的反馈是电压反馈还是电流反馈。

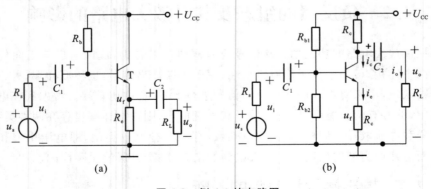

图 4-3　例 4-1 的电路图

解　在图 4-3(a)所示电路中，电阻 R_e 构成反馈网络，反馈信号为其两端的电压信号，用 u_f 表示。(1)用"输出短路法"进行判断：令 $u_o = 0$，电容视为短路，则 $u_f = u_o = 0$，因为 $u_f = 0$，所以该反馈是电压反馈。(2)用"电路结构法"进行判断：在电容视为短路的情况下,放大电路的输出信号接在三极管 T 的发射极 e 上,而反馈电阻的取样端也为三极管 T 的发射极 e,即两个端子接在同一个电极上,所以是电压反馈。

在图 4-3(b)所示电路中,电阻 R_e 构成反馈网络,其两端的电压信号 u_f 为反馈信号。①用"输出短路法"进行判断:令 $R_L=0$,即 $u_o=0$,此时 $u_f=i_eR_e\approx i_cR_e\neq 0$,所以该反馈不是电压反馈,是电流反馈。②用"电路结构法"进行判断:在电容视为短路的情况下,放大电路的输出信号接在三极管 T 的集电极 c 上,而反馈电阻的取样端为三极管 T 的发射极 e,两个端子不在同一个电极上,因此是电流反馈。

4.2.2　输入端比较类型的判断

在反馈电路的输入端,输入信号与反馈信号进行比较后得到净输入信号。至于如何进行比较,是电压比较还是电流比较,则是由反馈网络与基本放大电路在输入回路中的连接方式来决定的。根据输入端连接方式(也称比较方式)的不同,交流反馈也可分为串联反馈和并联反馈两种。

(1)串联反馈　串联反馈是指在放大电路输入回路中,反馈网络与基本放大电路为串联连接,即反馈信号与输入信号进行电压比较。其典型电路和信号框图如图 4-4 所示。图 4-4(a)所示为其典型电路,该电路的输入电压 u_i 等于净输入电压 u_{be} 和反馈电压 u_f 之和;图 4-4(b)所示为其等效信号框图,此时,基本放大电路的净输入信号是输入电压 u_i 与反馈电压 u_f 进行比较后得到的净输入电压 u_{id}。

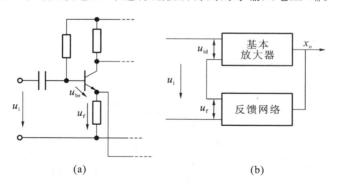

图 4-4　串联反馈

(a)$u_i=u_{be}+u_f$　(b)$u_{id}=u_i-u_f$

(2)并联反馈　并联反馈是指在放大电路输入回路中,反馈网络与基本放大电路为并联连接,即反馈信号与输入信号进行电流比较,其典型电路和信号框图如图 4-5 所示。图 4-5(a)所示为其典型电路,该电路中输入电流 i 等于净输入电流 i_{be} 和反馈电流 i_f 之和。图 4-5(b)所示为其等效信号框图,此时,基本放大电路的净输入信号是输入电流 i_i 与反馈电流 i_f 进行比较后得到的净输入电流 i_{id}。

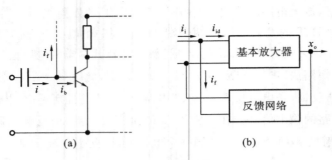

图 4-5　并联反馈

(a)$i=i_b+i_f$　(b)$i_{id}=i_i-i_f$

判断串联反馈与并联反馈的常用方法是电路结构法。首先分别找出放大电路的输入端和反馈网络的比较端,然后对两个端点的位置进行判断:若两个端子位于同一个放大器件的同一个电极上,则为并联反馈;否则为串联反馈。同样要特别说明的是,由于串联反馈和并联反馈也是建立在交流负反馈这一基本出发点之上的,所以其判别和分析也都是基于交流通路和交流分析,即通路中的电容可视为短路。

4.2.3　负反馈的四种基本组态及分析要点

通过前面的介绍,对于交流负反馈放大电路而言,其反馈网络在输出回路有电压和电流两种取样方式,在输入回路有串联和并联两种连接方式。因此,负反馈放大电路可以划分为四种基本类型,通常称为四种基本组态,即电压串联、电压并联、电流串联和电流并联。

1. 电压串联负反馈

分析图 4-6 所示的一个多级放大电路。

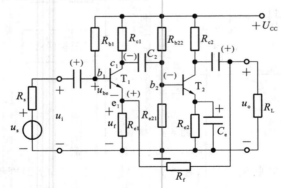

图 4-6　电压串联负反馈放大电路

(1)找出反馈网络　R_{e1} 和 R_{e2} 分别构成第一级和第二级放大电路的本级反馈网络,电阻 R_f 和 R_{e1} 构成级间反馈网络。由于多级放大电路的性能主要由级间反馈决定,因此下面对该级间反馈进行进一步分析。

　　(2)采用"电路结构法"对级间反馈的组态类型进行判断　在输出回路中,反馈网络的取样端为第二级放大电路中三极管 T_2 的集电极,放大电路的输出端为该三极管的集电极,两个端子位于同一个电极上,所以是电压反馈;在输入回路,反馈网络的比较端为第一级放大电路中三极管 T_1 的发射极,放大电路的输入端为该三极管的基极,两个端子位于不同的电极上,所以是串联反馈。因此,该级间反馈的组态类型为电压串联反馈。

　　(3)采用"瞬时极性法"对该级间反馈的极性进行判断　设交流输入信号 u_i 加在第一级放大电路中三极管 T_1 的基极 b_1 处的瞬时极性为"+",该多级放大电路中各关键点的瞬时极性分别如图 4-6 所示,最后反馈信号 u_f 在三极管 T_1 的发射极 e_1 处的极性为"+"。由于该电路的净输入信号为

$$u_{id} = u_{be} = u_i - u_f$$

所以该反馈使净输入信号 u_{be} 减小,是负反馈。

　　综上所述,该多级放大电路引入的是电压串联负反馈,基本放大电路的净输入信号为

$$u_{id} = u_i - u_f$$

该放大电路的信号流程如图 4-7 所示。其三个比例系数的具体定义如下。

　　开环放大倍数 $A = u_o/u_{id}$,无量纲,也称开环电压放大倍数,用 A_v 表示。

　　反馈系数 $F = u_f/u_o$,无量纲,也称电压反馈系数,用 F_v 表示。

　　闭环放大倍数 $A_f = u_o/u_i$,无量纲,也称闭环电压放大倍数,用 A_{vf} 表示。

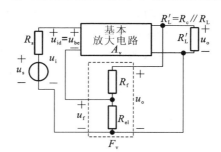

图 4-7　电压串联负反馈方框图

2. 电压并联负反馈

分析图 4-8(a)所示单级放大电路。

　　(1)找出反馈网络　电阻 R_f 构成反馈网络。

　　(2)采用"电路结构法"判断反馈组态类型　在输出回路中,其取样端为三极管集电极 c,信号输出端也为三极管的集电极 c,因此为电压反馈。在输入回路中,反馈信号 i_f 与输入信号均从三极管的基极 b 加入,因此为并联反馈。

　　(3)采用"瞬时极性法"判断反馈的极性　假定输入信号 u_i 在基极 b 的瞬时极性为"+",则集电极 c 的瞬时极性为"-",反馈电流 $i_f = (U_b - U_c)/R_f$ 的瞬时极性为"+",且流向为由 b→c,由此可以判断出此时三极管基极 b 的净输入电流信号 $i_{id} = i_i$

$-i_f$ 减少。所以,该反馈是负反馈。

综上所述,该放大电路引入的是电压并联负反馈,其信号流程如图 4-7(b)所示。其三个比例系数的具体定义如下。

开环放大倍数 $A = u_o/i_{id}$,量纲是电阻,也称开环互阻放大倍数,用 A_r 表示。

反馈系数 $F = i_f/u_o$,量纲是电导,也称互导反馈系数,用 F_g 表示。

闭环放大倍数 $A_f = u_o/i_i$,量纲为电阻,也称闭环互阻放大倍数,用 A_{rf} 表示。

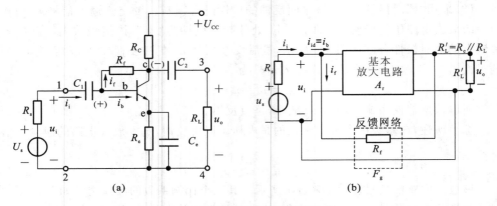

图 4-8　电压并联负反馈放大电路

(a)电路　(b)方框图

3. 电流串联负反馈

图 4-9(a)所示为已多次介绍过的共射极分压式偏置电路。从前面的分析知它是一个典型的负反馈放大电路,其中 R_f 构成交流反馈通路。采用"电路结构法"判断该负反馈的组态类型:在输出回路中,其取样端为三极管发射极 e,信号输出端则为三极管集电极 c,因此为电流反馈。在输入回路中,反馈信号从三极管发射极 e 加入,输入信号从三极管基极 b 加入,因此为串联反馈。

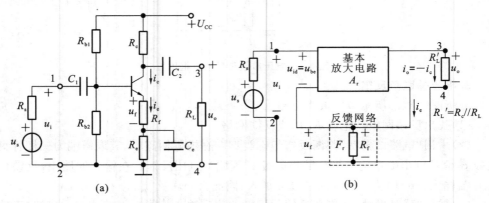

图 4-9　电流串联负反馈放大电路

(a)电路　(b)方框图

综上所述,该放大电路引入的是电流串联负反馈,基本放大电路的净输入信号为 $u_{id}=u_i-u_f$,其信号流程如图 4-9(b)所示。其三个比例系数的具体定义如下。

开环放大倍数 $A=i_o/u_{id}=i_o/u_{be}$,量纲是电导,也称开环互导放大倍数,用 A_g 表示。

反馈系数 $F=u_f/i_o=u_f/(-i_c)=-u_f/i_c$,量纲是电阻,也称互阻反馈系数,用 F_r 表示。

闭环放大倍数 $A_f=i_o/u_i$,量纲为电导,也称闭环互导放大倍数,用 A_{gf} 表示。

4. 电流并联负反馈

分析图 4-10(a)所示的多级放大电路,重点分析其级间反馈类型。

(1)找出反馈网络　　R_f 与 R_{e2} 构成级间反馈通路,其取样电流 i_{e2} 正比于输出电流 i_o'。

(2)判断反馈组态类型　　在输出回路中,反馈网络的取样端和放大电路的信号输出端分别位于第二级放大电路中三极管的 e 极和 c 极,因此为电流反馈。在输入回路中,反馈信号和输入信号从同一节点即第一级放大电路三极管的 b 极加入,因此为并联反馈。

(3)用"瞬时极性法"判断该反馈的极性　　假定输入信号 u_s 的瞬时极性为"+",则其余各点的瞬时极性依次如图 4-10(a)中所标注,最后引回到输入端的反馈信号的瞬时极性为"—",由此可以判断出该反馈为负反馈。

综上所述,该电路引入的是电流并联负反馈,基本放大电路的净输入信号为 $i_{id}=i_{b1}=i_i-i_f$,其信号流程框图如图 4-10(b)所示。其三个比例系数的具体定义如下。

开环放大倍数 $A=i_o/i_{id}=i_o/i_{b1}$,无量纲,也称开环电流放大倍数,用 A_i 表示。

反馈系数 $F=i_f/i_o$,无量纲,也称电流反馈系数,用 F_i 表示。

闭环放大倍数 $A_f=i_o/i_{id}=i_o/i_{b1}$,无量纲,也称闭环电流放大倍数,用 A_{if} 表示。

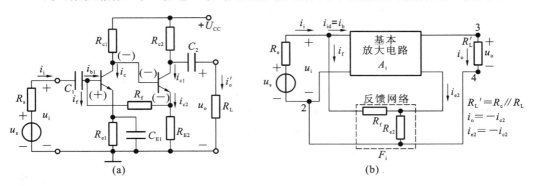

图 4-10　电流并联负反馈

(a)电路　(b)方框图

在负反馈放大电路的分析中,正确判断反馈组态是十分重要的,因为反馈组态不同,放大电路的性能就不同,现将其归纳在表 4-1 中。

表 4-1　负反馈放大电路中各种信号量的含义

信号量或 信号传递比	反 馈 类 型			
	电压串联	电流并联	电压并联	电流串联
x_o	电压	电流	电压	电流
x_i、x_f、x_{id}	电压	电流	电流	电压
$A = x_o/x_{id}$	$A_v = u_o/u_{id}$	$A_i = i_o/i_{id}$	$A_r = u_o/i_{id}$	$A_g = i_o/u_{id}$
$F = x_f/x_o$	$F_v = u_f/u_o$	$F_i = i_f/i_o$	$F_g = i_f/u_o$	$F_r = u_f/i_o$
$A_f = x_o/x_i$ $= \dfrac{A}{1+AF}$	$A_{vf} = u_o/u_i$ $= \dfrac{A_v}{1+A_v F_v}$	$A_{if} = i_o/i_i$ $= \dfrac{A_i}{1+A_i F_i}$	$A_{rf} = u_o/i_i$ $= \dfrac{A_r}{1+A_r F_g}$	$A_{gf} = i_o/u_i$ $= \dfrac{A_g}{1+A_g F_r}$
功能	u_i 控制 u_o，电压放大	i_i 控制 i_o，电流放大	i_i 控制 u_o，电流转换为电压	u_i 控制 i_o，电压转换为电流

例 4-2　试判断图 4-11 所示电路中是否存在反馈,哪些元件引入级间直流反馈,哪些元件引入级间交流反馈,级间反馈是正反馈还是负反馈？如果是负反馈,请进一步判别其组态类型。

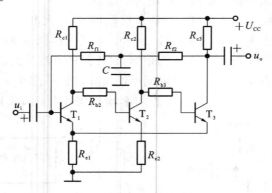

图 4-11　例 4-2 的电路图

解　图 4-11 所示电路为三级放大电路,其中 R_{e1} 构成第一级的反馈通路,R_{e2} 构成第二级的反馈通路,每级各自存在的反馈称为局部(或本级)反馈,因此 R_{e1} 和 R_{e2} 反馈分别为第一级的本级反馈与第二级的本级反馈。第三级放大电路中 T_3 的输出端集电极通过 R_{f1}、R_{f2} 和 C 与第一级放大电路中 T_1 的输入端基极相连构成反馈通路,此外,T_3 的输出回路发射极通过导线连到 T_1 的输入回路发射极与 R_{e1} 一同构成反馈通路,这两个通路所引入的反馈均为级间反馈。

分别画出图 4-11 所示电路的直流通路和交流通路,如图 4-12 和图 4-13 所示。

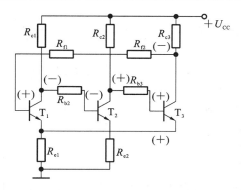

图 4-12　例 4-2 所示电路的直流通路

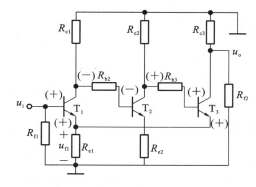

图 4-13　例 4-2 所示电路的交流通路

在图 4-12 中,电阻 R_{e1} 和 R_{f2} 组成的反馈通路引入的是级间直流反馈,用瞬时极性法判断反馈的极性,其各相关点的瞬时极性如图 4-12 中所示,由此可以判断该级间直流反馈为负反馈,其作用是稳定静态工作点。而电阻 R_{e1} 既能引起级间直流反馈,又能引起级间交流反馈,同样可以用瞬时极性法判断该反馈的极性,信号的瞬时极性如图 4-13 中所示,则放大电路的净输入信号 $u_{be1} = u_i - u_f$,反馈使净输入信号 u_{be1} 减小,是负反馈。

由于组态类型的判别是建立在交流负反馈基础上的,对于图 4-11 所示电路的两路级间反馈而言,只有电阻 R_{e1} 可以引入交流负反馈。所以对该反馈进行组态类型判别:在输出回路中,电路的信号输出端为 T_3 的集电极,而反馈信号的采样端为 T_3 的发射极,所以是电流反馈;在输入回路中,电路的信号输入端为 T_1 的基极,而反馈信号从 T_1 的发射极引入,所以该反馈是串联反馈。

综上所述,该反馈的组态类型是电流串联负反馈。

4.2.4　负反馈对放大电路性能的影响

电子放大电路中引入交流负反馈后,在输入信号不变的情况下,由于净输入信号的减小,放大电路的输出会减小,导致其放大倍数下降,即闭环放大倍数小于开环放大倍数。除此之外,负反馈的引入还会影响放大电路的其他许多性能。本节将从提高放大倍数的稳定性、改善输入和输出电阻、展宽通频带、减小非线性失真等几个方面讨论负反馈对放大电路性能的影响。

1. 提高放大倍数的稳定性

一个理想的电子放大电路,其放大倍数应该是一个常数,但在实际应用过程中,由于各种环境因素的变化,如元器件参数的变化、环境温度的变化、电源电压的变化、负载大小的变化等,都会对放大电路产生影响,使其放大倍数变得不稳定。而引入适当的负反馈后,可以提高放大电路闭环放大倍数的稳定性。在对其稳定性进行分析之前,需要说明的是,从严格意义上讲,放大电路的开环放大倍数、闭环放大倍数和反馈系数都与频率和相位有关,分别用相量 $\dot{A}$、$\dot{A}_f$ 和 $\dot{F}$ 表示。而在下面的分析中,如果没有特别的说明,都只考虑中频段的情况。在中频段,$\dot{A}$、$\dot{A}_f$ 和 $\dot{F}$ 均为实数,分别用 A、A_f 和 F 表示。

为了从数值上评价放大倍数的稳定程度,常用放大倍数相对变化量的大小作为一个衡量指标。这里用 $\mathrm{d}A_f/A_f$ 表示闭环放大倍数的相对变化量,用 $\mathrm{d}A/A$ 表示引入反馈前开环放大倍数 A 的相对变化量。将闭环放大倍数表达式 $A_f = A/(1+AF)$ 对 A 求导,可以得到 $\mathrm{d}A_f/A_f$ 与 $\mathrm{d}A/A$ 的关系式,即

$$\frac{\mathrm{d}A_f}{A_f} = \frac{1}{1+AF} \cdot \frac{\mathrm{d}A}{A} \qquad (4\text{-}6)$$

式(4-6)表明,引入负反馈后,闭环放大倍数的相对变化量仅为开环放大倍数相对变化量的 $1/(1+AF)$,也就是说,引入负反馈后,闭环放大倍数的稳定性是无反馈时的 $(1+AF)$ 倍。例如,当 A 变化 10% 时,若 $1+AF=100$,则 A_f 仅变化 0.1%。

从式(4-6)可知,引入交流负反馈后,因环境温度的变化、电源电压的波动、元件的老化、器件的更换等原因引起的放大倍数的变化都将减小。特别是在选用产品时,因半导体器件参数的分散性所造成的放大倍数的差别也将明显减小,从而使电路的放大能力具有很好的一致性。反馈系数 F 愈大,即反馈越深,$1/(1+AF)$ 就越小,闭环放大倍数的稳定性越好。特别是在深度负反馈,即 $(1+AF) \gg 1$ 时,$A_f \approx 1/F$,这说明引入深度负反馈后,放大电路的放大倍数几乎只取决于反馈网络的反馈系数,而与基本放大电路无关。而反馈网络一般是由稳定性远高于半导体器件的电阻、电容等无源元件组成,这将使放大电路闭环放大倍数变得更加稳定。

综上所述,引入负反馈后,放大电路的放大倍数 A_f 的稳定性提高到 A 的 $(1+AF)$ 倍,但它是以损失放大倍数为代价的,即 A_f 减小到 A 的 $1/(1+AF)$ 倍。对于不同组态的交流负反馈电路,由于闭环放大倍数定义的不同,其所稳定的放大倍数也是不同的。例如对电压串联负反馈而言,其闭环放大倍数为电压放大系数,所以该组态类型的电路所稳定的放大倍数为电压放大倍数。依此类推,电压并联负反馈稳定的是互阻放大倍数,电流串联负反馈稳定的是互导放大倍数,电流并联负反馈稳定的是电流放大倍数。

2. 对输入电阻和输出电阻的影响

电子放大电路的输入电阻和输出电阻分别与输入回路和输出回路的阻抗有关。由于反馈网络在输入回路和输出回路之间建立了通路,这样就改变了电路的原有结构,也就不可避免地对输入电阻和输出电阻带来了影响。而且,不同组态的交流负反馈对放大电路的影响是不同的。对于这些影响的具体分析如下。

1)对输入电阻的影响

放大电路输入电阻是从其输入端看进去的等效电阻,因此负反馈对放大电路的输入电阻的影响取决于负反馈放大电路中的基本放大电路与反馈网络在输入回路的连接方式。因此,分析负反馈对放大电路输入电阻的影响,只取决于电路引入的是串联反馈还是并联反馈,而与输出回路中反馈的取样方式无直接关系(即与电压/电流

反馈无关)。

(1)串联负反馈使输入电阻增加 图 4-14(a)所示为串联负反馈放大电路的框图,由输入电阻的定义知,基本放大电路的输入电阻(即开环输入电阻)为

$$r_i = \frac{U_{id}}{I_i}$$

有负反馈时的闭环输入电阻为

$$r_{id} = \frac{U_i}{I_i} = \frac{U_{id} + U_f}{I_i} = \frac{U_{id} + AFU_{id}}{I_i} = (1+AF)\frac{U_{id}}{I_i}$$

所以

$$r_{if} = (1+AF)r_i$$

因此,引入串联负反馈后,放大电路的输入电阻增大到无反馈时开环输入电阻的 $(1+AF)$ 倍。可见,引入串联负反馈会增大输入电阻。

需要指出的是,在某些负反馈放大电路中,有些电阻并不在反馈环中。例如共射放大电路中的基极偏置电阻 R_b 是并接在交流通路中负反馈放大电路的输入端上,这类电路的框图如图 4-14(b)所示,由图可知,$r_{if}' = (1+AF)r_i$。而整个负反馈放大电路的输入电阻为 $r_{if} = R_b // r_{if}'$。因此,对于这类电路而言,其输入电阻同样会增加,但整个电路输入电阻的上限不会超过 R_b。

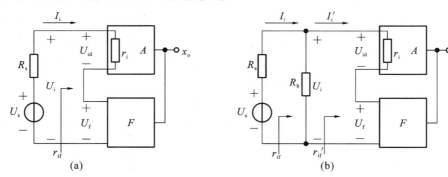

图 4-14 串联负反馈对输入电阻的影响

(a)串联负反馈 (b)偏置电阻在反馈环之外时的串联负反馈电路框图

(2)并联负反馈使输入电阻减小 图 4-15 所示为并联负反馈框图。无反馈时,基本放大电路的输入电阻为

$$r_i = \frac{U_i}{I_{id}}$$

引入负反馈后的闭环输入电阻为

$$r_{id} = \frac{U_i}{I_i} = \frac{U_i}{I_{id} + I_f} = \frac{U_i}{I_{id} + AFI_{id}} = \frac{1}{1+AF}\frac{U_i}{I_{id}}$$

即

$$r_{id} = \frac{1}{1+AF}r_i$$

由此可知,引入并联负反馈后,放大电路的输入电阻为无反馈时开环输入电阻的 $1/(1+AF)$。可见,引入并联负反馈会减小输入电阻。

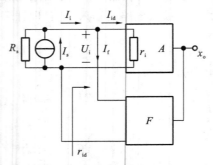

图 4-15   并联负反馈对输入电阻的影响

2)对输出电阻的影响

输出电阻是从负反馈输出端看进去的等效电阻,因此负反馈对输出电阻的影响取决于反馈网络在放大电路输出回路的取样方式,与反馈网络在输入回路的连接方式无直接关系(即与串联或并联反馈无关)。因此,分析负反馈对放大电路输出电阻的影响,只需看它是电压反馈还是电流反馈。

(1)电压负反馈使输出电阻减小   电压负反馈取样于输出电压,其作用是稳定放大电路的输出电压。这也就是说,当输入信号一定时,电压负反馈放大电路的输出等效于一个恒压源。而对于恒压源电路来说,其输出电阻很小,特别是理想恒压源,其输出电阻趋近于零。所以,基于等效电路理论,与开环放大电路相比,电压负反馈的引入使其输出电阻减小,从而实现稳定输出电压的作用。

下面通过"加压求流法"进行证明。电压负反馈的框图如图 4-16 所示,其中 r_o 是基本放大电路的输出电阻即开环输出电阻,r_f 是反馈网络的输入电阻。为求该闭环放大电路的输出电阻,设定输入信号 $x_s=x_i=0$,在输出端加一交流测试电压 U_t,其输入电流用 I_t 表示,反馈电流用 I_f 表示。此时,放大电路的闭环输出电阻定义为

$$r_{of}=\frac{U_t}{I_t}$$

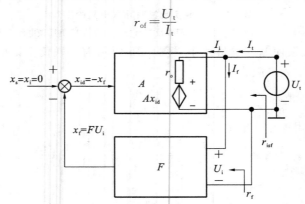

图 4-16   电压负反馈对输出电阻的影响

考虑到在设计负反馈电路时,对反馈网络取样回路的要求是对放大电路输出端的影响越小越好,故 r_f 通常很大。这样一来,与 r_f 相比,基本放大电路的输出电阻 r_o 要小很多,即 $r_o \ll r_f$。这里为简化分析,视 r_f 为无穷大,即有 $I_f \approx 0$,则

$$I_t = I'_i + I_f \approx \frac{U_t - A x_{id}}{r_o} = \frac{U_t - A(-F U_t)}{r_o} = \frac{1 + AF}{r_o} U_t$$

于是

$$r_{of} = \frac{r_o}{1 + AF}$$

上式说明,引入电压负反馈后,其输出电阻会减小。具体影响是:引入电压负反馈后的闭环输出电阻 r_{of} 为无反馈时基本放大电路开环输出电阻 r_o 的 $1/(1+AF)$。反馈越深,r_{of} 越小。

(2)电流负反馈使输出电阻增加 电流负反馈取样于输出电流,其作用是维持输出电流稳定。这也就是说,当输入信号一定时,电流负反馈放大电路的输出等效于一个恒流源。而恒流源电路的输出电阻很大,理想恒流源的输出电阻趋近于无穷大。所以,基于等效电路理论,与开环放大电路相比,电流负反馈的引入使其输出电阻增加,从而实现稳定输出电流的作用。

这同样可以通过"加压求流法"予以证明。图 4-17 所示为求电流负反馈放大电路输出电阻的框图。其中 r_o 是基本放大电路的输出电阻即开环输出电阻,r_f 是反馈网络的输入电阻。为求该闭环放大电路的输出电阻,设定输入信号 $x_s = x_i = 0$,在输出端加一交流测试电压源 U_t,其输入电流用 I_t 表示,反馈电流用 I_f 表示。

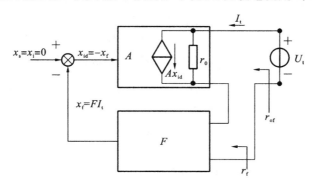

图 4-17 求电流负反馈放大电路输出电阻的框图

考虑到在设计电流负反馈电路时,对反馈网络取样回路的要求是对放大电路输出电流端的影响越小越好,所以反馈网络的输入电阻 r_f 与基本放大电路的输出电阻 r_o 相比要小很多。为简化分析,可以假设反馈网络输入电阻为零,如图 4-18 所示。此时有

$$I_t = \frac{U_t}{r_o} + A x_{id} = \frac{U_t}{r_o} - AF I_t$$

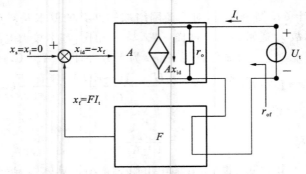

图 4-18　求电流负反馈放大电路输出电阻的框图

则电流负反馈放大电路的闭环输出电阻为

$$r_{of} = \frac{U_t}{I_t} = (1+AF)r_o$$

上式说明，与开环放大电路相比，引入电流负反馈后，闭环放大电路的输出电阻增大了，有反馈的闭环输出电阻 r_{of} 是无反馈的开环输出电阻 r_o 的 $(1+AF)$。反馈越深，r_{of} 越大。

3. 展宽通频带

从第 2 章有关频率响应分析的内容可以知道，通频带是放大电路的一个重要指标。在通频带内，放大倍数基本维持恒定，不随频率的变化而改变。在通频带外，如果是在低频区，电路中耦合电容、旁路电容等对放大电路的影响不能忽视，将导致其放大倍数随频率的降低而减小；而在高频区，放大电路中分布电容和半导体管的极间电容效应不能忽视，也会导致其放大倍数将随频率的升高而减小。所以说，在通频带之外，放大电路的放大倍数是频率的函数，会随着频率的变化发生显著改变。

在进行频率分析时，电流、电压和放大倍数等参数都采用其相量形式表示。设基本放大电路在通频带的放大倍数（即中频放大倍数）为 $\dot{A}_o$，上限截止频率为 f_h，下限截止频率为 f_l，其高频段放大倍数为

$$\dot{A} = \frac{\dot{A}_o}{1+\mathrm{j}(f/f_h)} \tag{4-7}$$

若反馈网络为纯电阻网络，则反馈系数与频率无关，此时高频段闭环放大倍数为

$$\dot{A}_f = \frac{\dot{A}}{1+\dot{A}F} \tag{4-8}$$

将式(4-7)代入式(4-8)，得

$$\dot{A}_f = \frac{\dfrac{\dot{A}_o}{1+\mathrm{j}(f/f_h)}}{1+\dfrac{\dot{A}_o}{1+\mathrm{j}(f/f_h)}\dot{F}} = \frac{\dot{A}_o}{1+\dot{A}_o\dot{F}+\mathrm{j}(f/f_h)} = \frac{\dfrac{\dot{A}_o}{1+\dot{A}_o\dot{F}}}{1+\mathrm{j}\dfrac{f}{(1+\dot{A}_o\dot{F})f_h}}$$

令上式中，$\dot{A}_{\text{of}} = \dfrac{\dot{A}_o}{1 + \dot{A}_o F}$　（放大电路引入负反馈后的中频段闭环放大倍数），

$f_{\text{hf}} = (1 + \dot{A}_o \dot{F}) f_h$（引入负反馈后的上限截止频率），则

$$\dot{A}_f = \frac{\dot{A}_{\text{of}}}{1 + \mathrm{j} \dfrac{f}{f_{\text{hf}}}}$$

由此可知，引入负反馈后，中频段放大倍数为 $A_o / |1 - \dot{A}_o \dot{F}|$，上限频率则提高了 $|1 + \dot{A}_o \dot{F}|$ 倍。

利用上述推导方法可以推导出引入负反馈后的放大电路下限截止频率 f_{lf} 为

$$f_{\text{lf}} = \frac{f_1}{1 + \dot{A}_o \dot{F}}$$

可见，引入负反馈后，下限截止频率减少到开环放大电路下限截止频率的 $1/|1 + \dot{A}_o \dot{F}|$。

一般情况下，由于 $f_h \gg f_1$，因此开环放大电路及闭环放大电路的通频带可分别近似为

$$f_{\text{BW}} = f_h - f_1 \approx f_h$$

$$f_{\text{BWf}} = f_{\text{hf}} - f_{\text{lf}} \approx f_{\text{hf}} = (1 + \dot{A}_o \dot{F}) f_h \approx (1 + \dot{A}_o \dot{F}) f_{\text{BW}}$$

即引入负反馈后，通频带展宽到开环放大电路通频带的 $|1 + \dot{A}_o \dot{F}|$ 倍。

在频率特性有多个拐点或反馈网络不是纯电阻网络的负反馈放大电路中，此时情况会变得比较复杂，其闭环通频带与开环通频带也不再是简单的 $(1 + AF)$ 倍关系，但其展宽的趋势是相同的。由此可以得出结论：与开环放大电路相比，负反馈的引入会降低通频带的放大倍数，也会使通频带的范围展宽。

4. 减小非线性失真

对一个理想的放大电路，其输出信号应与输入信号是线性关系，即两者之比为一常数。但由于组成放大电路中的半导体器件（如三极管、场效应管等）均具有非线性特性，这使得实际放大电路也不可避免地存在着非线性失真的现象。假定一个基本放大电路的输入和输出波形如图 4-19(a) 所示，该电路存在非线性失真，导致其输出波形的正半周幅值大于负半周幅值。

引入负反馈后，该负反馈放大电路各部分的输入、输出波形如图 4-19(b) 所示。图中，由于反馈网络全由线性元件组成，所以反馈网络输出信号 x_f 产生与输出信号等比例的失真，即波形的正半周幅值太于负半周幅值。这样，在输入信号不变的情况下，基本放大电路的净输入信号 $x_{\text{id}} = x_i - x_f$，产生与输出信号完全相反的失真，即波

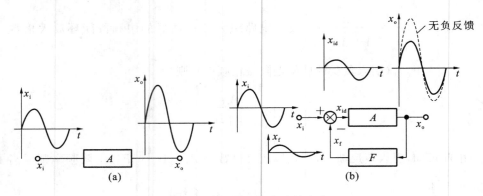

图 4-19　负反馈减小非线性失真

(a)无反馈时的信号波形　(b)有负反馈时的信号波形

形的正半周振幅小于负半周振幅,该信号再经基本放大电路输出,正好补偿了原来的非线性失真,从而最终减小了放大电路的非线性失真。

要指出的是,负反馈只能减小反馈环内产生的非线性失真,如果输入信号本身就存在失真,负反馈是无能为力的。同样的道理,负反馈还能在一定程度上抑制反馈环内产生的噪声和干扰。但环外的干扰和噪声会随输入信号一起进入放大电路,则负反馈对其无抑制作用。

综上所述,在放大电路中引入负反馈,可以改善放大电路的许多性能,如稳定放大倍数,改变输入电阻和输出电阻,展宽频带,减小非线性失真等。但这些性能的改善是以牺牲放大倍数为代价的。因此损失的放大倍数需通过其他方法来弥补,如选用高 β 值的管子、高增益的运放及增加放大电路的级数。

4.2.5　负反馈引入的一般原则

负反馈能够改善放大电路多方面的性能,而且不同类型的负反馈对放大电路所产生的影响也是不同的。所以,在实际应用和工程设计中,往往需要根据实际情况在放大电路中引入适当的负反馈,以提高电路或电子系统的性能。这里简要阐述一下引入负反馈的一般原则。

(1)为了稳定放大电路的静态工作点,应引入直流负反馈;为了改善放大电路的动态性能,应引入交流负反馈。

(2)要求提高放大电路的输入电阻时,应引入串联负反馈;要求降低放大电路的输入电阻时,应引入并联负反馈。由于串联负反馈和并联负反馈的效果均与信号源内阻的大小有关。对于串联负反馈,信号源内阻越小,负反馈效果越明显;对于并联负反馈,信号源内阻越大,负反馈效果越明显。换言之,当信号源是恒压源或内阻较小的电压源时,应引入串联负反馈;而当信号源为近似恒流源时,应引入并联负反馈。

(3)根据负载对放大电路输出信号类型或输出电阻的要求,决定是引入电压负反馈还是电流负反馈。若负载要求放大电路提供稳定的输出电压信号或小的输出电阻,则应引入电压负反馈;若负载要求提供稳定的输出电流信号或大的输出电阻,则应引入电流负反馈。也就是从负载的需求出发,当希望电路输出趋于恒压源时,应引入电压负反馈;当希望电路输出趋于恒流源时,应引入电流负反馈。

(4)当进行信号变换时,应根据四种类型的负反馈放大电路的功能选择合适的组态。例如,当要求用输入电压来控制输出电压时,应引入电压串联负反馈;当要求实现电流到电压信号之间的转换时,应在放大电路中引入电压并联负反馈;当需要将电压信号转换为电流信号时,应在放大电路中引入电流串联负反馈;当想用输入电流来控制输出电流时,则应引入电流并联负反馈。

要注意的是,负反馈对放大电路性能的影响只局限于反馈环内,对于反馈环路未包括的部分则并不适用。此外,放大电路性能的改善程度均与反馈深度$(1+AF)$有关,反馈越深,改善越明显。但是,反馈深度也并不是越大越好,这是因为反馈深度实际上也是频率的函数,在一些频率下会产生附加相移。对于某些电路来说,这些附加相移可能会使原来的负反馈变成正反馈,情况严重时会导致自激振荡,使放大电路无法正常工作,这会在后面的章节中具体介绍。此外,考虑到负反馈的引入会降低放大电路的放大倍数,所以为了保证电路具有一定的放大能力,有时也可以在负反馈放大电路中引入适当的正反馈,以提高放大倍数。

4.3　负反馈放大电路的计算

要想具体分析负反馈对于放大电路的影响,就必须掌握负反馈放大电路性能指标的计算方法。负反馈放大电路的计算方法分为三种:等效电路法、拆环分析法和深度负反馈估算法。

等效电路法是将整个负反馈放大电路作为一个整体电路,采用第 2 章介绍的微变等效电路法进行分析计算,此处不再赘述。该方法适用于结构较为简单的单级负反馈电路,如带有射极反馈电阻R_e的单管共射极放大电路。

拆环分析法也称方框图法,即先将负反馈电路分解为基本放大电路和反馈网络两部分,进而分别求出开环放大倍数 A 和反馈系数 F,最后利用 $A_f = 1/(1+AF)$ 计算出闭环放大倍数。该方法的特点是计算结果较为准确,适用于较为复杂的多级负反馈电路及由集成运放组成的负反馈电路。但将反馈放大电路拆解为基本放大电路和反馈网络,并不是简单地断开反馈网络就能完成的,而是既要除去反馈,又要考虑反馈网络对基本放大电路的负载作用,其过程比较复杂。

深度负反馈估算法是从工程实际出发,在深度反馈条件下,利用一定的近似条件对闭环放大倍数进行估算。该方法避免了繁杂的运算,是解决复杂反馈电路的有效途径。一般情况下,大多数反馈放大电路,特别是由集成运放组成的放大电路都能满足深度负反馈的条件,因此该方法的应用很广泛。

4.3.1　反馈深度对负反馈放大电路的影响

在 4.1 节分析负反馈放大电路时,曾经推导出闭环放大倍数的计算公式,即式 (4-5)。由此可知,闭环放大倍数 A_f 为开环放大倍数 A 的 $1/(1+AF)$。其中,$(1+AF)$ 称为反馈深度,是衡量反馈程度的一个重要指标。在分析反馈深度对放大电路的影响时,可能会涉及频率特性,因此 $\dot{A}_f$、$\dot{A}$ 和 $\dot{F}$ 通常采用其相量形式,即分别用 $\dot{A}_f$、$\dot{A}$ 和 $\dot{F}$ 表示,反馈深度则用 $|1+\dot{A}\dot{F}|$ 表示。下面分三种情况来讨论。

(1)当 $|1+\dot{A}\dot{F}|>1$ 时,说明引入反馈后,增益下降了,这种反馈为负反馈。当 $|1+\dot{A}\dot{F}|\gg1$ 时,称为深度负反馈,此时有

$$\dot{A}_f=\frac{\dot{A}}{1+\dot{A}\dot{F}}\approx\frac{1}{\dot{F}} \tag{4-9}$$

这说明在深度负反馈的条件下,闭环放大倍数仅取决于反馈系数,与基本放大电路无关。

(2)当 $|1+\dot{A}\dot{F}|<1$ 时,$|\dot{A}_f|>|\dot{A}|$,说明引入反馈后,增益增加了,表明此时 $\dot{A}$ 和 $\dot{F}$ 的附加相移已经使负反馈转化为了正反馈。

(3)当 $|1+\dot{A}\dot{F}|=0$,即 $|\dot{A}\dot{F}|=-1$ 时,$A_f\to\infty$,这说明放大电路在没有信号输入的情况下,也会有输出信号。这种情况称之为放大电路的自激振荡。在负反馈放大电路中,应避免出现自激振荡。放大电路中自激振荡的问题将在 4.4 节中重点讨论。

4.3.2　深度负反馈电路的估算方法

式(4-9)说明,在深度负反馈下,放大电路的闭环放大倍数近似等于反馈系数的倒数。因此,只要求出 F,即可估算出 A_f。需要指出的是,在实际工程中,由于输入信号和输出信号多为电压信号,因此人们通常关心的是放大电路的闭环电压放大倍数。但是对于不同的负反馈组态,闭环放大倍数 A_f 的定义与闭环电压放大倍数的定义不尽相同。只有在电压串联负反馈时,才有 $A_{vf}=A_f$,即此时根据 $1/F$ 计算出的 A_f 才是闭环电压放大倍数;对于其他三种反馈组态则不然,此时,放大电路闭环电压放大倍数不等于 $1/F$。那么,在这三种反馈组态下,如何求闭环电压放大倍数呢?下面将给出其计算思路。

根据 A_f 和 F 的定义,在深度负反馈的条件下有

$$\frac{x_o}{x_i}\approx\frac{x_o}{x_f}$$

由此可得

$$x_i\approx x_f$$

对于串联负反馈,有 $\qquad\qquad u_i\approx u_f$ $\qquad\qquad$ (4-10)

对于并联负反馈,有 $\qquad\qquad i_i\approx i_f$ $\qquad\qquad$ (4-11)

　　这表明,对于串联负反馈,只要找到 u_f 与 u_o 的关系,再利用式(4-10),即可估算出闭环电压放大倍数 A_{vf};对于并联负反馈,只要将 i_f 和 i_i 分别用 u_o 和 u_i(或 u_{is})表示,再利用式(4-11)可以估算出闭环电压放大倍数 A_{vf}。

　　因此,深度负反馈放大电路电压放大倍数的估算方法归纳如下。

　　(1)首先判断放大电路的组态及反馈性质。

　　(2)如果是串联负反馈,深度负反馈条件下,有 $u_i \approx u_f$ 成立。再根据反馈网络,求出 u_f 与 u_o 的关系,此时可估算出

$$A_{vf} = \frac{u_o}{u_i} \approx \frac{u_o}{u_f}$$

　　(3)如果是并联负反馈,深度负反馈条件下,有 $i_i \approx i_f$ 成立。再根据输入回路和反馈网络,分别求出 i_i 与 u_i 的关系,以及 i_f 与 u_o 的关系。最后,利用 $i_i \approx i_f$ 可估算出 u_i 与 u_o 的关系,即 A_{vf}。

　　下面举例说明深度负反馈下各种组态电路的闭环电压放大倍数估算方法。

　　例 4-3　电路如图 4-20(a)所示。(1)判断电路中引入了哪种级间反馈。(2)求出在深度负反馈条件下的闭环电压放大倍数。

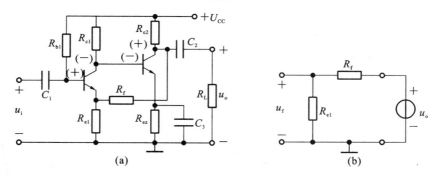

图 4-20　例 4-3 的电路图

(a)电路　(b)反馈网络

　　解　(1)图 4-20(a)所示电路为两级共射放大电路,设输入电压 u_i 的瞬时极性为"+",将各相关电位点的瞬时极性标注在图中,由此可以判断电路引入了级间电压串联负反馈。

　　(2)对于级间负反馈中的多级放大电路,开环增益通常很高,可认为是深度负反馈。为方便分析,在输出端加入电压源 U_o 作为反馈网络的输入信号。在深度负反馈条件下,电压串联负反馈放大电路的输入电阻 $r_{if} \to \infty$,输入端"虚断",且满足 $u_i \approx u_f$。画出反馈网络,如图 4-20(b)所示。

　　闭环电压放大倍数为

$$A_{vf} = \frac{u_o}{u_i} \approx \frac{u_o}{u_f} = 1 + \frac{R_f}{R_{e1}}$$

　　例 4-4　求图 4-21(a)所示放大电路的闭环电压放大倍数。

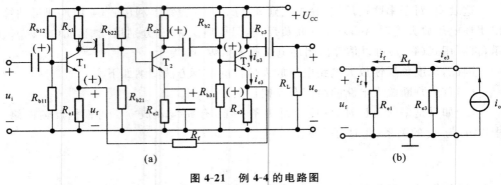

图 4-21　例 4-4 的电路图

(a)电路　(b)反馈网络

解　首先要判断放大电路级间反馈的极性及组态。图 4-21(a)所示放大电路中，R_{e3}、R_f 和 R_{e1} 组成反馈网络，电流 i_{e3} 作为反馈网络的取样电流(相当于反馈网络的激励)，u_f 作为反馈网络的反馈电压，所以该反馈为电流串联负反馈。用瞬时极性法判断该级间反馈为负反馈。将多级放大电路的级间负反馈看成深度负反馈，由于是串联负反馈，放大电路的输入端即 T_1 管的基极为"虚断"，反馈网络如图 4-21(b)所示，满足 $u_i \approx u_f$。

根据图 4-21(b)，可得

$$u_i \approx u_f = R_{e1} i_f = R_{e1} \frac{R_{e3}}{R_{e1} + R_f + R_{e3}} i_{e3}$$

根据图 4-21(a)，可得

$$u_o = -i_{o3}(R_{c3} /\!/ R_L) \approx -i_{e3}(R_{c3} /\!/ R_L)$$

故闭环电压放大倍数为

$$A_{vf} = \frac{u_o}{u_i} \approx -\frac{R_{e1} + R_f + R_{e3}}{R_{e1} R_{e3}}(R_{c3} /\!/ R_L)$$

例 4-5　图 4-22 所示为某反馈放大电路的交流通路。电路的输出端通过电阻 R_f 与电路的输入端相连，形成级间反馈。(1)试判断电路中级间反馈的组态。(2)求深度负反馈条件下的 A_{vsf}。

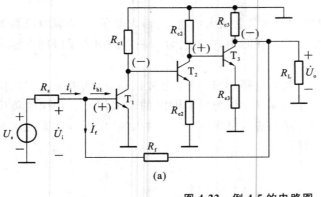
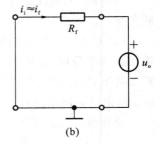

图 4-22　例 4-5 的电路图

(a)电路　(b)反馈网络

解　(1)判断电路中级间反馈的组态:用瞬时极性法判断该反馈的极性。设基极电位的瞬时极性为"＋",各点电位的瞬时极性如图中"＋"、"－"号所示,由此可知,由R_f引入的级间反馈为负反馈。根据R_f在该电路输出、输入端的连接方式知,该反馈为电压并联负反馈。

(2)多级放大电路的级间负反馈可认为是深度负反馈。在深度并联负反馈条件下,$r_{if}\rightarrow0$,即T_1基极电位近似为零(即"虚地"),反馈网络如图4-22(b)所示,且$i_i\approx i_f$。

由于T_1基极电位"虚地",所以

$$i_i=\frac{u_s}{R_s},i_f=\frac{-u_o}{R_f}$$

利用$i_i\approx i_f$条件,则

$$A_{vsf}=\frac{u_o}{u_s}=-\frac{R_f}{R_s}$$

例 4-6　电路如图4-23(a)所示。(1)判断电路中引入了哪种组态的级间交流负反馈。(2)求出在深度负反馈条件下的A_{vsf}。

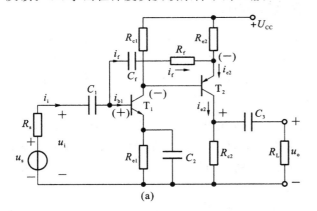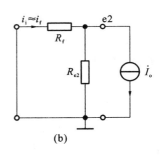

图 4-23　例 4-6 的电路图

(a)电路　(b)反馈网络

解　(1)各相关点的瞬时电位极性及反馈电流的瞬时流向如图4-23(a)中所标注,R_f和R_{e2}构成反馈网络,取样信号为电流$i_{e2}(i_{e2}\approx i_{c2})$,反馈信号与输入信号同接于$T_1$管的基极,因而该电路引入了电流并联级间负反馈,由于反馈通路中有隔离直流电容C,所以该反馈为交流反馈。

(2)级间反馈为深度负反馈,由于是并联负反馈,T_1管的基极 b 为"虚地",则反馈网络如图4-23(b)所示,且有$i_i\approx i_f$。

利用节点电流方程,可以求出反馈电流为

$$i_f=\frac{R_{e2}}{R_{e2}+R_f}i_{e2}$$

因此,闭环电压放大倍数

$$A_{\text{vsf}} = \frac{u_{\text{o}}}{u_{\text{s}}} \approx \frac{i_{\text{c2}}(R_{\text{c2}} /\!/ R_{\text{L}})}{R_{\text{s}} I_{\text{i}}} \approx \frac{i_{\text{e2}}}{I_{\text{i}}} \cdot \frac{R_{\text{c2}} /\!/ R_{\text{L}}}{R_{\text{s}}} = (1 + \frac{R_{\text{f}}}{R_{\text{e2}}}) \frac{R_{\text{e2}} /\!/ R_{\text{L}}}{R_{\text{s}}}$$

*4.4 负反馈放大电路的稳定性分析

从前面讨论得知,交流负反馈可以改善和提高放大电路的性能,从而改善和提高的程度取决于反馈深度 $1+AF$ 的大小,其值越大,性能越好。

然而在实际负反馈放大电路中,特别是在多级负反馈放大电路的实际应用中,在放大电路的输出信号中常能观察到完全不同于输入信号频率的信号,有时甚至没有加输入信号也能在输出端观察到具有一定频率和幅值的输出信号,通常将这种现象称为负反馈放大电路的自激振荡。这种自激振荡会影响放大电路的正常工作,应当避免其产生。本节通过分析自激振荡产生的原因,研究负反馈放大电路稳定工作的条件,给出消除自激振荡的常用方法。

4.4.1 自激振荡产生的原因和条件

前面曾分析过,负反馈的引入能够提高放大电路的稳定度,那么负反馈放大电路怎么会产生自激振荡呢?这就得从电路的频率响应特性上分析。电路中的许多元件,如耦合电容、旁路电容、电感性元件、半导体器件的极间电容和分布电容等,都存在着非线性特性。因此,放大电路的 A、F 实际上都是频率的函数,分别用 $A(\text{j}\omega)$、$F(\text{j}\omega)$ 或其相量形式 $\dot{A}$、$\dot{F}$ 表示。而前面关于负反馈放大电路的各种分析都是基于中频段考虑的。当输入信号的频率全部位于中频段时,这些非线性元件对放大电路的影响均可忽略。此时,x_{i} 和 x_{f} 反相,放大电路的净输入量 $x_{\text{id}} = x_{\text{i}} - x_{\text{f}}$ 减小,放大电路引入的是负反馈,不会产生自激振荡现象。

但是,当输入信号的频率处于低频段,电路中耦合电容、旁路电容及电感性元件的影响不能忽略;而当处于高频段时,半导体器件的极间电容、分布电容的影响不能忽略。在这些因素的影响下,与中频段频率响应相比,$\dot{A}\dot{F}$ 将产生一个附加相移 φ。当附加相移满足 $\varphi = \varphi_{\text{A}} + \varphi_{\text{f}} = \pm(2n+1) \times 180°$($n$ 为整数)时,反馈量 x_{f} 与输入量 x_{i} 就会由中频段的反相关系变为同相关系,此时放大电路就由中频段的负反馈变成了正反馈。这就是负反馈放大电路也会产生自激振荡的原因。

在 4.3 节,在对反馈深度进行讨论时,曾得到如下结论,当 $|1 + \dot{A}\dot{F}| = 0$ 时,有

$$\dot{A}_{\text{f}} = \frac{\dot{X}_{\text{o}}}{\dot{X}_{\text{i}}} = \frac{\dot{A}}{1 + \dot{A}F} \to \infty$$

上式说明,当输入量 $x_{\text{i}} \to 0$ 时,输出量 x_{o} 并不为零。这意味着即使输入端没有输入信号或输入信号为零,放大电路的输出端仍然有输出信号产生。这种情况也就是我

们所说的自激振荡,所以说上式即是负反馈放大电路自激振荡现象产生的数学描述。由此可以得到反馈放大电路产生自激振荡的条件为

$$\dot{A}\dot{F}=-1$$

上式为复数方程,可表示为幅值和相位两个方程(也称为幅值条件和相位条件),即

$$|\dot{A}\dot{F}|=1$$

$$\varphi_A+\varphi_f=\pm(2n+1)\times180°$$

$\dot{A}\dot{F}$ 只有同时满足幅值和相位条件,负反馈放大电路才会产生自激振荡。在起振过程中输出量 $x_。$ 有一个从小到大的变化过程,故起振幅值条件为

$$|\dot{A}\dot{F}|>1$$

4.4.2　稳定性分析

在实际电路中,为保证负反馈放大电路能稳定的工作,必须使其远离自激振荡状态。也就是使环路增益 AF 幅值条件和相位条件不能同时满足。为方便直观地体现自激振荡的幅值条件和相位条件,常利用 AF 的频率特性曲线来分析负反馈放大电路的稳定性。

定义满足自激振荡相位条件 $\varphi_A+\varphi_f=\pm180°$ 的频率为相位临界频率 f_c,满足自激振荡幅频条件 $|\dot{A}\dot{F}|=1$(或 $20\lg|\dot{A}\dot{F}|=0$)的频率为幅值临界频率 $f_。$,负反馈放大电路的稳定性分析方法有以下两种。

(1)先在相频特性图上找到相位临界频率 f_c,再结合幅频特性图,观察 f_c 频率处的幅值。若幅值 $20\lg|\dot{A}\dot{F}|>0$(或 $|\dot{A}\dot{F}|>1$),说明当 $f=f_c$ 时,电路同时满足幅值条件和相位条件,将产生振荡,否则放大电路是稳定的。在图 4-24(a)中,f_c 所对应的幅值 $20\lg|\dot{A}\dot{F}|>0$,该放大电路处于不稳定状态;而图 4-24(b)中,$20\lg|\dot{A}\dot{F}|\leqslant0$,该放大电路处于稳定状态。

(2)先在幅频特性上找到幅值临界频率 $f_。$,再结合相幅频特性图,观察 f_c 频率处的相位。放大电路稳定工作的相位条件是 $\varphi_A+\varphi_f<180°$。在图 4-24(a)中,$f_。$ 所对应的相位 $\varphi_A+\varphi_f>180°$,放大电路处于不稳定状态;在图 4-24(b)中,$\varphi_A+\varphi_f<180°$,放大电路处于稳定状态。

在实际应用中,环境温度、电源电压、电路元器件参数的波动及外界的电磁场干扰信号都会影响放大电路的稳定性。为提高负反馈放大电路的可靠性,应使电路具有具有一定的抗干扰能力。通常采用稳定裕度来放大电路的稳定程度及抗干扰能力,其指标主要有幅值裕度和相位裕度两个。

定义 $f=f_c$ 时所对应的 $20\lg|\dot{A}\dot{F}|$ 的值为幅值裕度 G_m(见图 4-24(b)),G_m 的表达式为

　　　　模拟电子技术与应用

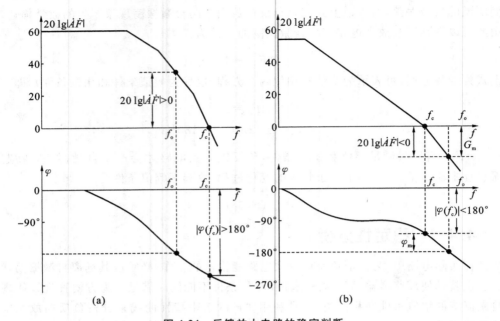

图 4-24　反馈放大电路的稳定判断

(a)不稳定电路　(b)稳定电路

$$G_m = 20\lg|\dot{A}\dot{F}|_{f=f_c}$$

对于稳定的负反馈放大电路，$G_m<0$，而且$|G_m|$越大，电路越稳定，工程上认为$G_m\leqslant-10$ dB 就可以保证放大电路工作比较稳定。

定义 $f=f_o$ 时 $\varphi_A+\varphi_f$ 与 180°的差值为相位裕度 φ_m，如图 4-24(b)所示，其表达式为

$$\varphi_m = 180°-|\varphi_A+\varphi_f|_{f=f_o}$$

对于稳定的负反馈放大电路，其 $\varphi_m>0$，而 φ_m 愈大，电路愈稳定，工程上为保证放大电路的稳定工作，通常取 φ_m 为 30°～60°，典型值为 $\Phi_m=45°$。

综上所述，在实际应用过程中，为保证负反馈放大电路具有可靠的稳定性，其稳定裕度指标应满足

$$G_m\leqslant-10 \text{ dB 或 } \varphi_m>45°$$

4.4.3　消除自激振荡的常用方法

消除自激振荡，就是要破坏自激振荡的幅值条件和相位条件。最简单的方法就是通过减小反馈系数 F，达到减小反馈深度，破坏其幅值条件的目的，但这不利于改善放大电路的性能。因此，采取的措施既要使负反馈放大电路在中频段有足够的反馈深度，又要使其能稳定地工作。通常采取的措施是在放大电路中加入由 RC 组成的校正网络，如图 4-25 所示，破坏其相位条件。其中，图 4-25(a)、4-25(b)中的电容的

容抗与频率有关,在高频区会使 A 下降且 φ_A 也改变,从而增加负反馈放大电路的相位裕度 φ_m。图 4-25(c)所示电路将电容 C 跨接在三极管的 b、c 极之间,根据密勒定理,电容的补偿作用可增大 $|1+AF|$ 倍。这样,选用较小的电容可以达到同样的消振效果。

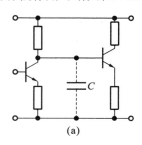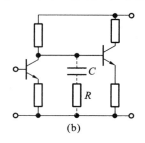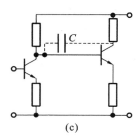

(a)　　　　　　　　(b)　　　　　　　　(c)

图 4-25　常用的消振电路

思考题与习题

简答题

1.什么是正反馈、负反馈? 它们在放大电路中的作用是什么? 一般采用什么方法判别?

2.什么是电压反馈、电流反馈、串联反馈、并联反馈? 如何进行判断? 在放大电路中的作用是什么?

3.负反馈的四种组态类型的放大倍数和反馈系数各是什么量纲? 写出它们的表达式。

4.什么是深度负反馈? 为什么在一定条件下,负反馈愈深,电路工作愈稳定?

填空题

5. 为稳定输出电流,应引入_____反馈;为稳定输出电压,应引入_____反馈;为稳定放大电路的静态工作点,应引入_____反馈;为了展宽放大电路的通频带,应引入_____反馈。

6.为满足以下不同要求,请选择一种正确的反馈组态填在题中的横线上。

(1)要求输入电阻 r_i 大,输出电流稳定,电路中应引入_____。

(2)某传感器产生的是电压信号(几乎不能提供电流),经放大后要求输出电压与信号电压成正比,希望得到稳定的输出信号,该放大电路应选用_____。

(3)希望获得一个由电流控制的电流源,应选用_____。

(4)要得到一个由电流控制的电压源,应选用_____。

(5)一个阻抗变换电路,要求 r_i 大,r_o 小,应选用_____。

(6)要实现一个输入电阻 r_i 小,输出电阻 r_o 大的阻抗变换电路,应选用_____。

7. 电路如题图所示,判断电路引入了什么性质的反馈(包括局部、级间、正、负、电流、电压、串联、并联、直流、交流)。

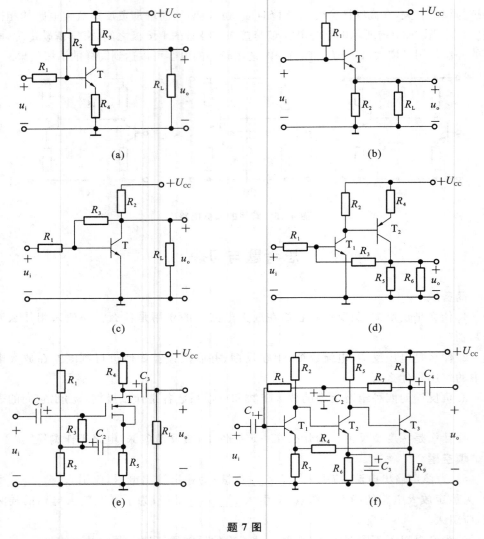

题 7 图

8. 题图所示为一高输出电压的音频放大电路，$R_{E1}=4.7$ kΩ ，$R_{f1}=150$ kΩ，$R_{f2}=47$ kΩ。解答如下问题：

(1)R_{f1}引入了何种反馈，其作用如何？

(2)R_{f2}引入了何种反馈，其作用如何？

9. 题图电路中，为满足以下要求，试问 j 、k、m、n 这 4 点应如何连接？

(1)只需要稳定输出电流。

(2)只需要提高输入电阻。

(3)同时满足(1)、(2)要求。

10. 负反馈放大电路如题图所示，要求：

(1)判断级间反馈组态；

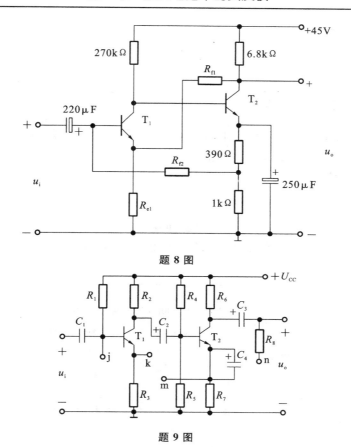

题 8 图

题 9 图

（2）说明对输入电阻和输出电阻的影响；

（3）设级间反馈满足深度负反馈的条件，写出闭环电压放大倍数（或源电压放大倍数）表达式。

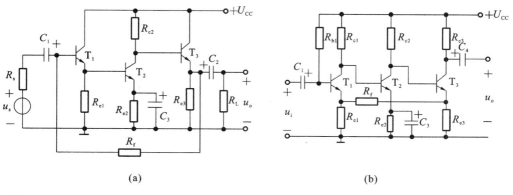

(a)　　　　　　　　　　　　(b)

题 10 图

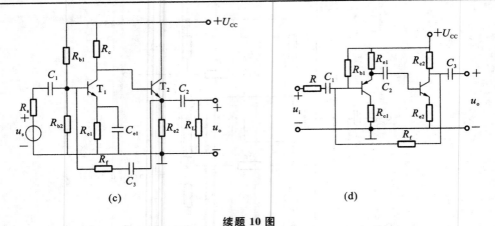

(c)　　　　　　　　　　　　　　(d)

续题 10 图

11. 题图电路中,若要使闭环电压放大倍数 $A_{vf}=u_o/u_s\approx15$,试计算电阻 R_f 的大小。

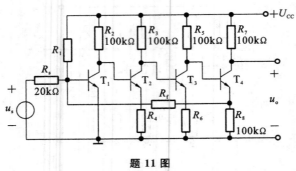

题 11 图

12. 已知放大电路的开环放大倍数为 10^4,要求其闭环放大倍数为 20,求反馈系数和反馈深度。

集成电路运算放大器及其应用

集成电路(integerated circuits,IC)是利用一定的制造工艺,将二极管、三极管、场效应管、各种有源或无源等器件及其电路集中制作在同一小块半导体(硅)基片上,构成一个具有一定功能的完整电路、功能模块或系统。目前集成电路已在各行各业得到广泛的应用。本章将重点介绍集成运算放大器的结构特点、基本单元电路及其应用基础。

5.1 集成运算放大器的单元电路

5.1.1 集成运算放大器简介

集成电路按所处理信号的类型可分为模拟集成电路和数字集成电路两大类。集成电路运算放大器(以下简称集成运放或运算放大器)作为模拟集成电路中的一种,最早应用于信号的基本运算,如加、减、乘、除等。发展到现在,集成运放的用途早已不限于运算,但其名称仍一直沿用。由于集成运放工作在线性放大区时,其输出信号与输入信号呈线性关系,所以又称线性集成电路。目前,集成运放已经成为电子系统的基本功能单元,其应用渗透到电子技术的各个领域。与分立元件放大电路相比,集成工艺的特性决定了集成运放具有以下结构特点。

(1)集成工艺不宜制造大电容和电感,因此集成运放中的多级放大电路之间都采用直接耦合方式。

(2)由于同处于一块基片,且在同一工艺条件下制造,集成运放中同类型元器件之间性能参数及变化规律一致,如相同的偏差和温度特性等,特别适宜具有对称结构的电路。

(3)集成运放中的电阻元件,多是利用硅半导体材料的体电阻制成,阻值一般在几十欧姆到几十千欧姆之间。

(4)有源元件(三极管、场效应管等)的制造比大电阻的制造占用的面积更小,且工艺上也不会增加麻烦,所以在集成电路中阻值太大的电阻通常由有源负载代替。

(5)在集成电路中,为了不使工艺复杂,尽量采用单一类型的元件,元件种类也要少。所以,二极管常用三极管的发射结来代替。

图 5-1　集成运放结构框图

（6）在集成电路中，常采用复合管的方式来改进单管的性能。

由此可见，集成运放实质上是一个高增益的直接耦合多级放大电路，它主要由四个功能单元组成，其典型结构如图 5-1 所示。

图 5-1 中，输入级的作用是实现与输入信号的耦合，对其要求是抗干扰能力强，受外界环境特别是温度的影响要小；中间级的作用是实现信号的放大，对其要求是电压放大倍数要大；输出级的作用是驱动负载，对其要求是能提供足够的输出功率。偏置电路的作用是向各级电路提供静态工作电流，对其要求是电流保持恒定。

针对集成运放各功能单元的不同需求，采用了不同的单元电路设计：输入级广泛采用差动放大电路来提高抗干扰能力；中间级常采用多级共射放大电路以提高电压放大倍数；输出级多采用功率放大电路来提高输出功率和较少非线性失真；偏置电路通常采用电流源电路来保持电流稳定。其中，共射放大电路在第 2 章中已进行过介绍和分析，功率放大电路将在第 7 章中做详细阐述，本节将重点介绍差动放大电路和电流源电路。

5.1.2　零点漂移

集成运放中的多级放大电路之间采用直接耦合方式。在第 2 章中曾对各种耦合方式的特点作过介绍，其中直接耦合方式的优点是不仅能放大交流信号，还能放大缓变信号和直流信号；缺点是各级电路静态工作点之间互相影响，且存在零点漂移现象。那么，什么是零点漂移？ 如何抑制这一现象呢？

在电子放大器中，通常把没有输入信号时的输出端直流电压（静态工作点电压）作为参考电压，称为"零点"。也就是说，当输入信号为零时，输出信号也为零。当然，这只是一种理想情况。在实际应用过程中，当放大器的环境温度或电源电压发生变化时，三极管的静态工作点也会随之发生变化，这样，即使在输入信号为零时，放大器的输出电压也不会保持零值，而是呈现出一种缓慢的、不规则的变动，如图 5-2 所示。

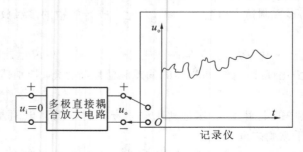

图 5-2　零点漂移示意图

我们将这种未加输入信号时，放大电路输出端所产生的叠加在静态工作点（即"零点"）上的缓慢变化称为零点漂移。这种输出显然不能反映输入信号的真实变化，因此是一种测量误差，严重时将会淹没真正的信号或使自动控制系统产生错误动作。

产生零点漂移的原因有多种,如温度变化、元件老化、电源电压波动等,其中温度变化是主要原因,这是因为三极管的参数都是温度的函数,受温度变化的影响较大。所以通常也称为温度漂移(简称温漂)。

对于阻容耦合方式的多级放大电路而言,零点漂移的问题尚不严重,这是因为电容具有隔直作用,前一级工作点的变化不会传递到后一级,各级放大电路工作点相互独立。但对于直接耦合方式的多级放大电路而言,情况则不然。此时,前一级放大电路的零点漂移会直接传输到后一级电路的输入端,作为其输入信号的一部分被放大。依此类推,前一级的零点漂移会传递到后面各级,而且其影响被逐级放大。放大器的级数越多,放大倍数越大,零点漂移就越严重。

5.2　差动放大电路

差动放大电路是一种非常实用的放大电路,它不仅是集成运放中的基本单元电路,在分立元件电路中也得到了广泛使用。

1. 零点漂移的抑制

抑制零漂的方法很多,如采用高稳定度的稳压电源来抑制电源电压波动引起的零漂;利用恒温系统来消除温度变化的影响等。但最实用的方法是利用两只特性相同的三极管接成差动放大电路(有的文献也称为差分放大电路)。该电路抑制零点漂移的思路在于:尽管每个三极管构成的放大电路存在零点漂移,但如果两个三极管放大电路的结构与参数完全对称,那么两个放大电路各自产生的漂移量也是相同的,这样,当以这两个电路的输出之差作为整个放大电路的输出时,其漂移量就能互相抵消,从而抑制零点漂移现象。

2. 差动放大电路的基本结构

差动放大电路的基本结构如图 5-3 所示,从图中可以看出,差分放大电路是由两个完全对称的单管共射极放大电路组成。所谓对称,是指两个电路的结构相同,各对称位置的元器件具有相同的类型和参数,且温度特性一致。此时,两个单管放大电路共用一个射极电阻 R,其形状如同一条细长的尾巴,故又称长尾式差动放大电路。

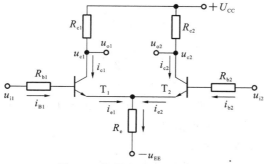

图 5-3　长尾式差动放大电路

　　除了对称性这一显著特点外,长尾差分放大电路还具有如下特点。

　　(1)采用了正负双电源。负电源的加入不仅扩大了输出信号的动态范围,还使得该电路能直接放大极性交替变化的交变信号而无需耦合电容。

　　(2)基极电阻跨接在输入信号和三极管基极之间,而不是正电源与三极管基极之间。这使得其基极电流由负电源提供,减少了正电源的负担(在有些文献中,有的直接将 R_b 忽略不计,有的将其与输入信号源的内阻合并,称为源电阻,用 R_s 表示。这些对该电路的分析及性能没有本质影响)。

　　差分放大电路抑制零漂的原理可定量描述如下:当输入信号 $u_i = 0$ 且温度保持恒定时,因左右两个放大电路完全对称,所以两个三极管的集电极电压的值是相同的,即 $u_{c1} = u_{c2}$。当选择这两个集电极电压的差值作为输出电压时,有 $u_o = u_{c1} - u_{c2} = 0$。当温度发生变化时,左右两个三极管的输出电压 u_{c1}、u_{c2} 都会发生变化(即零漂),但由于两个电路完全对称,两个三极管输出电压的变化量也是相同的,即 $\Delta u_{c1} = \Delta u_{c2}$,所以有

$$u_o = u_{c1} - u_{c2} = \Delta u_{c1} - \Delta u_{c2} = 0$$

　　由此可见,差分放大电路利用两个三极管的零漂在输出端互相抵消,有效地抑制了零点漂移,具有了零输入时零输出的特点。

3. 共模信号与差模信号

　　差动放大电路是由两个单管放大电路连接而成,因此该电路有两个输入端。这样,在对差动放大电路进行分析之前,需要对输入信号的三种情况进行说明。

　　(1)两路信号大小相等,极性相同的信号称为共模信号(common mode signal)或共模输入电压(common mode input voltage),用 u_{ic} 表示,即

$$u_{ic} = u_{i1} = u_{i2}$$

　　(2)两路信号大小相等,极性相反的信号称为差模信号(differential mode signal)或差模输入电压(differential mode input voltage),用 u_{id} 表示,即

$$u_{id} = u_{i1} = -u_{i2}$$

　　(3)u_{i1} 和 u_{i2} 为任意值,即 $|u_{i1}| \neq |u_{i2}|$。对于这种情况,可以先将输入信号分解成为共模信号和差模信号的叠加形式,再分别按共模信号和差模信号进行分析。

即
$$u_{i1} = u_{ic} + \frac{u_{id}}{2}$$

$$u_{i2} = u_{ic} - \frac{u_{id}}{2}$$

此时
$$u_{ic} = \frac{u_{i1} + u_{i2}}{2}$$

$$u_{id} = u_{i1} - u_{i2}$$

　　可以看出,共模信号和差模信号是差分放大电路分析的基础,后面关于差分放大电路的动态分析都是围绕这两种信号进行的。

4. 差动放大电路的工作模式

　　在前面讨论的放大电路中,都是只有一个输入端和一个输出端。而对于差动放

大电路,它是由两个对称的单管放大电路连接而成,所以它有两个输入端和两个输出端。这样,在实际应用过程中,它可以有四种工作模式:双端输入-双端输出,双端输入-单端输出,单端输入-双端输出和单端输入-单端输出。四种工作模式的接法如图5-4 所示。

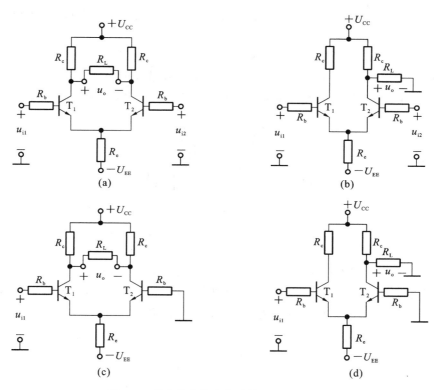

图 5-4　基本差分放大电路的不同工作模式

(a)双端输入-双端输出电路　　(b)双端输入-单端输出电路
(c)单端输入-双端输出电路　　(d)单端输入-单端输出电路

图 5-4(a)中,两路输入信号 u_{i1} 和 u_{i2} 分别从两个输入端子(三极管 T_1 和 T_2 的基极)输入,输出信号 u_o 从两个输出端子(三极管 T_1 和 T_2 的集电极)之间输出,这种输入/输出端接法的电路称为双端输入-双端输出电路。

图 5-4(b)中,两路输入信号 u_{i1} 和 u_{i2} 仍分别从三极管 T_1 和 T_2 的基极输入,但输出信号 u_o 从两个输出端子中的一个(T_1 或 T_2 的集电极)与地之间输出,这种输入/输出端接法的电路称为双端输入-单端输出电路。

图 5-4(c)中,单路输入信号 u_{i1} 从两个输入端子中的一个(T_1 或 T_2 的基极)输入,另一个输入端子直接接地;输出信号 u_o 从两个输出端子之间输出,这种输入/输出端接法的电路称为单端输入-双端输出电路。

图 5-4(d)中,单路输入信号 u_{i1} 从两个输入端子中的一个输入,另一个输入端子

直接接地;输出信号 u_o 从两个输出端子中的一个与地之间输出,这种输入/输出端接法的电路称为单端输入-单端输出电路。

5. 差动放大电路的工作原理和指标计算

1) 双端输入-双端输出

与单管放大电路一样,对差分放大电路的分析也分为静态分析和动态分析。

(1) 静态分析。

静态分析是指在输入信号为零的情况下求解放大电路的静态工作点。对于图5-4(a)所示的双端输入-双端输出差动放大电路,采用静态分析法进行如下分析。

① 画出该电路的直流通路,如图 5-5 所示。此时,两个输入端子均接地。

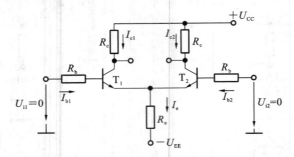

图 5-5　双端输入-双端输出差动放大电路的直流通路

由于电路结构和元件参数特性的对称性,三极管 T_1 和 T_2 的基极电流和集电极电流都相等,流经发射极电阻的电流为两管基极电流和集电极电流之和,即

$$I_{b1} = I_{b2}$$
$$I_{c1} = I_{c2}$$
$$I_e = 2I_{b1} + 2I_{c1}$$

② 分析图 5-5 所示由地(GND)、三极管发射结电压(U_{be})、发射极电阻(R_e)和负电源($-U_{EE}$)所构成的电压回路,有

$$-U_{EE} + I_e R_e + U_{be} = 0$$

则流过发射极电阻的电流为

$$I_e = (U_{EE} - U_{be})/R_e$$

通常情况下时,U_{be} 取 0.7 V。当 U_{EE} 值远大于 0.7 V 时可忽略不计,此时

$$I_e = U_{EE}/R_e$$

③ 求解该放大电路的静态工作点　设三极管 T_1 的静态工作点为 I_{BQ1}、I_{CQ1}、U_{CEQ1},三极管 T_2 的静态工作点为 I_{BQ2}、I_{CQ2}、U_{CEQ2}。根据电路的对称性,两个管子静态工作点的值相等。所以,下面只求解 T_1 管的静态工作点。分析由正电源($+U_{CC}$)、集电极电阻(R_c)、三极管集射极电压(U_{ce})、发射极电阻(R_e)和负电源($-U_{EE}$)组成的电压回路,有

$$-U_{EE} + R_e I_e + U_{CEQ1} + R_{c1} I_{CQ1} = U_{CC}$$

则该电路的静态工作点为

$$I_{EQ}=I_{EQ1}=I_{EQ2}=\frac{I_e}{2}=\frac{U_{EE}-U_{be}}{2R_e}$$

$$I_{CQ}=I_{CQ1}=I_{CQ2}\approx\frac{I_{EQ1}}{2}=\frac{U_{EE}-U_{be}}{2R_e}$$

$$I_{BQ}=I_{BQ1}=I_{BQ2}=\frac{I_{CQ1}}{\beta}=\frac{U_{EE}-U_{be}}{2\beta R_e}$$

$$U_{CEQ}=U_{CEQ1}=U_{CEQ2}=U_{CC}+U_{EE}-I_{CQ}R_c-2I_{EQ}R_e$$

(2)动态分析。

动态分析的主要任务是分析放大电路对输入信号的放大能力,并求出电压放大倍数、输入电阻和输出电阻等参数。

对于双端输入-双端输出差动放大电路而言,输入信号有两路,分别从两个端子输入,输出信号从两个管子的集电极之间输出。该放大电路的动态分析按以下三种情况进行。

①输入信号为共模信号　当两路信号满足 $u_{i1}=u_{i2}$ 时,此时输入信号为共模信号,这种输入方式也称为"共模输入"。

图 5-6 所示为双端输入-双端输出电路加共模输入信号的电路,根据动态分析法的分析步骤,画出该电路的交流通路。要注意的是,由于流过电阻 R_e 的电流 $i_e=2i_{e1}=2i_{e2}$,这等效于每个三极管的发射极支路中各自接入了一个 $2R_e$ 的电阻,由此可以画出等效交流通路,如图 5-7 所示。图中,u_{ic} 同时加到 T_1 管和 T_2 管的输入端,分别对 T_1 管和 T_2 管的集电极输出电压产生了影响,此时 T_1 和 T_2 管的集电极输出电压分别为 u_{c1} 和 u_{c2}。由于两个单管放大电路是完全对称的电路,所以共模输入信号引起的变化量也是完全一样的,即 $u_{c1}=u_{c2}$。这样,双端输出时的输出电压(也称共模输出电压,用 u_{oc} 表示)为

$$u_o=u_{oc}=u_{c1}-u_{c2}=0$$

此时的电压放大倍数(也称共模电压放大倍数,用 A_{vc} 表示)为

$$A_{vc}=\frac{u_{oc}}{u_{ic}}=0$$

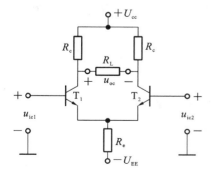

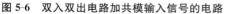

图 5-6　双入双出电路加共模输入信号的电路

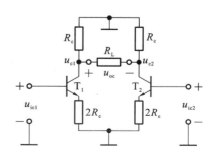

图 5-7　双入双出电路加共模输入信号的交流通路

由此可知,完全对称的双端输入-双端输出差分放大电路对共模输入信号根本不放大,这也就是说,该类型差分放大电路对共模信号具有很强的抑制作用。当然,实际电路是不可能完全对称的,因此 A_{vc} 只能是近似为零。该放大倍数越小,对共模信号的抑制作用就越强。

共模信号的性质决定了它对完全对称的两个电路所产生的影响是相同的。在实际应用过程中,通常会遇到这样一类信号,如温度变化、电源电压波动等,它们对于两个完全对称的单管放大电路所产生的影响也是相同的,这就相当于给电路输入了一对共模信号,而这类信号同时也是产生零点漂移的主要因素,对放大电路来说这相当于一种干扰(有些文献将这种能等效于共模输入的干扰统称为共模干扰)。由此可以得出结论,双端输入-双端输出差动放大电路对于共模信号的电压放大倍数近似为零,这也就意味着,该放大电路对零点漂移(即共模干扰信号)具有非常明显的抑制作用。

②输入信号为差模信号 当两路信号满足 $u_{i1} = -u_{i2}$ 时,此时输入信号为差模信号,这种输入方式也称为"差模输入"。

图 5-8 所示为双端输入-双端输出电路加入差模输入信号的电路图。$+u_{id}$ 和 $-u_{id}$(u_{i1} 和 u_{i2})分别加到 T_1 管和 T_2 管的输入端,该输入信号对 T_1 和 T_2 管的集电极输出电压产生影响,其中一个管子的输出电压会上升,另一个则会下降,分别用 u_{c1} 和 u_{c2} 表示。由于两个单管放大电路是完全对称电路,所以其变化的量值相等,但方向相反,即 $u_{c1} = -u_{c2}$。这样,双端输出时的输出电压(也称差模输出电压,用 u_{od} 表示)为

$$u_o = u_{od} = u_{c1} - u_{c2} = 2u_{c1}$$

此时的电压放大倍数(也称差模电压放大倍数,用 A_{vd} 表示)为

$$A_{vd} = \frac{u_o}{u_i} = \frac{u_{c1} - u_{c2}}{u_{i1} - u_{i2}} = \frac{2u_{c1}}{2u_{id}} = \frac{u_{c1}}{u_{id}} \tag{5-1}$$

可以看出,此时电压放大倍数不为零,其具体数值下面通过交流分析进行求解。

画出该放大电路的交流通路,如图 5-9 所示,图中有两个地方要值得注意,第一个是发射极电阻 R_e。在交流通路分析中,流经该电阻的交流电流为两个管子发射极

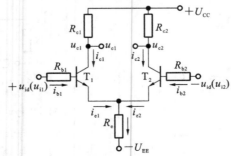

图 5-8 双入双出电路加差模输入信号的电路

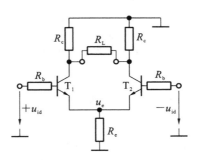

图 5-9　双端输入双端输出电路差模输入交流通路

电流之和,即 $i_e = i_{e1} + i_{e2}$。对于理想对称电路而言,在差模输入信号作用下,i_{e1} 和 i_{e2} 的变化正好相反,所以 $i_e = 0$。这就意味着流过电阻 R_e 的差模交流电流为零,R_e 两端的差模交流电压也为零,这样,在进行交流分析时,可以将发射极电阻视作对交流信号短路。此时,两个三极管的发射极电位与地电位相等,即 $U_e = 0$,可视为对地短接,如图 5-10(a)所示。要重点说明的是,该电阻只是对交流信号相当于短路,由于静态电流的存在,其两端的实际电压并不为零,所以此处的"地"称为"虚地"。第二个是负载电阻 R_L。差模输入信号引起两个三极管交流输出电压反向变化,使得 R_L 两端的交流电位一边为正,一边为负。这样,在该电阻的中点处,其交流电位必定为地电位,可视做交流接地点。图 5-10(a)所示的交流通路可继续转化为图 5-10(b)所示的交流通路。

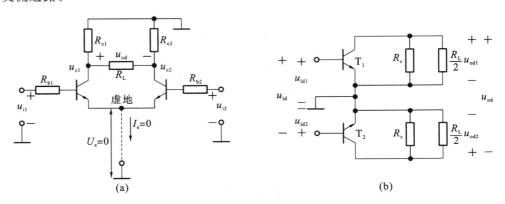

(a)　　　　　　　　　　　　　　　(b)

图 5-10　双入双出电路的差模输入等效交流通路

从图 5-10(b)可以看出,双端输入-双端输出差分放大电路可视做两个完全对称的单管共射极放大电路组成。两个单管放大电路的电压放大倍数相等,均为各自放大电路输出电压与输入电压之比,即

$$A_{T_1} = A_{T_2} = \frac{u_{c1}}{u_{id1}} = \frac{u_{c2}}{u_{id2}} = \frac{u_{c1}}{u_{id}}$$

参照式(5-1)可知,该差分放大电路的差模电压放大倍数等于其单管放大倍数,即

$$A_{\mathrm{vd}} = \frac{u_{\mathrm{od}}}{u_{\mathrm{id}}} = \frac{u_{\mathrm{c1}}}{u_{\mathrm{id}}} = A_{\mathrm{T_1}} = A_{\mathrm{T_2}}$$

以 T_1 管单管共射极放大电路为例,采用微变等效电路分析方法可求解其单管电压放大倍数为

$$A_{\mathrm{T_1}} = -\frac{\beta(R_{\mathrm{c}} / / \dfrac{R_{\mathrm{L}}}{2})}{r_{\mathrm{be}}}$$

则该差分放大电路的差模电压放大倍数为

$$A_{\mathrm{vd}} = A_{\mathrm{T_1}} = -\frac{\beta(R_{\mathrm{c}} / / \dfrac{R_{\mathrm{L}}}{2})}{r_{\mathrm{be}}}$$

当负载为无穷大(即开路)时,有

$$A_{\mathrm{vd}} = -\frac{\beta R_{\mathrm{c}}}{r_{\mathrm{be}}}$$

由此可知,完全对称的双端输入-双端输出差分放大电路对差模输入信号具有一定的放大能力。这也是差动放大电路名字的由来,即只要两个输入端的信号之间产生差值,输出端就会产生变动(即放大)。在实际应用过程中,当需要对单路信号进行放大时,也可以将该信号先转换成差模的形式,再利用差分放大电路进行放大。图5-11 所示为一种输入信号转换电路,它通过中端接地的分压电阻,将要放大的电压信号 u_{i} 转换成一对差模信号后作为双端输入差分电路的输入信号。

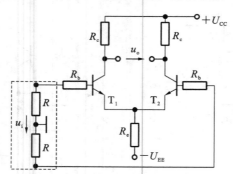

图 5-11　双端输入差分电路及输入信号转换电路

③输入信号为一对任意信号　当两路信号 $|u_{\mathrm{i1}}| \neq |u_{\mathrm{i2}}|$ 时,此时输入信号为一对任意性质的信号。根据前面的介绍,任意一对信号都可以变换为一对共模信号和一对差模信号的叠加形式。具体到电子技术应用中,任意一对电压输入信号都可以分解成一对共模输入电压信号和一对差模输入电压信号,即

$$u_{\mathrm{ic}} = \frac{u_{\mathrm{i1}} + u_{\mathrm{i2}}}{2}$$

$$u_{\mathrm{id}} = u_{\mathrm{i1}} - u_{\mathrm{i2}}$$

基于电路分析中的叠加定理,此时输出电压为共模输出电压 u_{oc} 和差模输出电压

u_{od} 之和,即

$$u_o = u_{oc} + u_{od} = u_{ic}A_{vc} + u_{id}A_{vd}$$

由此可知,差分放大电路的输出性能与共模电压放大倍数和差模电压放大倍数都有关。考虑到差模输入信号通常是需要放大的有用信号,而共模输入信号通常被认为是干扰信号,所以,对于一个放大电路而言,我们希望其对共模信号的放大能力要尽可能小,与此同时,对差模信号的放大能力要尽可能强。那么,如何衡量放大电路的这种能力呢? 为此人们引入了共模抑制比(common mode rejection rato, CMRR)这一指标。CMRR 的定义为

$$CMRR = \left| \frac{A_{vd}}{A_{vc}} \right|$$

有时也用该比值的对数形式 CMR 来表示,即

$$CMR = 20lg \left| \frac{A_{vd}}{A_{vc}} \right|$$

CMR 的单位为分贝(dB)。

共模抑制比越大,对共模干扰信号或零点漂移的抑制能力就越好。对于完全对称的双端输入双端输出差动放大电路而言,其共模电压放大倍数为零,其共模抑制比为无穷大。

(3)其他动态指标的计算。

前面的动态分析主要分析了三种输入情况下电压放大倍数的计算,这是主要分析输入电阻和输出电阻等动态参数的计算。

①差模输入电阻　当输入为差模信号时,差分放大电路两输入端之间的等效电阻定义为差模输入电阻,用 r_{id} 表示。输入电阻的计算主要基于放大电路交流通路中的输入回路进行,与输出回路的形式无关。

分析图 5-10 所示双端输入-双端输出差分放大电路交流通路,其微变等效电路如图 5-12 所示。其输入回路由 T_1 的 be 极和 T_2 的 be 极串联组成,所以双端输入时的差模输入电阻等于回路中各电阻之和,即

$$r_{id} = R_{b1} + r_{be1} + r_{be2} + R_{b2}$$

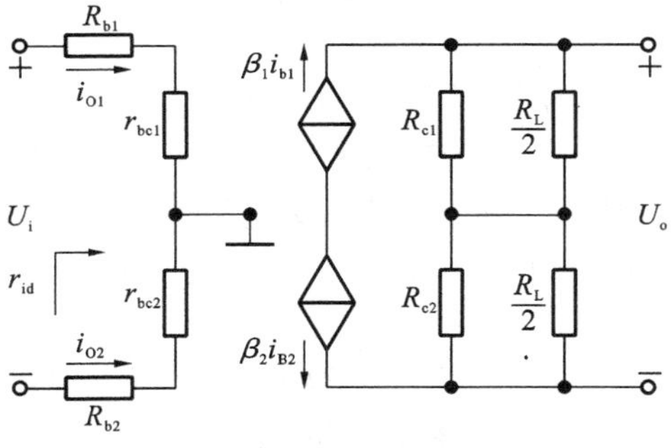

图 5-12　双入双出差分放大电路的微变等效电路

对于理想对称电路,$r_{be1}=r_{be2}=r_{be}$,$R_{b1}=R_{b2}=R_b$,则差模输入电阻为

$$r_{id}=2R_b+2r_{be}$$

②差模输出电阻　当输入为差模信号时,差分放大电路从输出端看进去的等效电阻定义为差模输出电阻,用 r_{od} 表示,如图 5-13 所示。

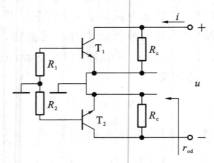

图 5-13　双端输出差分放大电路的差模输出电阻

由于是双端输出,所以其输出电阻为两个输出端之间的等效电阻。考虑到三极管的 ce 极电阻 r_{ce} 非常大,通常在兆欧级,而集电极电阻 R_c 通常在千欧级,这样两者并联时,r_{ce}(即三极管)可以看作开路。因此,其输出回路由 T_1 的集电极电阻和 T_2 的集电极电阻串联组成,所以双端输出时的差模输出电阻等于回路中这两个电阻之和。对于理想对称电路,两个管子的集电极电阻是相等的,用 R_c 表示,则差模输出电阻为

$$r_{id}=2R_c$$

综上所述,双端输入-双端输出差分放大电路的共模电压放大倍数近似为零,共模抑制比近似为无穷大,对共模干扰信号具有很好的抑制能力。所以该电路结构在集成运算放大器中得到了广泛应用,通常作为第一级(即输入级)单元放大电路,以抑制零点漂移。

2)双端输入-单端输出

双端输入-单端输出差分放大电路的分析过程与双端输入-双端输出电路相同,这里不再重复。下面将重点讨论电压放大倍数、输入电阻和输出电阻等主要动态参数的计算。

(1)差模电压放大倍数、输入电阻和输出电阻。

图 5-4(b)所示的双端输入-单端输出差分放大电路,对于差模输入信号,当信号只从 T_1 管的集电极输出时,可以视 T_2 管的集电极输出电压 $u_{c2}=0$,则其差模电压放大倍数为其输出电压只有双端输出时的一半,即

$$A_{vd}=\frac{u_o}{u_i}=\frac{u_{c1}-u_{c2}}{u_{i1}-u_{i2}}=\frac{u_{c1}-0}{u_{i1}-u_{i2}}=\frac{u_{c1}}{2u_{id}}=\frac{1}{2}A_{T1}=-\frac{1}{2}\frac{\beta(R_L//R_c)}{r_{be}}$$

式中负号表示输出电压的相位与输入电压相反。

当信号从 T_2 管的集电极输出时,可以视 T_1 管的集电极输出电压 $u_{c1}=0$,则差

模电压放大倍数为

$$A_{vd} = \frac{u_o}{u_i} = \frac{0 - u_{c2}}{u_{i1} - u_{i2}} = -\frac{u_{c2}}{2u_{id}} = -\frac{1}{2}A_{T2} = +\frac{1}{2}\frac{\beta(R_L//R_c)}{r_{be}}$$

式中正号表示输出电压的相位与输入电压相同。

由于仍为双端输入,其输入回路与双端输入双端输出电路相比没有变化,所以其输入电阻为

$$r_{id} = 2R_b + 2r_{be}$$

单端输出时,其输出回路中只有一个集电极电阻,如图 5-14 所示。

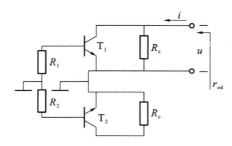

图 5-14　单端输出差分放大电路的差模输出电阻

所以其输出电阻为

$$r_{id} = R_c$$

（2）共模电压放大倍数。

通过前面的分析,我们知道双端输出差分放大电路对于共模输入信号具有抑制作用,其共模电压放大倍数约为零。而对于单端输出差分放大电路而言,由于缺少另一个输出端子的补偿作用,其输出电压肯定不为零。这里,定义单端共模输出电压与共模输入电压之比为共模放大电压倍数。

以图 5-4（b）所示双端输入-单端输出差分放大电路为例,其交流通路如图 5-15 所示。

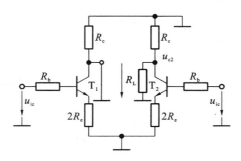

图 5-15　双端输入-单端输出的共模输入的交流通路

此时,流过电阻 R_e 的电流仍为 $2i_{e2}$,对单管放大电路而言,相当于其共射极接入 $2R_e$ 电阻。其中,T_2 管微变等效电路如图 5-16 所示,则共模电压放大倍数为

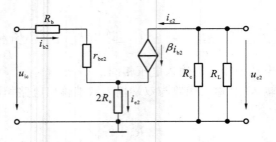

图 5-16　单管微变等效电路

$$A_{vc} = \frac{u_{c2}}{u_{ic}} = \frac{u_{c1}}{u_{ic}} = -\frac{\beta(R_L // R_c)}{r_{be} + (1+\beta)2R_e}$$

由上式可知,只要 R_e 足够大,仍可以使共模电压放大倍数趋于零。这种方式尽管不如双端输出电路对共模信号的抑制效果好,但仍优于普通单管放大电路。

(3)共模抑制比。

单端输出时,其共模抑制比为

$$CMRR = \left| \frac{A_{vd}}{A_{vc}} \right| = \frac{r_{be} + 2(1+\beta)R_e}{2r_{be}}$$

通过上述分析,我们可以得出结论,双端输入-单端输出差分放大电路的差模电压放大倍数为双端时的一半。采用不同端子输出时,其输出电压相位相反。对共模干扰信号具有一定的抑制能力。

3)单端输入-双端输出

单端输入-双端输出差分放大电路可以看做是双端输入-双端输出差分放大电路的一个特例,即一个输入端子接入需要放大的输入信号,另一个输入端子接入电压值为零的输入信号。因此,单端输入双端输出的分析方法与双端输入-双端输出相同。其输入输出效果(包括电压放大倍数、输入输出电阻等动态参数)也与双端输入-双端输出电路一致。

4)单端输入-单端输出

单端输入-单端输出差分放大电路同样可以看做是双端输入-双端输出差分放大电路的一个特例。因此,双端输出-单端输出电路的分析方法和结论对单端输入-单端输出电路完全适用。

例 5-1　设长尾式差分放大电路中,$R_c = 30k\Omega$,$R_s = 5k\Omega$,$R_e = 20k\Omega$,$U_{CC} = U_{EE} = 15$ V,$\beta = 50$,$r_{be} = 4k\Omega$,电路如图 5-17 所示。

(1)求双端输出时的 A_{vd}。

(2)从 T_1 的 c 极单端输出,求 A_{vd}、A_{vc}、CMRR。

(3)在(2)的条件下,设 $u_{s1} = 5mV$,$u_{s2} = 1mV$,求 u_o。

(4)设原电路的 R_c 不完全对称,而是 $R_{c1} = 30k\Omega$,$R_{c2} = 29k\Omega$,求双端输出时的 CMRR。

解　(1)双端输出时:

$$A_{vd} = -\frac{\beta R_c}{R_s + r_{be}} = -\frac{50 \times 30}{5 + 4} = -166.7$$

（2）单端输出时，A_{vd} 为双出时的一半，即

$$A_{vd} = -\frac{1}{2}\frac{\beta R_c}{R_s + r_{be}} = -\frac{150 \times 30}{25 + 4} = -83.3$$

$$A_{vc} = -\frac{\beta R_c}{R_s + r_{be} + 2(1+\beta)R_e} = \frac{-50 \times 30}{5 + 4 + 2 \times 51 \times 20}$$

$$= -0.732$$

$$\mathrm{CMRR} = \left|\frac{A_{vd}}{A_{vc}}\right| = 113.8$$

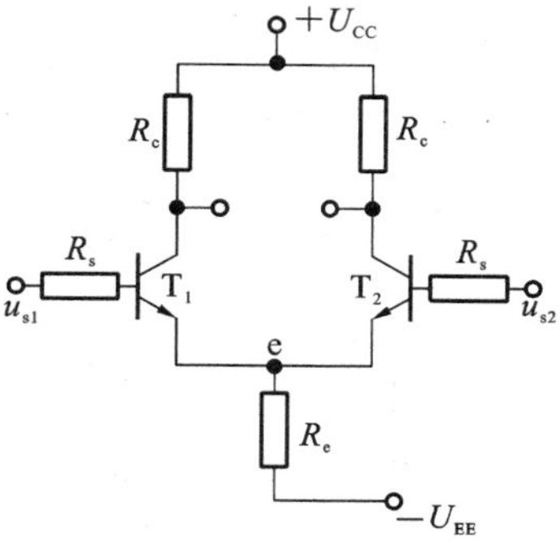

（3）$u_{s1} = 5\mathrm{mV}$，$u_{s2} = 1\mathrm{mV}$，则

$$u_{sd} = u_{s1} - u_{s2} = (5-1)\mathrm{mV} = 4\mathrm{mV}$$

$$u_{sc} = 0.5(u_{s1} + u_{s2}) = 0.5 \times (5+1)\mathrm{mV} = 3\mathrm{mV}$$

$$u_o = A_{vd}u_{sd} + A_{vc}u_{sc} = [(-83.3 \times 4) + (0.732 \times 3)]\mathrm{mV} = -335.4\mathrm{mV}$$

（4）R_{c1} 不等于 R_{c2}，则

图 5-17　例 5-1 电路

$$A_{vd} = -\frac{1}{2}\frac{\beta R_{c1}}{R_s + r_{be}} - \frac{1}{2}\frac{\beta R_{c2}}{R_s + r_{be}}$$

$$= -\frac{50 \times (30 - 29)}{5 + 4} = 163.9$$

$$A_{vc} = -\frac{\beta R_{c1}}{R_s + r_{be} + 2(1+\beta)R_e} + \frac{\beta R_{c2}}{R_s + r_{be} + 2(1+\beta)R_e}$$

$$= \frac{-50 \times (30 - 29)}{5 + 4 + 2 \times 51 \times 20}$$

$$= -0.0244$$

所以　　　　　　　　　　　$$\mathrm{CMRR} = \left|\frac{A_{vd}}{A_{vc}}\right| = 6\ 717$$

　　例 5-1 的计算结果说明，在双端输出时，即使参数有差别，由于两个三极管的输出电压互相抵消，$|A_{vc}|$ 仍小于单端输出时的放大倍数；而 $|A_{vd}|$ 比单端输出时的放大倍数大；所以其 CMRR 高于单端输出时的 CMRR。

5.3　电流源电路

　　能提供一定的电流并保持其值不变的电路称为电流源（也称恒流源）。电流源电路是模拟集成电路中广泛使用的一种单元电路。本节将介绍几种典型的电流源电路及其在集成运放中的应用。

　　理想电流源的端电压变化量为 Δu 时，其输出电流保持恒定，即 $\Delta i = 0$。这意味着理想电流源的交流等效电阻

$$r = \frac{\Delta u}{\Delta i} = \infty$$

所以,理想电流源的特点是输出电流恒定不变,交流等效电阻为无穷大。

由于内阻等多方面的原因,理想电流源实际上是不存在的。对于一个电路,在其端电压变化时,如果输出电流的波动不明显,就可以认定它是一个电流源电路。对电流源电路的主要要求是能输出符合幅值要求的直流电流,且交流电阻尽可能大。

5.3.1　三极管电流源

三极管电流源的电路如图 5-18 所示。

该电路与分压偏置三极管放大电路结构相似,其工作原理为:$-U_{EE}$、R_{b1}、R_{b2} 和 R_e 组成基极电位稳定电路,即当$-U_{EE}$、R_{b1}、R_{b2} 和 R_e 的参数确定后,三极管基极的电位 U_b 基本保持不变,这意味着基极电流基本不变,由此可以推知集电极电流 $I_c = \beta I_b$ 基本恒定,相当于一个电流源。该电路虽然只采用了一个三极管,结构比较简单。但由于单个三极管的 U_{BE} 受温度的影响比较明显,因此其温度稳定性并不理想。

5.3.2　基本镜像电流源

基本镜像电流源电路如图 5-19 所示。

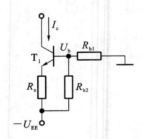

图 5-18　三极管电流源电路

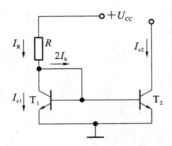

图 5-19　基本镜像电流源电路

三极管 T_1 和 T_2 的参数完全相同(如 $\beta_1 = \beta_2$,$I_{CEO1} = I_{CEO2}$),且两个管子的基极和发射极也分别接在一起。参考电流 I_R 通过电阻 R 接入 T_1 集电极。

因为两个管子的发射结电压相等,即 $U_{be1} = U_{BE2}$,所以有 $I_{c1} = I_{c2}$

由此可以推导出

$$I_R = I_{c1} + 2I_b = I_{c1} + 2\frac{I_{c1}}{\beta}$$

$$I_{c1} = \frac{I_R}{1 + 2/\beta} = I_{c2}$$

这样,当 $\beta \gg 2$ 时,有

$$I_{c2} = I_{c1} \approx I_R = \frac{U_{CC} - U_{BE}}{R} \approx \frac{U_{CC} - 0.7}{R}$$

当电源电压和 R 参数确定后,该电路就具有近似恒流的性质,可以看做电流源。

该电流源电路的特点是 $I_{c2} \approx I_R$，即 I_{c2} 不仅由 I_R 确定，且总是与 I_R 相等，就好像是 I_{REF} 的镜像一样，所以该电路称为镜像电流源。此外，T_1 对 T_2 具有温度补偿作用，使得 I_{c2} 的温度稳定性较好(假设温度增加，使 I_{c2} 增大，则 I_{c1} 增大，而 I_R 一定，因此 I_b 减少，所以 I_{c2} 减少)。

但是，该电路也存在如下缺点。

(1) $I_R(I_{c2})$ 受电源变化的影响大，故要求电源十分稳定。

(2) 若要输出很小的电流(如 μA 数量级)，R 必须增大，达到兆欧级。但在集成电路中，这种大阻值的电阻需要占用较大的硅片面积，因而很难实现。所以该电路只适用于较大工作电流(mA 数量级)的场合。

(3) 交流等效输出电阻 r_o 不够大，恒流特性不理想。

(4) I_{c2} 与 I_R 的镜像精度取决于 β。当 β 较小时，I_{c2} 与 I_R 的差别不能忽略。

*5.3.3　比例电流源

图 5-20 所示为带有发射极电阻的镜像电流源，它是针对基本镜像电流源恒流特性不理想而提出的改进型电路。

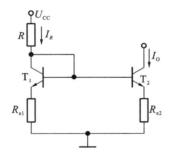

图 5-20　比例电流源电路

当两个发射极电阻相等时，即 $R_{e1} = R_{e2}$，两管依旧具有对称性，可以推导出

$$I_o = \frac{1}{1+2/\beta} I_R$$

$$I_R R + U_{be} + I_{e1} R_{e1} = U_{CC}$$

所以有

$$I_o \approx I_R \approx \frac{U_{CC} - U_{BE}}{R + R_{e1}}$$

当两个发射极电阻不相等时，即 R_{e1} 不等于 R_{e2}，有

$$U_{be1} + I_{e1} R_{e1} = U_{be2} + I_{e2} R_{e2}$$

式中：$I_{E1} = I_R$，$I_{e2} = I_o$，则

$$I_o \approx \frac{(U_{be1} - U_{be2}) + I_R R_{e1}}{R_{e2}}$$

由于参数对称的两管在 I_c 相差 10 倍以内时，$|u_{be1}-u_{be1}|<60\text{mV}$。

所以，如果 I_o 与 I_R 接近，或 I_R 较大，则 $(u_{be1}-u_{BE})$ 可忽略。此时输出电流

$$I_o\approx\frac{R_{e1}}{R_{e2}}I_R$$

即只要合理选择两个三极管发射极电阻的比例，就可以得到合适的 I_o。因此，该电流源又称为比例电流源。

下面求解 T_2 的输出电阻 R_o。该电路的微变等效电路如图 5-21 所示。

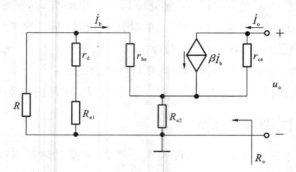

图 5-21　比例电流源的微变等效电路

由图 5-22 可以列出的等式为

$$\begin{cases}u_o=(i_o-\beta i_b)r_{ce}+i_eR_{e2}\\R_b=R//(R_{e1}+r_d)\approx R//R_{e1}\\i_b(R_b+r_{be})+i_eR_{e2}=0\\i_e=i_b+i_o\end{cases}$$

由此可以推导出输出电阻为

$$R_o=r_{ce}+R_{e2}+\frac{R_{e2}}{r_{be}+R_b+R_{e2}}(\beta r_{ce}-R_{e2})\approx r_{ce}(1+\frac{\beta R_{e2}}{r_{be}+R_b+R_{e2}})$$

可以看出，该电流源电路的输出电阻（即交流等效电阻）较大，所以这种电流源具有很好的恒流特性，温度稳定性也比基本镜像电流源的好。

5.3.4　电流源电路在集成运放中的应用

电流源电路广泛应用于集成运动的各个组成单元。在偏置部分，电流源电路用来为集成运放的各级放大部分提供小而稳的偏置电流。在输入级和放大级，也常作为有源负载来改善放大性能。

1. 作为共射级放大电路的有源集电极负载

图 5-22(a)所示为基本共射级放大电路，常用于集成运放的中间级，以提供大的电压放大倍数。该电路的电压放大倍数正比于 $R_L//R_c$。增大 R_c 的阻值可以提高共射放大电路的电压放大倍数。但是，R_c 又不能很大，一方面是在集成工艺中制造大电阻的代价太高，另一方面是，在电源电压等其他参数不变的情况下，R_c 变大会导致

静态电流 I_c 下降,静态工作点下移,使得放大电路的动态输出范围越小。如果用镜像电流源电路取代集电极电阻 R_c,如图 5-22(b)所示,就可以在不改变静态电流的情况下,利用电流源电路交流电阻大的特点,获得一个大阻值的集电极负载,从而提高电压放大倍数却不减小输出范围。

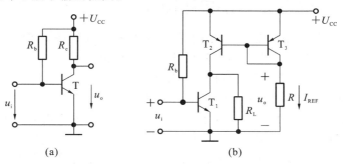

图 5-22　镜像电流源构成的有源负载

(a)基本共射极放大电路　(b)镜像电流源作为 T_1 集电极 R_c

2. 作为差动输入放大电路的有源发射极负载

图 5-23(a)所示为长尾式差分放大电路,增大其中发射极电阻 R_e 的阻值,能有效抑制电路的零漂,提高共模抑制比,这对单端输出电路尤为重要。但是,R_e 的阻值同样也不能很大,一方面是在集成工艺中制造大电阻的代价太高,另一方面是,在电源电压等其他参数不变的情况下,R_e 变大会导致静态电流 I_c 下降,静态工作点下移,使得放大电路的动态输出范围越小。如果用三极管电流源电路取代发射极电阻 R_e,如图 5-23(b)所示,就可以在不改变静态电流的情况下,利用电流源电路交流电阻大的特点,获得一个大阻值的发射极负载,从而提高电压放大倍数却不减小输出范围,而且由于该有源负载对差模信号不起作用,所以其差模电压放大倍数、差模输入电阻和输出电阻等与带 R_e 的长尾式差分电路相同。

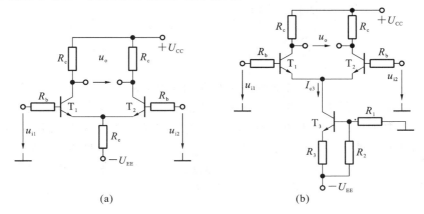

图 5-23　长尾式差分放大电路

(a)长尾式差分放大电路　(b)三极管电流源作为发射极电阻 R_e

5.4　集成运放的应用基础

5.4.1　集成运放内部电路简介

集成运放内部电路由输入级、中间级,输出级和偏置电路四部分组成,将这四部分电路集成在一块基片上并封装后就得到一个可单独使用的电子元件,称为电路芯片。集成运放芯片的型号有很多种,下面以通用型集成运放 F007 为例进行分析。

F007 的内部电路结构如图 5-24 所示。图中的三极管 T_1、T_2、T_3 和 T_4 组成双端输入单端输出的差动放大器。为了提高差动放大器的输入电阻和改善频响特性,T_1 和 T_3、T_2 和 T_4 分别组成共集-共基电路。T_5、T_6 和 T_7 组成电流源电路,为差动放大器提供合适的静态工作点。T_{16} 和 T_{17} 组成中间级复合管共发射极放大器;T_8 和 T_9、T_{12} 和 T_{13} 分别为差动放大和中间级放大器的有源负载;T_{11} 和 T_{12} 是电流源电路,为有源负载提供合适的工作电流;T_{14}、T_{18} 和 T_{19} 组成互补对称输出电路,T_{15} 用来消除输出电路的交越失真。

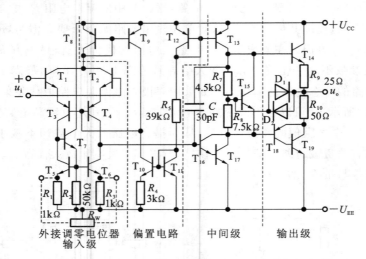

图 5-24　F007 的内部结构框图

集成运算放大器芯片的内部电路结构虽然较复杂,但作为使用者,我们的目的不是研究芯片是如何制作出来的或内部功能是如何实现的,而是利用芯片的输入输出关系设计出具有特定功能的电子电路。所以,在实际的电子电路设计和应用中,集成运放都是作为一个独立元器件来使用。我们更关心的是其各个端子(在集成运放芯片中,这些端子被称作管脚或引脚)的功能、技术参数、输入输出特性曲线及外围电路的正确连接。

在电路图的设计和绘制中,集成运放芯片都用管脚图来表示。管脚图中标出了各个管脚的排列、编号及其功能,中间的三角符号则代表了集成运放,每个三角符号代表一个集成运放,如图 5-25 所示。

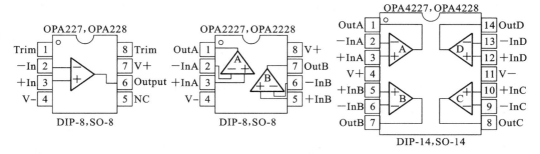

图 5-25　典型集成电路芯片的管脚图

集成运放的管脚通常有很多,以 F007 为例,就有 8 个管脚。这些管脚中,除了信号输入端和输出端外,还包括电源端子、调零端子、参考端子、外接元件端子或空脚等。当只讨论集成运放的信号放大功能时,其核心是两个信号输入端和一个信号输出端,其他端子仅是保证集成运放正常工作。所以在电路图中,通常只画出三个信号端子,其他端子则被省略。此时,集成运放被简化称一个三端网络,其符号如图 5-26 所示。

图 5-26(a)所示为国家标准规定的符号,图 5-26(b)所示为国际通用符号。"u_-"和"u_+"表示集成运放的两个输入端,其中"—"为反相输入端,"+"为同相输入端。"u_o"表示输出端。信号从反相端输入时,输出信号与输入信号反相;信号从同相端输入时,输出信号与输入信号同相。图 5-26(a)中的"▷"和

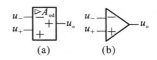

图 5-26　集成运放的电路符号
(a)国家标准符号　(b)国际标准符号

图 5-26(b)中的三角形框表示信号从左(输入端)向右(输出端)传输。图 5-26(a)中"A_{od}"表示开环差模电压放大倍数,若"$A_{od}=\infty$"则表示其放大倍数为无穷大,称为理想集成运放。

5.4.2　集成运放的主要性能指标及参数

正确使用集成运放的关键是搞清集成运放的主要参数的意义。集成运放的主要参数包括以下几个。

1. 开环差模电压放大倍数 A_{od}

开环差模电压放大倍数 A_{od} 是指运放在没有外接反馈电路时本身的差模电压放大倍数,即

$$A_{od}=\frac{\Delta U_o}{\Delta(u_+-u_-)}$$

对于放大电路而言,希望 A_{od} 大且保持稳定。集成运放的 A_{od} 都非常大,具体到不同功能的运放,通用型一般可达 10^4(80dB),高增益型可高达 10^7(140dB)。

2. 最大输出电压 $U_{p\text{-}p}$（输出峰-峰电压）

最大输出电压是指在特定电源电压和负载条件下，集成运放输出不失真时的最大输出电压值。该值通常与电源的大小有关。对于通用型集成运放，其幅值比电源电压小 $1\sim2V$。

3. 差模输入电阻 R_{id}

差模输入电阻是指输入差模电压信号时运放的输入电阻。R_{id} 越大，对信号源的影响就越小。集成运放的输入电阻都比较大，一般都在几百千欧以上。

4. 共模抑制比 CMR

集成运放开环差模电压放大倍数与开环共模电压放大倍数之比就是集成运放的共模抑制比 CMR。在手册中，CMR 的单位为分贝。不同功能的运放，CMR 也不相同，有的在 $60\sim70dB$ 之间，有的高达 $180dB$。CMR 越大，对共模干扰抑制能力越强。

5. 输入失调电压 U_{io}（输入补偿电压）

一个理想的集成运放，当输入电压为零时，输出电压也应该等于零。由于实际的差动输入电路不可能做到完全的对称，所以，在输入电压为零时，集成运放的输出会有一个微小的电压值。该电压值反映了集成运放差动输入电路的不对称程度。在输入端加补偿电压，可消除这个微小的输出电压，这个补偿电压就称为输入失调电压。集成运放的输入失调电压一般比较小，量级为几个 mV。输入失调电压的值越小，集成运放的性能越好。

6. 输入失调电流 I_{io} 和输入偏置电流 I_{ib}

集成运放在输入电压为零时，流入放大器两个输入端的静态基极电流之差称为输入失调电流 I_{io}，即 $I_{io}=|I_{b1}-I_{b2}|$。输入失调电流反映了输入级差动电路的不对称程度。当 I_{io} 流过信号源内阻时，电阻两端会产生压降，这相当于在集成运放的两个输入端之间引入了一定的输入电压，将使放大器的输出电压偏离零值。集成运放的输入失调电流 I_{io} 都很小，一般为几十个 nA，高质量的运放低于 1 nA。输入失调电流的值越小，集成运放的性能越好。

集成运放在输入电压为零时，两个输入端静态电流的平均值称为运放的输入偏置电流 I_{ib}，即 $I_{ib}=(I_{b1}+I_{b2})/2$。输入偏置电流反映了输入级差动电路输入电流的大小。集成运放的输入偏置电流 I_{ib} 一般为几百个 nA，场效应管输入级的运放小于 1nA。输入偏置电流的值越小，说明集成运放受信号源内阻变化的影响也越小。

7. 最大共模输入电压 U_{icmax}

由于运放在工作时，输入信号可分解为差模信号和共模信号。运放对差模信号有放大作用，对共模信号有抑制作用，但这种抑制作用有一定的范围。最大共模输入电压 U_{icmax} 是指在正常工作条件下，集成运放所能承受的最大共模输入电压。当共模输入信号的幅值超出此范围，集成运放输入级差分放大电路中的三极管的工作点会进入非线性区，使放大器失去共模抑制能力，共模抑制比显著下降，甚至造成器件损坏。

以上所介绍的仅是集成运放的主要参数，其他还有输出电阻、温度漂移、转换速率、−3dB 带宽、单位增益带宽和静态功耗等参数,这里不再赘述。所有这些技术参数都可以在该产品的产品手册和技术资料中查到。

按照集成运算放大器的性能参数,集成运算放大器可分为如下几类。

(1)通用型运算放大器　通用型运算放大器就是以通用为目的而设计的。这类器件的主要特点是价格低廉、产品量大面广,其性能参数适合于一般性使用。例如 μA741、F007(单运放)、LM358(双运放)、LM324(四运放)及以场效应管为输入级的 LF356 都属于此类。它们是目前应用最为广泛的集成运算放大器。

(2)高阻型运算放大器　这类集成运算放大器的特点是差模输入阻抗非常高,输入偏置电流非常小。一般 r_{id} 在 $(10^9 \sim 10^{12})\Omega$,$I_{ib}$ 为几皮安到几十皮安。实现这些指标的主要措施是利用场效应管高输入阻抗的特点,用场效应管组成运算放大器的差分输入级,其输入阻抗高,输入偏置电流低,且具有高速、宽带和低噪声等优点,但输入失调电压较大。常见的集成运放有 LF356、LF355、LF347(四运放)及更高输入阻抗的 CA3130、CA3140 等。

(3)低温漂型运算放大器　在精密仪器、弱信号检测等应用中,总是希望运算放大器的失调电压要小且不随温度的变化而变化。低温漂型运算放大器就是为此而设计的。目前常用的高精度、低温漂运算放大器有 OP07、OP27、AD508 及由 MOS-FET 组成的斩波稳零型低漂移器件 ICL7650 等。

(4)高速型运算放大器　在快速 A/D 和 D/A 转换器、视频放大器中,要求集成运算放大器的转换速率要高,单位增益带宽一定要足够大,像通用型集成运放是不能适合于高速应用的场合的。高速型运算放大器主要特点是具有高的转换速率和宽的频率响应。常见的集成运放有 LM318、mA715 等,其 SR$=50 \sim 70$ V/ms,BW$_G > 20$ MHz。

(5)低功耗型运算放大器　由于电子电路集成化的最大优点是能使复杂电路小型化,所以随着便携式仪器应用范围的扩大,需要低电源电压供电、低功率消耗的运算放大器相匹配。常用的运算放大器有 TL-022C、TL-060C 等,其工作电压为 ± 2 V $\sim \pm 18$ V,消耗电流为 $50 \sim 250$ mA。目前有的产品功耗已达微瓦级,例如 ICL7600 的供电电源为 1.5 V,功耗为 10 mW,可采用单节电池供电。

(6)高压大功率型运算放大器　运算放大器的输出电压主要受供电电源的限制。在普通的运算放大器中,输出电压的最大值一般仅几十伏,输出电流仅几十毫安。若要提高输出电压或增大输出电流,集成运放外部必须要加辅助电路。高压大电流集成运算放大器外部不需附加任何电路,即可输出高电压和大电流。例如 D41 集成运放的电源电压可达 ± 150 V,mA791 集成运放的输出电流可达 1 A。

5.4.3　理想集成运放的参数和工作区

利用集成运放,正确接入电源及外围电路,就可以构成具有不同功能的实用电路。在分析各种实用电路时,由于集成运放开环放大倍数很大,输入电阻很高,输出电阻很小,所以在分析时常将其性能指标理想化,称其为理想运放。即

（1）开环差模增益（放大倍数）$A_{vd}=\infty$；

（2）差模输入电阻 $R_{id}=\infty$；

（3）输出电阻 $R_o=0$；

（4）共模抑制比 $CMR=\infty$；

（5）不考虑失调电压、失调电流、温漂、带宽等参数。

实际上，集成运放的技术指标均为有限值，理想化后必然带来分析误差。但是，在一般的分析计算中，这些误差都是允许的。而且，随着新型运放的不断出现，实际运放的性能参数越来越接近理想运放，分析计算的误差也越来越小。因此，在运放电路的分析计算中，只有在进行误差分析时，才会考虑实际运放的有限增益、带宽、共模抑制比、输入电阻和失调因素等所带来的影响，其他情况下都可以按理想运放进行分析。

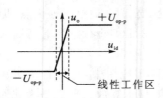

图 5-27　集成运算放大器
电压传输特性

集成运算放大器实际上是一个对输入端之间差值信号进行放大的电子元件，所以我们关注的是输出电压与输入端差值电压（即差模输入电压）的对应关系，这种关系称之为电压传输特性。图 5-27 所示即为集成运算放大器的电压传输特性曲线。图中，横坐标为差模输入电压 u_{id}（$u_{id}=u_+-u_-$），纵坐标为输出电压。

可以看出，传输特性曲线可明显地分为两个区域，即中部的斜线区和两侧的水平线区。斜线区的斜线表明该区域内输出电压与差模输入电压呈线性关系，即 $u_o=A_{od}u_{id}$，A_{od} 为开环差模电压放大倍数，所以，该区域称为线性工作区。水平线区域的水平表明该区域内输出电压出现饱和现象，即输出电压不随差模输入电压而变，而是保持恒定值（即最大输出电压 u_{op-p}，右侧为正向最大输出电压 $+u_{op-p}$，左侧为负向最大输出电压 $-U_{op-p}$）。所以，该区域称为非线性工作区。

从该输出传输特性曲线还可以看出集成运放的线性工作区非常窄，这是因为开环差模电压放大倍数非常高，而最大输出电压只在 V 级左右。以 $A_{od}=10^6$，$U_{op-p}=\pm10V$ 为例，只有当差模输入电压 u_{id} 位于 $\pm|U_{op-p}/A_{vd}|$ 之间，即 $\pm10\mu V$ 以内时，电路才工作在线性区。

尽管集成运放的应用电路多种多样，但就其工作区域来说却只有线性区和非线性区两个。下面将讨论集成运放在这两个工作区的各自特点，这些特点是分析集成运放应用电路的基础。

5.4.4　理想运放的工作特点

1. 理想运放在线性工作区的特点

设集成运放同相输入端和反相输入端的电压分别为 u_P 和 u_N，电流分别为 i_P 和 i_N，当集成运放工作在线性区时，输出电压与输入差模电压呈线性关系，即

$$u_o=A_{od}U_{id=}A_{od}(u_+-u_-)$$

由于 u_o 为有限值,对于理想运放 $A_{od}=\infty$,因而净输入电压 $u_+ - u_- = 0$,即

$$u_+ = u_-$$

上式说明,运放的两个输入端没有短路,却具有与短路相同的特征,这种情况称为两个输入端"虚短路",简称"虚短"。

要注意的是,"虚短"与短路是不同的两个概念。"虚短"只是两点的电位近似相等,为计算方便而将两者视作相等。这只是一种计算上的简化处理。而短路是物理意义上的直接连接,两点电位实际上相等。所以,这两者之间不能互相替代。

因为理想运放的输入电阻为无穷大,所以流入两个输入端的输入电流 i_+ 和 i_- 也为零,即

$$i_+ = i_- = 0$$

上式说明集成运放的两个输入端虽然没有断路,却具有与断路相同的特征,这种情况称为两个输入端"虚断路",简称"虚断"。

同样要注意的是,"虚断"与断路也是不同的两个概念,"虚断"只是两点之间的电流近似为零,为计算方便而两点视作断开,这也是一种计算上的简化处理。而断路是物理意义上的分开,两点之间没有任何电气联系,电流实际为零。所以,这两者之间也不能互相替代。

对于工作在线性区的集成运放,"虚短"和"虚断"是非常重要的两个概念,是分析集成运放电路输入信号和输出信号关系的两个基本关系式。

由于集成运放的线性工作区非常窄,在开环状态下只有微伏量级左右。这么小的线性范围显然无法满足绝大多数情况下的线性放大任务。因此,必须引入深度负反馈,将放大电路的放大倍数从非常大的开环放大倍数转为较低的闭环放大倍数,从而扩大集成运放的线性放大范围,实现对实际输入信号的线性放大。

由此可得集成运放工作在线性区的特征是:在电路中引入负反馈。该特征也是判断集成运放是否工作的线性区的重要依据。

2. 理想运放工作在非线性区的特点

在理想运放组成的电路中,若理想运放工作在开环状态(即没有引入反馈)或正反馈的状态下,因 A_{od} 为无穷大,所以,只要当两个输入端之间存在输入电压时,根据电压放大倍数的定义,理想运放的输出电压 u_o 也将是无穷大。无穷大的电压值超出了运放输出的线性范围,集成运放进入饱和状态,即非线性工作区。

工作在非线性工作区的集成运放,输出电压只有两种值,即正向最大输出电压 U_{op-p},或负向最大电压 $-U_{op-p}$。理想运放的电压传输特性曲线如图 5-28 所示。

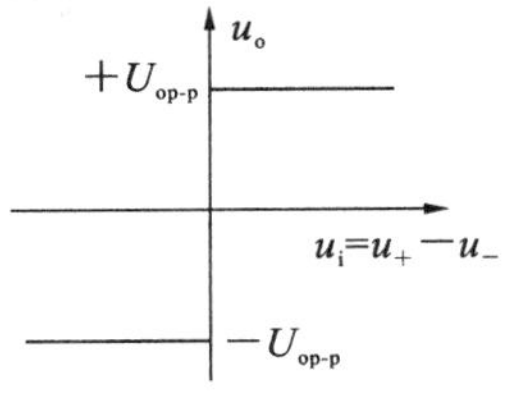

图 5-28　理想运放的电压传输特性曲线

$u_+ > u_-$ 时,$u_o = U_{op-p}$(U_{op-p} 为正向最大输出电压);

$u_- > u_+$ 时,$u_o = -U_{op-p}$($-U_{op-p}$ 为负向最大输出电压);

$u_- = u_+$ 时,状态不定,跳变点。

由上面的分析可得理想运放工作在非线性区的特点如下。

(1)输出电压 u_o 只有两个值。当 $u_+ > -u_-$ 时,u_o 为 $+U_{op-p}$;当 $u_+ < u_-$ 时,u_o 为 $-U_{op-p}$。

(2)由于理想运放的差模输入电阻为无穷大,故净输入电流为零,即 $i_+ = i_- = 0$。由此可见,理想运放仍具有"虚断"的特点。但是其净输入电压不再始终为零,而是取决于电路的输入信号。

对于工作在非线性区的集成运放应用电路,上述两个特点是分析其输入信号和输出信号关系的基本出发点。

5.5　集成运放的典型应用电路

集成运算放大器最早应用于信号的运算,随着集成电路技术的发展,运算放大器的各项技术参数不断完善,目前集成运算放大器的应用几乎渗透到电子技术的各个领域,除运算外,还可用来产生各种信号及对信号进行处理、变换等。因此,集成运算放大器已成为电子技术的基本单元电路。

本节在分析集成运算放大器应用电路时,都将电路中的运算放大器看作理想运算放大器,这有利于简化分析过程,而由此带来的误差在工程上是可以接受的。

5.5.1　基本运算电路

集成运放的主要应用就是实现各种数学运算。这些数学运算包括比例、加、减、乘、除、积分、微分、对数和指数等。实现这些运算的电路简称为运算电路。在运算电路中,输入电压作为自变量,输出电压作为函数,输出电压反映了对输入电压进行某种运算的结果。因此,对运算电路的分析就是要推导出输出电压和输入电压之间的运算关系,即函数关系式。本节将介绍比例、加法、减法、积分和微分等基本运算电路。

要注意的是,在各种运算电路中,集成运放都工作其传输特性的线性区。因此,对于此类电路的分析要点归纳如下。

(1)设定各支路中电流的流经方向(即参考正向),并在电路图中标出。

(2)运用"虚短"与"虚断"概念和相关电路理论,利用节点法计算各点电位之间的关系。

虚短:运放两输入端电位相等,即

$$u_+ = u_-$$

虚断:流入运放两输入端的电流为零。

节点电流方程(基尔霍夫电流定律):流入节点的电流与流出节点的电流代数和为零。

(3)根据电位关系,推导出输出电压与输入电压的函数关系式。

1. 比例运算电路

比例运算的函数关系式为

$$y = kx$$

式中:x 为变量;k 为常数。设定输入电压 u_i 为 x,输出电压 u_o 为 y,则使输出电压和输入电压满足 $u_o = k u_i$ 的电路称为比例运算电路。按照输入信号接入端子的不同,比例运算电路又分为同相比例运算和反相比例运算两种。

1)反相比例运算电路

(1)电路组成　反相比例运算电路的组成如图 5-29 所示。由图可见,输入电压 u_i 通过电阻 R_1 加在运放的反相输入端,而同相端通过电阻 R_P 接地;R_f 跨接在输出端和反相端之间,为反馈电阻。因为该反馈电阻的采样端与输出端接在一起,而比较端与信号输入端接在一起,根据反馈判别的电路结构法,可知该电阻引入的是电压并联负反馈。

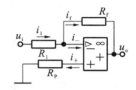

图 5-29　反相比例运算电路

同相输入端所接的电阻 R_P 称为电路的平衡电阻。因为集成运放虽然采用差动放大电路作为输入级,但毕竟不是理想对称的,总存在着输入偏置电流、输入失调电流、输入失调电压等,所以要求从集成运放的两个输入端向外看的等效电阻尽量相等,这称之为平衡条件。为了满足平衡条件,R_P 的取值应等于信号源为零时从运放的反相输入端往外看的等效电阻 R_N(此时,u_i 和 u_o 视为零电位)。在本电路中,$R_P = R_N = R_1 // R_f$。

(2)输入与输出电压关系　因反相比例运算电路引入了负反馈,所以,集成运放工作在线性工作区,可以利用"虚断"和"虚短"的概念推导出输出电压与输入电压的函数关系。

由理想运放的"虚断"和"虚短"概念可知

$$i_- = i_+ = 0$$

$$u_+ = u_- = 0$$

上式说明尽管集成运放的反相输入端没有直接接地,但因为同相输入端接地,使得反相输入端也具有与"地"近似相等的电位。反向输入端的这种状态称为"虚地"。要特别注意的是,"虚地"和接地是不同的两个概念。"虚地"的特征是电位与"地"接近,但实际上并没有接地,不是真正意义上的地。它是"虚短"在同相输入端的电位为零时的特例,是一种工程应用上的近似。

在反相输入端建立节点电流方程,有

$$i_1 = i_f + i_+ = i_f$$

基于欧姆定律,代入相应的电压和电阻,则有

$$\frac{u_i - u_-}{R_1} = \frac{u_- - u_o}{R_f}$$

将 $u_- = 0$ 代入上式,则输出电压与输入电压的函数关系式为

$$u_o = -\frac{R_f}{R_1}u_i$$

上式说明输出电压和输入电压成比例关系,且相位相反(负号说明输出电压和输入电压相位相反),这也是反相比例运算放大器名称的由来。

(3)电路特点 由于集成运放本身的输出电阻就很小,引入的又是电压负反馈,所以该运算电路的输出电阻近似为

$$r_o = 0$$

这说明反相比例运算放大器带负载能力很强,带负载和不带负载时的运算关系保持不变。

根据"虚地"的概念可知,该运算电路的输入电阻为

$$r_i = R_1$$

这说明虽然理想运放的输入电阻为无穷大,但由于引入的是并联负反馈,电路的输入电阻减少了,其值取决于 R_1。

基于"虚地"的概念可知,该运算电路输入端的共模电压趋近零,这无疑减少了共模干扰,降低了对集成运放的共模抑制比要求。

综上所述,反相比例运算电路的特点可归纳为:反相比例放大、带负载能力强、共模电压趋近于零,这也是反相输入被广泛采用的主要原因。但是其输入电阻不大,使其应用受到一定限制。

2)同相比例运算电路

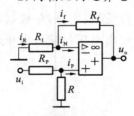

图 5-30 同相比例运算电路

(1)电路组成 同相比例运算电路的组成如图 5-30 所示。由图可见,输入电压 u_i 通过电阻 R_P 加在运放的同相输入端;R_1 跨接在反相输入端和地之间,R_f 是反馈电阻。为满足平衡条件,电阻的取值应满足 $R_P//R = R_1//R_f$。因为反馈电阻 R_f 的采样端与输出端子接在一起,而比较端与信号输入端不在一个端子上,根据反馈组态的电路结构判别方法,可知该电阻引入的是电压串联负反馈。

(2)输入与输出电压关系 由上面的分析可知,同相比例运算放大器中集成运放同样工作在线性区,利用"虚断"和"虚短"的概念可推导出输出电压与输入电压的函数关系。

根据"虚断"和"虚短"的概念可得

$$i_- = i_+ = 0$$

$$u_+ = u_- = u_i$$

在反相输入端建立节点电流方程,有

$$i_f = i_1 + i_+ = i_1$$

基于欧姆定律,代入相应的电压和电阻,则有

$$\frac{u_o - u_-}{R_f} = \frac{u_- - 0}{R_1}$$

将 $u_- = u_i$ 代入上式,则输出电压与输入电压的函数关系式为

$$u_o = (1 + \frac{R_f}{R_1}) u_i$$

上式说明输出电压与输入电压呈比例关系,且相位相同,这也是同相比例运算放大器名称的由来。

(3)电路特点　由于集成运放本身的输出电阻就很小,引入的又是电压负反馈,所以该运算电路的输出电阻为

$$r_o = 0$$

由于引入的是串联负反馈,该运算电路的输入电阻可视为无穷大,即

$$r_i = \infty$$

基于“虚地”的概念,$u_+ = u_- = u_i$,所以该运算电路输入端的共模电压等于 u_i,这无疑减少了共模干扰,降低了对集成运放的共模抑制比要求。

综上所述,同相比例运算电路的特点可归纳为:同相比例放大、带负载能力强、输入电阻非常大,适用于对输入电阻要求很高的场合。但是其共模电压等于 u_i,这对集成运放的共模抑制比提出了较高要求。

3)电压跟随器

图 5-31 所示电路中,信号从同相端输入,而输出电压全部引到反相输入端。根据“虚断”和“虚短”的概念,对于该电路,有

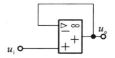

图 5-31　电压跟随器的基本电路

$$u_o = u_- = u_+ = u_i$$

这意味着该电路的输出电压将跟随输入电压,其电压放大倍数为 1,因此也称作电压跟随器。电压跟随器是同相比例运算电路的特例,尽管其作用与采用分立元件的射极输出器相同,但由于引入了电压串联负反馈,其输入电阻更大,输出电阻更小,因此其电压跟随性能和带负载能力更好,广泛应用于信号处理电路的输入级和输出级。

2. 加减法运算电路

加减法运算的函数关系式为

$$y = \pm k_1 x_1 \pm k_2 x_2 \pm k_3 x_3 \pm \cdots$$

式中:$x_1, x_2, x_3, \cdots$ 为变量,$k_1, k_2, k_3, \cdots$ 为各变量的比例系数,均为正值。设定输入电压 u_{in} 为 $x_n (n = 1, 2, 3, \cdots)$,输出电压 u_o 为 y,则使输出电压和输入电压满足 $u_o = \pm k_1 u_{i1} \pm k_2 u_{i2} \pm k_3 u_{i3} \pm \cdots \pm k_n u_{in}$ 的电路称为加减法运算电路。按照输入信号接入端子的不同,加减法运算电路可分为:同相求和运算、反相求和运算及求差运算三种。

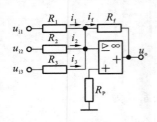

图 5-32 反相求和电路

1)反相求和电路

（1）电路组成 反相求和电路的组成如图 5-32 所示。由图可见，根据实际需要增加或减少反向比例运算放大器的输入端个数，即构成反向求和电路。为满足平衡条件，电路中平衡电阻的取值为

$$R_P = R_1 /\!/ R_2 /\!/ R_3 /\!/ R_f$$

（2）输入与输出电压关系 根据"虚地"和"虚断"的概念，有

$$u_+ = u_- = 0$$

列出反相输入端的节点电流方程，有

$$i_1 + i_2 + i_3 = i_f$$

基于欧姆定律，代入相应的电压和电阻，则有

$$\frac{u_{i1} - u_-}{R_1} + \frac{u_{i2} - u_-}{R_2} + \frac{u_{i3} - u_-}{R_3} = \frac{u_- - u_o}{R_f}$$

将 $u_- = 0$ 代入，并进行移项整理，可得

$$u_o = -\left(\frac{R_f}{R_1} u_{i1} + \frac{R_f}{R_2} u_{i2} + \frac{R_f}{R_3} u_{i3}\right)$$

上式说明，该电路的输出电压和输入电压满足 $u_o = -(k_1 u_{i1} + k_2 u_{i2} + k_3 u_{i3})$，实现了反相求和运算，是加法电路中的一种。

（3）电路特点 由于引入了电压负反馈，所以该运算电路的输出电阻为

$$r_o = 0$$

对于具有多路输入信号的放大电路，其输入电阻对不同的输入信号是不同的。因此，对该求和电路求解输入电阻时，要考虑各路输入电压单独作用时的输入端等效电阻。

对 u_{i1} 而言（此时，u_{i2} 和 u_{i3} 都视为零，即接地），其输入电阻为

$$r_{i1} = \frac{u_{i1} - u_-}{i_1} = R_1$$

同理，对 u_{i1} 和 u_{i3} 而言，其输入电阻分别为

$$r_{i2} = R_2$$

$$r_{i3} = R_3$$

反相求和运算电路的最大特点是调节某一回路输入电压的比例系数时，不影响其他回路输入电压的比例系数。以图 5-32 所示电路为例，当调节系数 k_1 时，只须调节 R_1 的阻值即可，不会影响到 k_2 和 k_3 的大小，这使得函数关系式中参数的调整非常方便。此外，该电路共模电压为零（"虚地"），因此对集成运放的共模抑制比要求不高。

2)同相求和电路

（1）电路组成 同相求和电路的组成如图 5-33 所示。由图可见，增加同相比例

运算放大器输入端的个数,即可构成同相求和电路。根据平衡条件,有

$$R_P // R_f = R_1 // R_2 // R_3$$

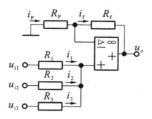

图 5-33　同相求和电路

(2)输入与输出电压关系　先分析 u_- 与输出电压 u_o 的关系。

根据"虚断"的概念,在反相端建立节点电流方程 $i_P = i_f$,有

$$\frac{0 - u_-}{R_P} = \frac{u_- - u_o}{R_f}$$

经移相整理后,有

$$u_o = (1 + \frac{R_f}{R_P}) u_-$$

再分析 u_+ 与输入出电压 u_{i1} 和 u_{i2} 的关系。

根据"虚断"的概念,在同相端建立节点电流方程 $i_1 + i_2 + i_3 = 0$,有

$$\frac{u_{i1} - u_+}{R_1} + \frac{u_{i2} - u_+}{R_2} + \frac{u_{i3} - u_+}{R_3} = 0$$

经移相整理后,有

$$u_+ = \frac{R_1 // R_2 // R_3}{R_1} u_{i1} + \frac{R_1 // R_2 // R_3}{R_2} u_{i2} + \frac{R_1 // R_2 // R_3}{R_3} u_{i3}$$

最后,基于"虚短"的概念($u_+ = u_-$),得出输出电压与输入电压函数关系式为

$$u_o = (1 + \frac{R_f}{R_P})(R_1 // R_2 // R_3)(\frac{1}{R_1} u_{i1} + \frac{1}{R_2} u_{i2} + \frac{1}{R_3} u_{i3})$$

由上式可见,图 5-33 所示电路的输出电压与输入电压的和成正比,且同相,可实现 $u_o = k_1 u_{i1} + k_2 u_{i2} + k_3 u_{i3}$ 运算。所以,该电路称为同相求和电路,即加法电路。

(3)电路特点　由于引入了电压负反馈,所以该运算电路的输出电阻为

$$r_o = 0$$

该电路为多路输入信号的放大电路,因此,求解输入电阻时,同样要考虑各路输入电压单独作用时的输入端等效电阻。

对 u_{i1} 而言(此时,u_{i2} 和 u_{i3} 都视作零,即接地),如图 5-34 所示,其输入端等效电阻相当于 R_2 和 R_3 并联后再与 R_1 串联,所以其输入电阻为

$$r_{i1} = R_1 + R_2 // R_3$$

同理,对 u_{i2} 和 u_{i3} 而言,其输入电阻分别为

$$r_{i2} = R_2 + R_1 // R_3$$

$$r_{i3} = R_3 + R_1 /\!/ R_2$$

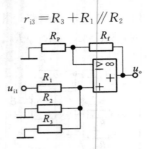

图 5-34 u_{i2}、u_{i3} 输入为零时等效同相加法电路

该电路的特点是引入串联负反馈,其输入电阻大,但共模电压不为零,对集成运放的共模抑制比要求较高。此外,虽然输出电压与输入电压的相位相同,但其求和系数的调整比较复杂。以图 5-34 所示电路为例,当希望调整系数 k_1 时,可以调节 R_1 阻值,但这同时会影响到系数 k_2 和 k_3 的大小。所以,该电路不如反相求和电路使用广泛。

3)求差运算电路

反相求和电路和同相求和电路实质上都是加法电路,那么,如何实现诸如 $y = k_1 x_1 - k_2 x_2$(设定 k_1 和 k_2 均为正值)之类减法运算呢?

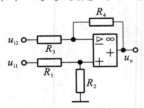

图 5-35 求差运算电路

(1)电路组成　如图 5-35 所示,将反相输入运算电路和同相输入运算电路组合起来,即可构成求差运算(减法)电路。其结构特点是:输入信号 u_{i1} 和 u_{i2} 分别从两个输入端输入,电阻 R_4 为反馈电阻,将输出电压引到反相输入端,对 u_{i1} 而言引入的是串联电压负反馈,对 u_{i2} 而言引入的是并联电压负反馈。

(2)输入与输出电压关系　对于这种多输入的电路,除了直接用节点电压法求解输出与输入的运算关系外,还可以结合叠加原理的运用。基于电路的叠加原理,可以先分别求出各输入电压单独作用时的输出电压,最后将这些输出电压相加,便可得到所有这些信号共同作用时的输出输入电压运算关系。

首先令 $u_{i2} = 0$(接地),输入电压 u_{i1} 单独作用,此时,电路等效于一个同相比例运算电路,其输出输入电压函数关系式为

$$u_o' = \frac{R_3 + R_4}{R_3} \frac{R_2}{R_1 + R_2} u_{i1}$$

再令 $u_{i1} = 0$(接地),输入电压 u_{i2} 单独作用,此时,电路等效于一个反相比例运算电路,其输出输入电压函数关系式为

$$u_o'' = -\frac{R_4}{R_3} u_{i2}$$

将两个输出电压相加,得出该电路的输出电压与输入电压函数关系式为

$$u_o = u_o' + u_o'' = \frac{R_3 + R_4}{R_1} \frac{R_2}{R_1 + R_2} u_{i1} - \frac{R_4}{R_3} u_{i2}$$

由上式可见,图 5-35 所示电路的可实现 $u_o = k_1 u_{i1} - k_2 u_{i2}$ 运算。所以,该电路称为求差电路,即减法电路。

特别是,当电路参数满足对称条件时,即 $R_1 = R_3$, $R_2 = R_4$,则该函数关系式简化为

$$u_o = \frac{R_2}{R_1}(u_{i1} - u_{i2})$$

由于 $u_{i1} - u_{i2}$ 又称作差模输入电压 u_{id},所以该种特例下的电路的输出与差模输入电压成比例,也被称作差动比例运算电路或差动比例放大器。

(3)电路特点　由于引入了电压负反馈,所以该运算电路的输出电阻为

$$r_o = 0$$

对于差模输入电压 u_{id} 而言,u_{i1} 和 u_{i2} 间的等效电阻相当于 R_1 和 R_3 串联(运放的同相端和反相端视作短接,即"虚短"),所以其差模输入电阻为

$$r_{id} = R_1 + R_3$$

该电路的特点是只利用一个集成运放,就可以实现多变量的加减法运算,成本较低。但其共模电压不为零,特别是当变量较多时,比例系数的实现和调整比较复杂,会互相影响(差动比例运算电路除外)。

3. 积分和微分运算电路

1)积分运算电路

积分运算的函数关系为 $y = \int kx\,dt$,x 为变量,k 为常数。设定输入电压 u_i 为 x,输出电压 u_o 为 y,则使输出电压和输入电压满足 $y = \int kx\,dt$ 的电路称为积分运算电路。

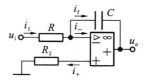

图 5-36　积分运算电路

(1)电路组成　积分运算电路的组成如图 5-36 所示。由图可知,将反相比例运算电路中的反馈电阻 R_f 换成电容 C 即构成积分运算电路。

(2)输入与输出电压关系　根据"虚断"、"虚短"的概念及节点电流方程可知

$$i_- = i_+ = 0$$

$$u_- = u_+ = 0$$

$$i_1 = i_f$$

根据电容电压的关系式可得

$$i_f = C\frac{d(u_- - u_o)}{dt} = -C\frac{du_o}{dt}$$

$$i_1 = \frac{u_i - u_+}{R} = \frac{u_i}{R}$$

最后,基于 $i_1 = i_f$,得出输出电压与输入电压函数关系式为

$$u_o = -\frac{1}{RC}\int u_i\,dt - u_C(0)$$

由上式可知,图 5-36 所示电路的输出电压与输入电压的积分成正比关系,但相

位相反。其中,$\frac{1}{RC}$为积分常数,$u_C(0)$为积分初始值。所以,该电路称为反相积分运算电路。

积分电路常用作波形变换。例如,当输入信号 u_i 为图 5-37 所示的矩形波信号,并设 $u_C(t_0)=0$。当 $t\leqslant t_0$ 时,因 $u_i=0$,所以 $u_o=0$;当 $t_0<t\leqslant t_1$ 时,$u_i=-U_i$,则 $u_o=\frac{U_i}{RC}(t-t_0)$,$u_o$ 随时间线性增长,增长速度与 $|U_i|$ 成正比,与时间常数 RC 成反比;当 $t>t_0$ 时,$u_i=0$,$u_o=u_C(t_1)$,最终输出波形如图 5-37 所示。可见,积分电路能将矩形波变换成斜波或三角波。

在实用的积分电路中,为防止低频信号增益过大,常在电容 C 两端并联一个电阻 R_f,如图 5-38 所示,利用 R_f 引入负反馈来抑制输出电压增长过快。

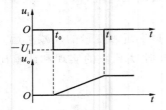

图 5-37　积分电路加矩形波时的响应

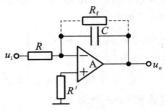

图 5-38　实用的积分电路

例 5-2　将图 5-39(a)所示的方波信号 $u_i(t)$ 作为图 5-36 所示积分电路的输入信号,已知:$R=50\text{k}\Omega$,$C=0.01\mu\text{F}$,且 $t=0$ 时,$u_o(0)=0$。试画出理想情况下输出电压的波形,并标出其幅值。

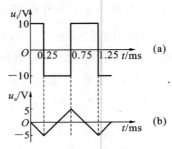

图 5-39　例 5-2 中的积分电路的输入、输出波形

解　当 $0<t\leqslant 0.25\text{ms}$ 时,因 $u_C(0)=u_o(0)=0$,输出电压为

$$u_o(t)=-\frac{1}{RC}\int_0^t u_i(\tau)\,\mathrm{d}\tau$$

则　　　　　$u_o(0.25\text{ms})=-\dfrac{1}{0.01\times10^{-6}\times50\times10^3}\displaystyle\int_0^{0.25\times10^{-3}}10\,\mathrm{d}t=-5\text{V}$

当 $0.25<t\leqslant 0.75\text{ms}$ 时,因 $u_C(0.25\text{ms})=u_o(0.25\text{ms})=-5\text{V}$,输出电压为

$$u_o(t)=u_C(0.25\text{mS})-\frac{1}{RC}\int_{0.25\times10^{-3}}^t u_i(\tau)\,\mathrm{d}\tau$$

$$u_{\circ}(0.75\text{ms}) = -5 - \frac{1}{0.01 \times 10^{-6} \times 50 \times 10^{3}} \int_{0.25 \times 10^{-3}}^{0.75 \times 10^{-3}} (-10) \, \mathrm{d}t = 5\text{V}$$

综上,输出电压 $u_{\circ}(t)$ 的波形为三角波,它的正向峰值为 $+5\text{V}$,负向峰值为 -5V,如图 5-41(b)所示。

2)微分运算电路

微分运算的函数关系式为 $y = k\dfrac{\mathrm{d}x}{\mathrm{d}t}$,$x$ 为变量,k 为常数。设定输入电压 u_{i} 为 x,输出电压 $u_{\circ}$ 为 y,则使输出电压和输入电压满足 $u_{\circ} = k\dfrac{\mathrm{d}u_{i}}{\mathrm{d}t}$ 的电路称为微分运算电路。

(1)电路组成　微分运算电路的组成如图 5-40 所示。

由图 5-36 所示电路,将积分电路中的电阻 R 与电容 C 互换,就构成了微分电路。

(2)输入与输出电压关系　根据"虚断"和"虚短"的概念可知

$$i_{-} = i_{+} = 0$$
$$u_{-} = u_{+} = 0$$
$$i_{1} = i_{f}$$

而 i_{1} 和 i_{f} 分别为

$$i_{f} = -\frac{u_{\circ}}{R}$$

$$i_{1} = C\frac{\mathrm{d}(u_{i} - u_{-})}{\mathrm{d}t}$$

最后,基于 $i_{1} = i_{f}$,得出输出电压与输入电压函数关系式为

$$u_{\circ} = -RC\frac{\mathrm{d}u_{i}}{\mathrm{d}t}$$

由上式可见,图 5-40 所示电路的输出电压与输入电压的微分成正比的关系,且反相。所以,该电路称为反相微分运算电路。

当输入电压 u_{i} 为方波时,输出电压 $u_{\circ}$ 为一正、负相间的尖脉冲,如图 5-41 所示。

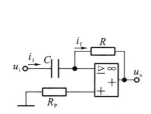

图 5-40　微分运算电路

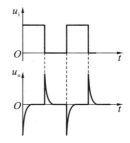

图 5-41　微分电路输入、输出电压波形

当输入电压是正弦函数 $u_{i}(t) = \sin\omega t$(V)时,则输出 $u_{\circ}(t) = -RC\omega\cos\omega t$(V),此式表明,$u_{\circ}(t)$ 相移 $90°$,成为余弦函数,且输出幅值随频率的增加而线性增加。这说

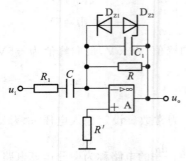

图 5-42 实用的微分电路

明微分电路对高频噪声特别敏感,高频噪声的输出甚至可能完全淹没有用信号。

为了克服这一缺点,实际工程中常采用图 5-42 所示的实用的微分电路,与基本电路相比,增加了 R_1、C_1 及两个稳压管 D_{Z1}、D_{Z2}。在正常的工作频率范围内,各元件参数满足 $R_1 \ll \dfrac{1}{\omega C}$,且 $\dfrac{1}{\omega C_1} \gg R$,所以在正常情况下,$R_1$、$C_1$ 对电路的影响可忽略不计。当频率升高到一定程度,R_1、C_1 的作用使闭环放大倍数下降,从而抑制了高频噪声。

4. 其他形式的运算电路

前面介绍的几种电路都是基于单个运放实现的,具有各自的功能和特点。在实际应用过程中,为了适应不同的需求,需要将这些功能进行组合并发挥各自的特点。因此,在实用电路中,更多是基于多个运放的级联电路。由于集成运放具有输出电阻小、带负载能力强的特点,所以本级运放的输入输出运算关系式不会受到后级运放电路的影响。这样,在分析多运放级联电路时,可以将每级运放的输出视作开路,求解出每级的输入输出运算关系式,再将其作为输入依次代入后一级运放的运算关系式,最终得到整个级联电路的运算关系式。

1) 多变量加减法混合运算

实际工程中,有时要进行多变量的加减法混合运算。比如,实现一个 $y = k_1 x_1 + k_2 x_2 - k_3 x_3 - k_4 x_4$ 的四变量加减法函数关系式,可以采用本节介绍的基于单运放的求差电路,其电路如图 5-43(a)所示。

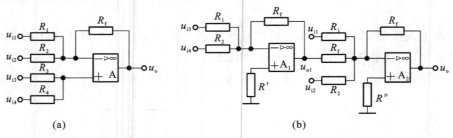

(a)   (b)

图 5-43 加减法混合运算电路

(a)原理电路 (b)实际工程中采用的电路

对于该类型电路,虽然只采用了一个运放,降低了成本,但由于 u_{i3}、u_{i4} 是从运放的同相端输入,所以存在着一些不足:一方面是运放输入端的共模输入电压不为零,这样对运放的共模抑制比要求很高;另一方面根据前面的讨论可知,当多路信号从运放同相端加入时,对于比例系数的设计和调节都很困难。因此,在工程上常采用图 5-43(b)所示的运放电路来实现。该电路可视作两级运放电路,第一级由运放 A_1 和其外围电阻 R_3、R_4、R_f 和 R' 组成,第二级由运放 A_2 和其外围电阻 R_1、R_2、R_f 和 R'' 组成。

分析第一级运放电路,将其输出端视为开路,则该级电路为本节介绍的反相求和电路,其输入与输出电压函数关系式为

$$u_{o1} = -\left(\frac{R_f}{R_3}u_{i3} + \frac{R_f}{R_4}u_{i4}\right)$$

分析第二级运放电路,该级电路同样为本节介绍的反相求和电路,其输入与输出电压函数关系式为

$$u_o = -\left(\frac{R_f}{R_1}u_{i1} + \frac{R_f}{R_2}u_{i2} + \frac{R_f}{R_f}u_{o1}\right)$$

将第一级输出电压 u_{o1} 的函数关系式代入该式中,可求出输出电压 u_o 的函数关系式为

$$u_a = -\left(\frac{R_f}{R_1}u_{i1} + \frac{R_f}{R_2}u_{i2} + \frac{R_f}{R_f}\left(-\left(\frac{R_f}{R_3}u_{i3} + \frac{R_f}{R_4}u_{i4}\right)\right)\right) = \left(\frac{R_f}{R_3}u_{i3} + \frac{R_f}{R_4}u_{i4}\right) - \left(\frac{R_f}{R_1}u_{i1} + \frac{R_f}{R_2}u_{i2}\right)$$

由上式可知,图 5-43(b)所示电路实现了四变量的加减混合运算,且各输入信号的系数的设计和调节都十分方便。此外,两级电路均为反相输入电路,其运放的共模输入电压为零,从而降低了对运放共模抑制比的要求,更能满足实际要求。

2)仪用放大器电路

在实际工程中,在对传感器输出的信号进行采集、处理之前,常常先要进行放大,使其输出电压达到便于后续电路处理的范围,这称为前置放大。特别是对于一些测温电桥、测应力电桥等传感电路,需要对两个电压之间的差值进行放大。这类信号的特点是幅值很小、带负载能力差且易受干扰,因此需要一个输入电阻高、抗干扰性强的放大电路进行放大。一种常用于该场合的前置放大电路如图 5-44 所示。

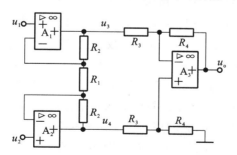

图 5-44　仪用放大器电路

该电路是由三个集成运放组成的具有对称性的两级放大电路。运放 A_1、A_2 和外围电阻 R_1、R_2 组成第一级电路。运放 A_3 和外围电阻 R_3、R_4 组成第二级电路。

(1)分析第一级运放电路,将其输出端视为开路,则该级电路如图 5-45 所示。由于两个运放均引入电压负反馈,所以工作在线性区,依据"虚短"和"虚断"的概念,有如下关系式。

$$u_1 = u_{1-} = u_a, \quad u_2 = u_{2-} = u_b, \quad i_1 = i = i_2$$

即有
$$\frac{u_3-u_4}{2R_2+R_1}=\frac{u_1--u_2-}{R_1}=\frac{u_1-u_2}{R_1}$$

故得
$$u_3-u_4=(1+\frac{2R_2}{R_1})(u_1-u_2)$$

式中：(u_1-u_2) 为被测输入电压；(u_3-u_4) 为放大后的输出量。

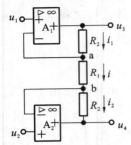 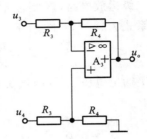

图 5-45　仪用放大器的第一级电路分析　　　图 5-46　仪用放大器的第二级电路分析

（2）分析第二级运放电路，如图 5-46 所示。该电路为本节介绍的差动比例放大电路，其输入输出函数关系式为

$$u_o=\frac{R_4}{R_3}(u_3-u_4)$$

将第一级运放电路的函数关系式代入该表达式，得到整个电路的输入输出函数关系式为

$$u_o=-\frac{R_4}{R_3}(1+\frac{2R_2}{R_1})(u_1-u_2)$$

该放大电路具有如下特点：输出电压与输入端的差值电压成正比，且比例系数可以通过调节电阻的阻值而改变；采用同相端输入，输入电阻非常高；采用对称的电路结构，抗共模干扰能力强。所以，该电路常用于高精度的仪器仪表电路，也称为仪用放大器。

例 5-3　设计一个满足 $u_o=10u_{i1}+5u_{i2}-4u_{i3}$ 的运算电路。

解　运算电路的设计除了考虑输出和输入之间的函数关系外，还应考虑平衡电阻的设置，反向求和电路的平衡电阻较同向求和电路更容易设置，所以在设计运算电路时，通常使用反向求和电路，且利用两级反向求和电路相串联的方法来实现加减的运算关系。根据这一思路，所设计的电路如图 5-47 所示。

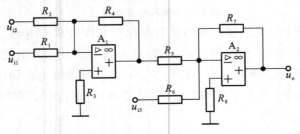

图 5-47　例 5-3 中的电路图

选择反馈电阻 R_4 和 R_7 为 $100\text{k}\Omega$，根据运算的关系式可得 $R_1 = 10\text{k}\Omega, R_2 = 20\text{k}\Omega, R_5 = 100\text{k}\Omega, R_4 = 25\text{k}\Omega$。将其代入反向求和电路的公式可得

$$u_o = -u_{o1} - 4u_{i3} = 10u_{i1} + 5u_{i2} - 4u_{i3}$$

根据平衡电阻的关系式可得

$$R_3 = R_1 /\!/ R_2 /\!/ R_4 = 6.25\text{k}\Omega$$

$$R_8 = R_5 /\!/ R_6 /\!/ R_7 = 1.667\text{k}\Omega$$

5.5.2　有源滤波器

真实反映待测物理量取值随时间变化的信号是一种有用信号，但该信号在其产生、转换、传输的每一个环节都有可能受到干扰的影响。这种由干扰所引起的取值变化称之为干扰信号，它会降低测量精度甚至导致错误，因此是一种无用信号。实际输入信号中通常同时包含有这两种信号，在严重情况下，无用信号的变化强度甚至还大于有用信号。因此，为了获取待测物理量的真实变化信息，就必须对信号进行过滤，即去伪存真。滤波实际上就是一个滤除无用信号并获取有用信号的过程。

滤波器实质上是一个具有选频功能的放大电路，即某一部分频率的信号（有用信号）可以顺利通过，而另外一部分频率的信号（无用信号）则受到较强的抑制。在滤波器设计分析中，把信号能够通过的频率范围称为通频带或通带；反之，信号受到很大衰减或完全被抑制的频率范围称为阻带；通带和阻带之间的分界频率称为截止频率。理想滤波器对通带内的信号，其电压放大倍数比较大且保持为常数；而对阻带内的信号，其电压放大倍数为零。

根据通带和阻带所处的频率范围不同，滤波器可分为低通、高通、带通和带阻滤波器四种。这四种滤波器的功能可以通过各自的幅频特性曲线说明，如图 5-48 所示。

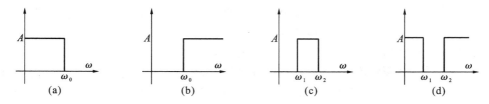

图 5-48　四种滤波器的幅频特性曲线
(a)低通滤波器　(b)高通滤波器　(c)带通滤波器　(d)带阻滤波器

低通滤波器　允许信号中的频率低于 ω_0 的低频或直流分量通过，抑制高频分量。ω_0 称为截止频率。

高通滤波器　允许信号中的频率高于 ω_0 的高频分量通过，抑制低频或直流分量。ω_0 称为截止频率。

带通滤波器　允许一定频段内（即 ω_1 和 ω_2 之间）的信号通过，抑制低于或高于该频段的信号。ω_1 和 ω_2 分别称为下限截止频率和上限截止频率。

带阻滤波器　抑制一定频段内（即 ω_1 和 ω_2 之间）的信号，允许该频段以外的信

号通过。ω_1 和 ω_2 分别称为下限截止频率和上限截止频率。

按照所采用的元器件的不同,滤波器又可分为无源和有源滤波器两种。

(1)无源滤波器 仅由无源元件(电阻 R、电容 C 和电感 L)组成的滤波器。它是利用电容和电感等的电抗随频率的变化而变化的原理构成的。这类滤波器的优点是:电路比较简单,不需要直流电源供电,可靠性高。缺点是:通带内的信号有能量损耗,负载效应比较明显;使用电感元件时容易引起电磁干扰,当电感 L 较大时滤波器的体积和质量都比较大;在低频域不适用。

(2)有源滤波器 由无源元件和有源器件(一般为集成运算放大器)组合而成。这类滤波器的优点是:通带内的信号不仅没有能量损耗,而且还可以放大,负载效应不明显;多级相连时相互影响很小,利用级连的简单方法很容易构成高阶滤波器;不使用电感元件,滤波器的体积小、重量轻,不需要磁屏蔽。缺点是:通带范围受有源器件(如集成运算放大器)的带宽限制,需要直流电源供电;可靠性不如无源滤波器高,在高压、大电流、高频、大功率等场合不适用。

对滤波器电路的分析就是分析其频率特性,也就是滤波器的电压放大倍数与频率的关系。在频率分析中,这种关系常用传递函数来表示。在有源滤波器中,运算放大器都工作在线性区,因此其分析要点与 5.5.1 节基本运算电路的内容相同,都是利用"虚短"和"虚断"概念求解输入与输出电压的关系。本节将主要讨论有源低通滤波器传递函数的幅频特性,并对高通、带通和带阻滤波器做简要介绍。

1. 有源低通滤波器

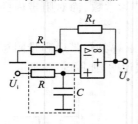

图 5-49 有源低通滤波
器的典型电路

有源低通滤波器的典型电路如图 5-49 所示。该电路的结构特点是:电阻 R 和电容 C 组成的无源低通滤波环节接入运算放大器的同相端,电阻 R_f 和电阻 R_1 组成的负反馈电路从反相端引入,运算放大器工作在线性区。该电路中只有一级 RC 滤波环节,因此也称为一阶有源低通滤波器。

1)求解该电路的传递函数

利用"虚断"概念,分别求出运算放大器的同相端和反相端电位,其中电容的阻抗用 $j\omega C$ 的倒数表示,输入、输出电压用其相量形式表示。

$$\dot{U}_+ = \frac{\frac{1}{j\omega C}}{R + \frac{1}{j\omega C}}\dot{U}_i = \frac{1}{1+j\omega RC}\dot{U}_i$$

$$\dot{U}_- = \frac{R_1}{R_1 + R_f}\dot{U}_o$$

利用"虚短"概念,令 $\dot{U}_+ = \dot{U}_-$,求出其电压放大倍数,即传递函数

$$\dot{A}_v = \frac{\dot{U}_o}{\dot{U}_i} = \left(1 + \frac{R_f}{R_1}\right)\frac{1}{1+j\omega RC} = \frac{A_{vp}}{1+j\omega RC}$$

式中:$A_{vp}=1+\dfrac{R_f}{R_1}$称为通带放大倍数。

2)绘制该传递函数的幅频特性曲线

假定 ω 为变量,则该滤波器的幅频特性为

$$\left|\dot{A}_v\right|=\left|\frac{\dot{U}_o}{\dot{U}_i}\right|=\frac{A_{vp}}{\sqrt{1+(\omega RC)^2}}$$

当 $\omega=0$ 时,$\left|\dot{A}_v\right|=A_{vp}$

当 $\omega=\dfrac{1}{RC}$时,$\left|\dot{A}_v\right|=\dfrac{A_{vp}}{\sqrt{2}}=0.707A_{vp}$

当 $\omega=\infty$,$\left|\dot{A}_v\right|=0$

由此可以画出其特性曲线,如图 5-50 所示。

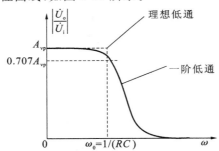

图 5-50　一阶有源低通滤波器的幅频特性曲线

分析该特性曲线,可以看出该滤波器具有低通滤波器的特征,这也是其称为低通滤波器的原因。但对比理想低通滤波器的幅频特性可知,一阶有源低通滤波器在通带和阻带之间存在着一个过渡带。在过渡带中,放大倍数随着频率的增加是一个逐渐衰减的过程,其下降部分曲线的斜率近似为 $-20\mathrm{dB}/10$ 倍频。那么,如何确定该滤波器的截止频率呢?为此人们定义当电压放大倍数下降到通带放大倍数的 0.707 倍(即 $0.707A_{vp}$ 或 $A_{vp}/\sqrt{2}$)时所对应的频率称为截止频率,用 ω_0 表示。当电压放大倍数用对数形式(即以 dB 为单位)表示时,对应于通带放大倍数下降 3dB 处。对于该滤波器电路而言,$\omega_0=1/(RC)$。

一阶有源低通滤波器的特点如下。

(1)具有电压放大作用,且通过调节 R_1 和 R_f 值可改变其通带放大倍数而不影响截止频率。

(2)通过调节 R 值和 C 值可改变截止频率而不影响通带放大倍数。

(3)通过运算放大器输出,带负载能力强,即本级频率特性不受下级电路的影响。

对于一阶滤波器而言,无论是有源还是无源,都存在一个不足:对于频率高于截止频率的信号,其幅频特性衰减太慢,为 $-20\mathrm{dB}/10$ 倍频,这与理想的幅频特性相差

甚远。为此,可在一阶滤波器基础上,再增加一级滤波环节,组成一个二阶滤波器。

二阶有源低通滤波器的典型电路如图 5-51 所示。

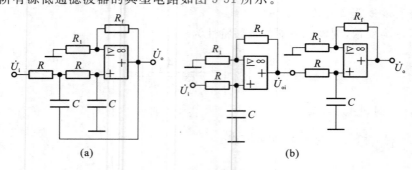

(a)　　　　　　　　　　　　(b)

图 5-51　二阶有源低通滤波器电路

图 5-51(a)所示电路为利用单个运算放大器实现的二阶低通滤波器。两级 RC 滤波环节从运算放大器同相端接入,第一级的电容接到输出端。该电路又称为赛伦-凯电路,在实际工程中较为常用。基于运算放大器的虚短和虚断概念,可以求出该滤波器的传递函数为

$$\frac{\dot{U}_\mathrm{o}}{\dot{U}_\mathrm{i}}=\frac{A_\mathrm{vp}}{1-\left(\dfrac{\omega}{\omega_0}\right)^2+\mathrm{j}\alpha\dfrac{2\omega}{\omega_0}}$$

式中:通带放大倍数 $A_\mathrm{vp}=1+\dfrac{R_\mathrm{f}}{R_1}$,$\alpha=\dfrac{1}{2}(3-A_\mathrm{vp})$,截止频率 $\omega_0=\dfrac{1}{RC}$。

图 5-51(b)所示电路为利用双运算放大器实现的二阶低通滤波器。它是利用了有源滤波器带负载能力强,本级频率特性不受前后级影响的特点,将两个同样结构参数的一阶低通滤波器直接串联连接。该滤波器的传递函数为两个一阶滤波器传递函数的乘积,即

$$\frac{\dot{U}_\mathrm{o}}{\dot{U}_\mathrm{i}}=\frac{\dot{U}_\mathrm{o1}}{\dot{U}_\mathrm{i}}\cdot\frac{\dot{U}_\mathrm{o}}{\dot{U}_\mathrm{o1}}=\frac{\dot{U}_\mathrm{o}}{\dot{U}_\mathrm{i}}=\left(1+\frac{R_\mathrm{f}}{R_1}\right)^2\frac{1}{(1+\mathrm{j}\omega RC)^2}$$

该滤波器的通带放大倍数 $A_\mathrm{vp}=\left(1+\dfrac{R_\mathrm{f}}{R_1}\right)^2$,截止频率 $\omega_\mathrm{o}=\dfrac{1}{RC}$。

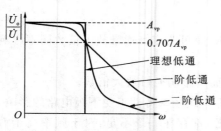

图 5-52　二阶有源低通滤波器的幅频特性

从上述两种二阶低通滤波器的传递函数可以看出,由于分母中都出现 ω 的平方项(即阶次为 2),这使得其幅频特性在频率高于截止频率后,其衰减加快,下降速度约为一40dB/10 倍频,如图 5-52 所示。随着滤波器阶次的提高,其下降速度会更快,幅频特性更接近于理想幅频特性。

2. 有源高通滤波器

将无源高通滤波环节接到运算放大器的输入端可以构成有源高通滤波器。一阶有源高通滤波器的典型电路如图 5-53 所示。

高通滤波器的传递函数为

$$\dot{A}_v = \frac{\dot{U}_o}{\dot{U}_i} = \left(1 + \frac{R_f}{R_1}\right)\frac{1}{1+\dfrac{1}{\mathrm{j}\omega RC}} = \frac{A_{vp}}{1 - \mathrm{j}\dfrac{\omega_0}{\omega}}$$

式中:通带放大倍数 $A_{vp} = \dot{A}_v \big|_{\omega=\infty} = 1 + \dfrac{R_f}{R_1}$,截止频率 $\omega_0 = \omega \big|_{A=0.707A_{vp}} = \dfrac{1}{RC}$。

该滤波器的幅频特性如图 5-54 所示。

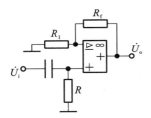

图 5-53 一阶有源高通滤波器

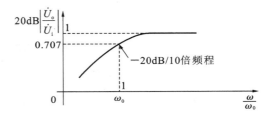

图 5-54 一阶有源高通滤波器的幅频特性

3. 带通和带阻滤波器

将低通滤波器和高通滤波器进行不同的组合,可分别获得带通滤波器和带阻滤波器。

图 5-55 所示为一阶有源带通滤波器的典型电路。该滤波器由一个截止频率 $\omega_1 = 1/(R_1C_1)$ 的低通滤波器和一个截止频率为 $\omega_2 = 1/(R_2C_2)$ 的高通滤波器"串接"而成,其幅频特性如图 5-56 所示。

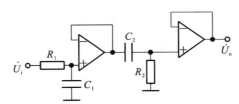

图 5-55 一阶有源带通滤波器电路

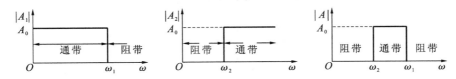

图 5-56 一阶有源带通滤波器的幅频特性

图 5-56 中,A_1 为低通滤波电路的幅频特性,A_2 为高通滤波电路的幅频特性,A 为串联后得到的幅频特性。要注意的是,低通滤波电路的截止频率要高于高通滤波

电路的截止频率,即 $\omega_1 > \omega_2$,这样才能形成带通滤波器。

图 5-57 所示为一阶有源带阻滤波器的典型电路。输入电压同时作用到截止频率 $\omega_1 = 1/(R_1C_1)$ 的低通滤波器和截止频率为 $\omega_2 = 1/(R_2C_2)$ 的高通滤波器,再将这两个滤波器的输出电压"求和"就得到了带阻滤波器,其幅频特性如图 5-58 所示。

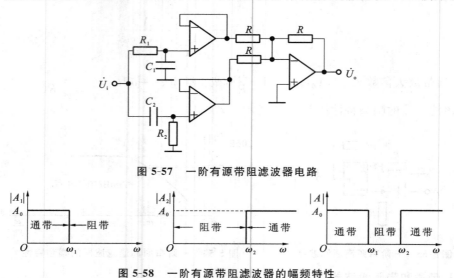

图 5-57　一阶有源带阻滤波器电路

图 5-58　一阶有源带阻滤波器的幅频特性

图 5-58 中,A_1 为低通滤波电路的幅频特性,A_2 为高通滤波电路的幅频特性,A 为求和后得到的幅频特性。同样要注意的是,此时,低通滤波电路的截止频率要低于高通滤波电路的截止频率,即 $\omega_1 < \omega_2$,这样才能形成带阻滤波器。

在实用电路中,有时为了减少运算放大器的数目,也可以将利用无源滤波器构成阻带滤波器,然后接入同相比例放大电路,从而得到有源带阻滤波器。其电路如图 5-59 所示,图中 R、R 和 $2C$ 组成无源低通滤波电路,C、C 和 $R/2$ 组成无源高通滤波电路。由于这些元件的排列形如英文字母 T,因此也常称为双 T 网络。

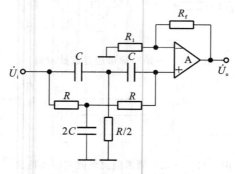

图 5-59　双 T 网络带阻滤波器电路

5.5.3　电压比较器

电压比较器是用来对两个输入电压进行幅值比较的电子电路。在实际应用中，通常是将一个随时间变化的电压与一个固定不变的电压进行幅值比较。其中，时变的电压称为输入信号或输入电压（用 u_i 表示），而不变的电压称为参考信号或参考电压，用 U_R 表示。至于两个输入电压比较的结果，电压比较器通过其输出电压幅值的高低来表示。其中，高幅值的输出电压称为高电平，低幅值的电压称为低电平。

由于两个电压的大小比较只有两种结果，所以电压比较器的输出也只有两种电平。这种非高即低的输出结果使得电压比较器的输出信号具有了数字量的性质。在数字电路中，高电平用数字"1"表示，低电平用数字"0"表示。由于电压比较器的输入可以是模拟量，而输出的是数字量，因此电压比较器可以作为模拟电路和数字电路之间的接口，广泛应用于电压/频率变换电路、模/数转换电路、高速采样电路、各种非正弦波形的发生和变换电路，也可用于报警器电路、过零检测电路、电源电压监测电路、测量和自动控制电路等。

1. 电压比较器基础

1）工作原理

5.4 节已介绍了集成运算放大器工作在非线性区的输入输出关系，其特性曲线及工作特点如下。

$u_+ > u_-$ 时，$u_o = U_{op\text{-}p}$（$U_{op\text{-}p}$ 为正向最大输出电压，也称正向饱和值）；

$u_- > u_+$ 时，$u_o = -U_{op\text{-}p}$（$-U_{op\text{-}p}$ 为负向最大输出电压，也称负向饱和值）；

$u_- = u_+$ 时，状态不定，跳变点。

从中可以看出，该特性与电压比较器的输入输出关系基本一致。所以，现在电压比较器的实现都利用了集成运放在非线性区的这种工作特性，既可以由通用型集成运算放大器组成，也有专用的集成电压比较器产品（如 LM339）可直接使用。为了使集成运放更好地工作在非线性区，电压比较器中的集成运放都工作在开环状态，甚至还引入了正反馈，这样可以减少线性工作区的范围，缩短高低电平之间的跳变时间，获得更为理想的比较特性。

2）工作特性

电压比较器的输入电压 u_i 和输出电压 u_o 之间的对应关系称为传输特性。图 5-60 所示为典型的电压比较器传输特性曲线。

电压比较器的输出只有两种状态，即高电平和低电平。其中，高电平输出时的电压值记作 U_{oh}，低电平输出时的电压值记作 u_{ol}。输出电压出现跳变时所对应的输入电压值称为阈值电压或门限电压，用 u_{th} 表示。

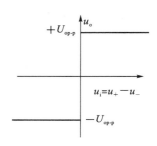

图 5-60　电压比较器传输特性

3）分析要点

阈值电压是电压比较器两种输出状态出现跳变或转换的转折点，所以阈值电压分析也是电压比较器分析中的关键点。

根据理想运算放大器在非线性区的工作特性及阈值电压定义可以知道，当运算放大器两个输入端电压相等（即 $u_+ = u_-$）时，所对应的时刻即为跳变点，所对应的输入电压值即为阈值电压。要特别指出的是，这与运算放大器工作在线性区的"虚短"是不同的。当运算放大器工作在线性区时，在任一时刻其两个输入端的电压都近似相等，$u_+ = u_-$ 成立，即虚短；而工作在非线性区时，在绝大多数时刻，两个输入端的电压并不相等，虚短关系并不成立。只有在输入电压等于阈值电压的时刻，$u_+ = u_-$ 才成立，这也是进行阈值电压分析的理论基础。

阈值电压分析的要点即是着重分析比较器的输出发生跳变的临界条件（即 $u_+ = u_-$），并据此计算出阈值电压。其分析步骤归纳如下。

（1）利用节点法和虚断概念（由于电压比较器所用运算放大器仍可视作理想运放，其输入电阻为无穷大，因此"虚断"仍然成立），分别列出同相输入端和反相输入端的电位，即 u_+ 和 u_-。

（2）根据跳变条件，令 $u_+ = u_-$，求解输入电压与参考电压之间的等式关系，此时得到的电压值即是阈值电压。

（3）假定输入电压经历从低到高或从高到低的连续变化，得出与之对应的输出电压，画出其传输特性曲线。

2. 单门限电压比较器

只有一个阈值电压的电压比较器称为单门限电压比较器。该类型电压比较器的结构比较简单，通常只含有一个运算放大器，且直接工作在开环状态。

图 5-61（a）所示为一种单门限电压比较器。其结构特点是输入信号 u_i 从运算放大器的同相端输入，参考电压 U_R 从反相端输入，因此也称为同相单门限电压比较器。在该电路中，运算放大器两个输入端的电位分别为 $u_+ = u_i$ 和 $u_- = U_R$。根据阈值电压分析方法：当满足跳变条件（$u_+ = u_-$）时，输入电压的值为阈值电压。可以求出该电压比较器的阈值电压等于参考电压值，即 $U_{th} = U_R$。当输入电压高于阈值电压（$u_i > U_{th}$）时，电压比较器处于高电平输出状态，输出电压 $U_{oh} = +U_{op-p}$；当输入电压低于阈值电压（$u_i < U_{th}$）时，电压比较器处于低电平输出状态，输出电压 $u_{ol} = -U_{op-p}$。由此可以画出同相单门限电压比较器的传输特性，如图 5-61（b）所示。

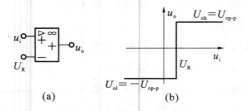

图 5-61　同相单门限电压比较器及传输特性

图 5-62(a)所示为另一种单门限电压比较器。其结构特点是输入信号 u_i 从运算放大器的反相端输入,参考电压 U_R 从同相端输入,因此也称作反相单门限比较器。在该电路中,运算放大器两个输入端的电位分别为 $u_+ = U_R$ 和 $u_- = u_i$。根据阈值电压分析方法,可以求出该电压比较器的阈值电压与同相电压比较器一样,也等于参考电压值,即 $U_{th} = U_R$。但其输出特性有所不同,当输入电压高于阈值电压($u_i > U_{th}$)时,电压比较器输出低电平,即 $U_{oh} = +U_{op\text{-}p}$;当输入电压低于阈值电压($u_i < U_{th}$)时,电压比较器输出低电平,即 $U_{ol} = -U_{op\text{-}p}$。由此可以得出反相电压比较器的传输特性,如图 5-62(b)所示。

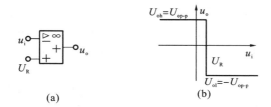

(a)　　　　　　　　　　(b)

图 5-62　反相单门限电压比较器及传输特性

图 5-63(a)所示为一种具有输入保护和输出限幅功能的单门限电压比较器。其中,输入保护功能是通过在运算放大器输入端并联一对双向导通二极管 D_1 和 D_2 实现的。这主要是因为,在实际应用中,运算放大器同相端与反相端的输入电压之间差值可能很大。双向二极管的引入可以将这种输入电压的差值限制在一定范围内,防止过大的输入电压而损坏运算放大器,同时又不影响比较器的输出结果。而输出限幅功能则是通过在输出端接入一个稳压电路 R_Z 和 D_Z 实现的。这是因为运算放大器工作在非线性状态时,其输出的高低电平分别等于运算放大器的正饱和峰值和负饱和峰值。在一些模/数转换和接口电路应用中,为了与后面的数字电路的高低电平相配合,需要限制电压比较器输出高低电平的幅值。图 5-63(a)中的 D_Z 为一个双向限幅稳压二极管,其稳压值为 $\pm U_Z$。经过该稳压电路限幅后,电压比较器输出的高低电平分别等于稳压二极管的正、负稳压值,即 $U_{oh} = +U_Z$,$U_{ol} = -U_Z$。其传输特性如图 5-63(b)所示。

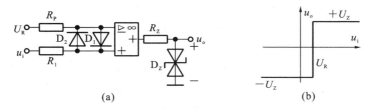

(a)　　　　　　　　　　(b)

图 5-63　输入保护和输出限幅的单门限电压比较器

例 5-4　同相单门限电压比较器的电路如图 5-64(a)所示,其中稳压管 D_Z 的稳压值为 $\pm 6V$,$U_R = 2V$。(1)画出其传输特性曲线。(2)当输入电压 u_i 为图 5-64(b)

所示波形时,画出电压比较器的输出电压波形。

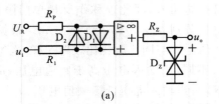 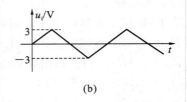

(a) (b)

图 5-64 例 5-4 的电路图

解 (1)根据阈值电压分析方法可知,该电压比较器的阈值电压为 U_R。当 $u_i > U_R$ 时,电压比较器输出高电平,$U_{oh} = +U_Z$;当 $u_i < U_R$ 时,电压比较器输出低电平,$U_{ol} = -U_Z$。这样,当 $U_Z = \pm 6V$,$U_R = 2V$ 时,其传输特性如图 5-65(a)所示。

(2)当输入波形为图 5-64(b)所示三角波时,对应的输出电压波形如图 5-65(b)所示。

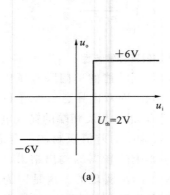 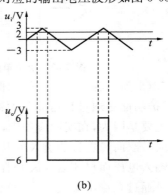

(a) (b)

图 5-65 图 5-64(a)所示电路传输特性及输出波形

单门限电压比较器可以将三角波、正弦波等模拟量信号转换成同频率的带数字量特性的脉冲信号,在模/数转换、波形变换电路中有着广泛应用。例如测量三角波信号的频率,直接用模拟电路测量会使电路相当复杂,而转换成脉冲信号后,利用一些简单的数字电路(如计数器),对单位时间内的脉冲个数进行计数,就可以计算出信号的频率。

3. 滞回电压比较器

在单门限电压比较器中,输入电压在阈值电压附近的任何微小变化,都会引起输出电压的跳变,这表明该类电压比较器的反应非常灵敏。但是,如果这种微小变化是来源于外部的干扰信号,这种灵敏的反应会导致电压比较器输出错误的状态。如图 5-66 所示,假定待测输入信号为三角波,波形如图 5-66(a)中的虚线所示。该信号受到干扰后,其实际波形如图 5-66(a)中的实线所示。受此干扰的影响,单门限电压比较器的输出信号会出现一些不应该出现的跳变,其波形如图 5-66(b)所示,此时,输出端得到的是一种具有不规则周期的脉冲信号,而不再是与三角波同频率的信号,这样就不能实现对待测信号频率的准确测量。因此,单门限电压比较器虽然很灵敏,但抗干扰能力比较差。

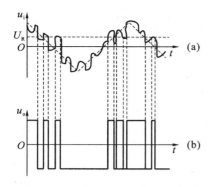

图 5-66　受干扰时的输出

（a）输入波形　（b）输出波形

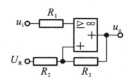

图 5-67　反相滞回电压
比较器电路

滞回电压比较器克服了单门限电压比较器抗干扰能力差的缺点。从分类上看，电压比较器有两个输入端，即同相端和反相端。因此，根据输入电压接入端子的不同，滞回电压比较器分为两种，即同相滞回电压比较器和反相滞回电压比较器，下面将分别介绍这两种电压比较器的工作原理及特性。

1）反相滞回电压比较器

图 5-67 所示为反相滞回电压比较器的典型电路。其结构特点是输入信号 u_i 从运算放大器的反相端输入，参考信号 U_R 从同相端输入，跨接在输出端和同相端之间的电阻 R_3 和 R_2 组成了一个正反馈网络。滞回电压比较器的结构虽然比单门限电压比较器复杂，但其阈值电压分析的思路和步骤是一致的。

步骤 1　分别计算出运算放大器的同相端和反相端电压。

根据虚断概念，同相端和反相端电压可以分成各自电路计算。

分析 U_R、R_2、R_3 和 U_o 组成的同相端电路可知，同相端电位可看作是参考电压和输出电压在同相端处电压的叠加。基于电路叠加理论，可以求出同相端电位为

$$u_+ = \frac{R_2}{R_2 + R_3} u_o + \frac{R_3}{R_2 + R_3} U_R$$

反相端与输入电压相连，因此反相端电位为

$$u_- = u_i$$

步骤 2　计算阈值电压。

根据跳变条件，令 $u_+ = u_-$，求出 u_i 在该时刻的表达式为

$$u_i = f(u_o, U_R)\big|_{u_+ = u_-} = \frac{R_2}{R_2 + R_3} u_o + \frac{R_3}{R_2 + R_3} U_R$$

该值即为反相滞回电压比较器的阈值电压。可以看出，该值不仅与参考电压有关，还与输出电压有关。参考电压是一个恒定值，而输出电压有且仅有两个值，即高

电平 U_{oh} 和低电平 U_{ol}，这就意味着该电压比较器也有两个阈值。其中，幅值较高的一个称为上门限电压，记作 U_{th1}，幅值较低的称为下门限电压，记作 U_{th2}。对于反相滞回电压比较器，这两个电压分别为

$$U_{th1} = \frac{R_2}{R_2 + R_3} U_{oh} + \frac{R_3}{R_2 + R_3} U_R$$

$$U_{th2} = \frac{R_2}{R_2 + R_3} U_{ol} + \frac{R_3}{R_2 + R_3} U_R$$

步骤 3　绘制传输特性曲线。

假定输入电压经历从小到大的变化（这里称为正向变化）：当 u_i 为无穷小时，此时 $u_- \ll u_+$，电压比较器输出高电平 u_{oh}，其对应的电压阈值为 u_{th1}，当 u_i 到达并超过该阈值时，输出电压跳变到低电平 U_{ol}，其特性曲线如图 5-68 中正向箭头所示。与单门限电压比较器不同的是，当输出电压跳变到高电平后，其对应的电压阈值也从 U_{th1} 跳变到了 U_{th2}，这就意味着当输入电压经历从从大到小变化（这里称为反向变化）时，只有当 u_i 低于 U_{th2} 时，输出电压才会发生跳变，从 U_{ol} 变成 U_{oh}，其传输特性曲线如图 5-68 中反向箭头所示。

对于该电压比较器，当输入电压为正弦波信号时，其输出电压波形如图 5-69 所示。

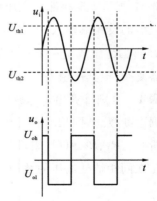

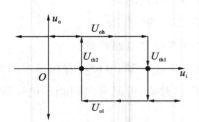

图 5-68　反相滞回电压比较器传输特性曲线　　图 5-69　输出电压为正弦波时的输出

在图 5-69 中，当 u_i 逐渐上升并穿越上门限电压 U_{th1} 时，u_o 从 U_{oh} 跳变到 U_{ol}；随后，u_i 从最高值回落，当下降到 U_{th1} 时，此时输出状态不会发生跳转，只有当 u_i 继续回落并向下穿越下门限电压 U_{th2} 时，输出状态才发生跳变，u_o 从 U_{ol} 跳变到 U_{oh}。此时，u_i 回落的幅度为 $U_{th1} - U_{th2}$。同样的，当 u_i 掉头上升并穿越 U_{th2} 时，输出状态不变，只有当 u_i 继续上升并向上穿越 U_{th1} 时，输出状态才发生跳变。此时，u_i 上升的幅度仍为 $U_{th1} - U_{th2}$。因此，$U_{th1} - U_{th2}$ 也称为回差电压。这意味着当输出电压发生跳变后，输入电压必须要经过一个回差电压的反向变化才能使输出电压再次跳变。

2)同相滞回电压比较器

图 5-70 所示为同相滞回电压比较器的典型电路。其结构特点是输入信号从运算放大器的同相端输入,参考信号从反相端输入,跨接在输出端和同相端之间的电阻 R_3 和 R_2 组成了一个正反馈网络。采用同样的步骤和方法对该电路进行分析。

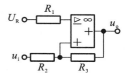

图 5-70　同相滞回电压
比较器电路

步骤 1　分别计算出运算放大器的同相端和反相端电压。

根据虚断概念和电路叠加理论,可以计算出同相端和反相端电压分别为

$$u_+ = \frac{R_2}{R_2 + R_3}u_o + \frac{R_3}{R_2 + R_3}u_i$$

$$u_- = U_R$$

步骤 2　计算阈值电压。

根据跳变条件,令 $u_+ = u_-$,求出 u_i 在该时刻的表达式为

$$u_i = f(u_o, U_R)\big|_{u_+ = u_-} = -\frac{R_2}{R_3}u_o + \frac{R_2 + R_3}{R_3}U_R$$

该值即为同相滞回电压比较器的阈值电压。由于输出电压有两个值,即高电平 U_{oh} 和低电平 U_{ol},所以该电压比较器也有两个阈值,即上门限电压和下门限电压。对于同相滞回电压比较器,这两个电压分别为

$$U_{th1} = -\frac{R_2}{R_3}U_{ol} + \frac{R_2 + R_3}{R_3}U_R$$

$$U_{th2} = -\frac{R_2}{R_3}U_{oh} + \frac{R_2 + R_3}{R_3}U_R$$

步骤 3　绘制传输特性曲线。

假定输入电压 u_i 正向变化,当 u_i 为无穷小时,此时 $u_+ \ll u_-$,电压比较器输出低电平 u_{ol},对应的电压阈值为 u_{th1},当 u_i 到达并超过该值时,输出电压跳变到高电平 U_{oh},其特性曲线如图 5-71 中正向箭头所示。此时其对应的电压阈值也从 U_{th1} 跳变到了 U_{th2}。当输入电压反向变化时,只有当 u_i 低于 U_{th2} 时,输出电压才会发生跳变,从 U_{oh} 变成 U_{ol},其特性曲线如图 5-71 中反向箭头所示。

综上所述,无论是同相滞回电压比较器还是反相滞回电压比较器,其传输特性都由正向变化和反向变化两个部分组成,每个部分对应一个电压阈值。从其变化规律和曲线形状来看,与铁磁材料的磁滞回线具有相似之处,这也就是其得名滞回电压比较器的原因。

例 5-5　图 5-72 所示滞回电压比较器电路中,$R_1 = 10\text{k}\Omega$,$R_2 = 20\text{k}\Omega$,$R_3 = 20\text{k}\Omega$,双向稳压管 D_z 的稳压值为 $U_z = \pm 10\text{V}$。画出其传输特性。

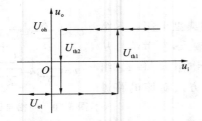

图5-71　同相滞回电压比较器传输特性

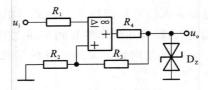

图 5-72　例 5-5 电路

解　电阻 R_2 的一端接地,因此该电路可看做是一个参考电压 $U_R = 0$ 的反相滞回电压比较器。这样,运算放大器同相端和反相端的电位分别为

$$u_+ = \frac{R_2}{R_2 + R_3} u_o$$

$$u_- = u_i$$

根据跳变条件,令 $u_+ = u_-$,求出的两个阈值电压分别为

$$U_{th1} = \frac{R_2}{R_2 + R_3} U_{oh} = \frac{R_2}{R_2 + R_3} U_z = \frac{20}{20 + 20} \times 10\text{V} = 5\text{V}$$

$$U_{th2} = \frac{R_2}{R_2 + R_3} U_{ol} = - \frac{R_2}{R_2 + R_3} U_z = - \frac{20}{20 + 20} \times 10\text{V} = -5\text{V}$$

由此画出该电压比较器的传输特性如图 5-73 所示。

对于该电压比较器,当输入电压波形如图 5-74(a)所示时(图中虚线所示三角波为待测输入信号,而实线所示为受到干扰后的实际输入信号)。根据其电压波动幅度,可绘制出输出电压的波形,如图 5-74(b)所示。

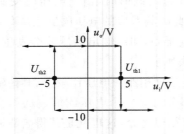

图 5-73　图 5-72 所示电路的传输特性

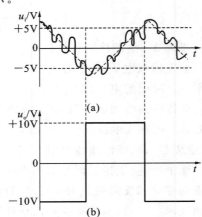

图 5-74　受干扰时的输出
(a)输入波形　(b)输出波形

从图 5-74 可以看出,当待测输入信号受到外界干扰后,滞回电压比较器仍能输出与该信号同频率的脉冲信号,对后级电路不会产生错误影响。这表明滞回电压比较器具有一定的抗干扰能力,一定幅度内的干扰电压不会对电压比较器的输出状态

造成影响。当然,当干扰电压幅度超过回差电压(即 $U_{th1}-U_{th2}$)时,滞回电压比较器的输出状态也会产生变化,导致错误输出出现。因此,回差电压越大,抗干扰能力越强。

但是,回差电压并不是越大越好,这里还涉及电压比较器的另一个重要指标,即灵敏度。灵敏度是指能使电压比较器输出状态产生变化的输入电压的最小变化量,该变化量越小,灵敏度就越高。而回差电压越大,就意味着在没有受到干扰的情况下,输入电压要产生更大的反向变化(幅度高于回差电压),才有可能使输出状态产生变化,这无疑降低了电压比较器的灵敏度。当然,对于电压比较器而言,抗干扰能力和灵敏度是两个相互制约的指标,应根据具体的应用场合和性能要求进行综合考虑和设计。

单门限简单电压比较器与滞回电压比较器各自的特点归纳如下。

(1)单门限简单电压比较器只有一个阈值电压,具有结构简单、灵敏度高等优点,但抗干扰能力不强。

(2)滞回电压比较器有两个阈值电压,结构较为复杂,灵敏度较低,但抗干扰能力强,且正反馈的引入可以加速输出电压的转变过程,使跳变时间更短。

5.6　集成运算放大器的应用实例

5.6.1　简易心电信号采集电路的设计

心电信号是人类最早研究并应用于医学临床的生物电信号之一,具有如下特点:信号十分微弱,幅值通常在 0.01~5 mV 之间;属低频信号,主要在几百赫兹以下;干扰特别强,既有来自生物体内(如肌电干扰、呼吸干扰等)的,也有来自生物体外(如工频干扰、外来串扰等)的干扰。

针对心电信号的上述特点,对采集电路的设计分析如下:应具备一定的放大能力,输出电压至少应为"V"的量级,便于示波器观察或仪器分析;应尽量削弱工频干扰及基线漂移等的影响;应考虑输入阻抗、线性、低噪声等因素。

本设计提出的简易心电信号采集电路的原理框图如图 5-75 所示。心电信号由放在人体右臂(RA)和左腿(LL)的心电电极直接拾取,右腿(RL)的心电电极接地。采集电路的输出可直接接示波器显示。各部分电路设计如下。

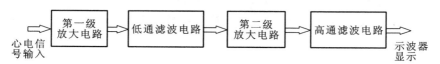

图 5-75　简易心电信号采集电路的原理框图

1. 第一级(前置)放大电路

心电信号的特点决定了第一级放大电路具有高输入阻抗、高共模抑制比、低噪

声、低漂移、非线性度小、合适的频带和动态范围等性能。本设计选用 Analog Device
公司的集成运放芯片 AD620 进行第一级放大。AD620 为单芯片仪表放大器，采用
典型的三运放电路改进设计，其内部框图如图 5-76 所示。

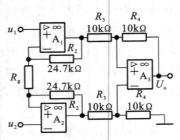

图 5-76　AD620 内部框图

图中 R_g 为外接电阻，选择不同的阻值可实现不同的电压放大倍数。根据前面对仪
用放大器电路的分析可知，该类型放大器有高输入阻抗、高共模抑制比、温度稳定性
好、噪声系数小等特点，因此广泛应用于生物医学信号放大领域。

接下来是确定电压放大倍数。仪用放大器电路的输入输出电压关系式为

$$u_o = -\frac{R_4}{R_3}\left(1+\frac{2R_2}{R_1}\right)(u_1-u_2)$$

根据图 5-76 所示电阻参数，AD620 的电压放大倍数的值为

$$A_{v1}=\frac{49.4}{R_g}+1$$

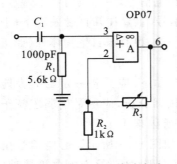

图 5-77　有源高通滤波电路

根据小信号放大器的设计原则，第一级放大倍数
不能设置太高，因为前级放大倍数过高将不利于后续
电路对噪声的处理。这里将该级放大倍数的值设为
20 左右，因此 R_g 的阻值设定为 $2.6\,\mathrm{k}\Omega$。

2. 有源高通滤波电路

由于人体心电信号的主要频率范围为 $0.05\sim100$
Hz，为了消除低频噪声及基线漂移，在第一级放大之
后加入基于集成运放芯片 OP07 的有源高通滤波电
路，如图 5-77 所示。

该电路的下限截止频率 $f_1=1/(2\pi R_1 C_2)$，设在 $0.03\,\mathrm{Hz}$ 左右。由于有源高通滤
波电路具有电压放大能力，因此同时作为第二级放大电路，电压放大倍数的值定为
100 且可调，为

$$A_{v2}=\frac{R_3}{R_2}+1$$

3. 低通滤波电路

为了消除 50 Hz 工频干扰及高频干扰，这里加入了由 R_4 和 C_2 组成的无源低通
滤波器。其上限截止频率 $f_h=1/(2\pi R_4 C_2)$。

最终得到简易心电信号采集电路,如图 5-78 所示。

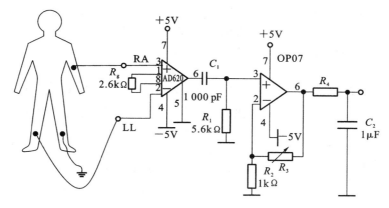

图 5-78　简易心电信号采集电路

5.6.2　散热风扇自动控制系统的设计

在日常应用中,经常会用到一些大功率器件或电路模块。这些大功率器件或模块在工作时电流大、功率高,会在短时间内产生较多热量,使器件的温度升高。过高的温度会影响器件的正常工作,导致器件失效甚至引发安全事故。因此对于温度进行测量,并通过某些途径将温度迅速降低变得很重要。目前一般采用散热片并结合风扇物理冷却方式来控制温升。因此,一个典型的散热风扇自动控制系统应由温度测量、阈值比较和风扇控制三部分组成。下面给出该系统的一个简单设计,其设计要求是当器件温度超过 80 ℃时自动启动风扇进行散热,低于 80 ℃时风扇停止转动。具体电路如图 5-79 所示。

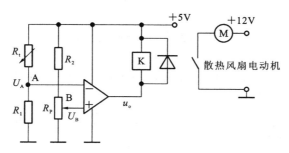

图 5-79　散热风扇自动控制系统电路

1. 温度测量

温度测量采用热敏电阻。其具体设计为:具有负温度系数(NTC)的热敏电阻 R_t 粘贴在散热片上感知功率器件的温度。该电阻与另外三个标准阻值电阻组成测温电桥。当散热片上的温度上升时,热敏电阻 R_t 的阻值下降,电桥 A 点的电压 U_A 上升。根据热敏电阻的温度-电阻特性曲线及与电阻 R_1 的分压关系,可以测算出温度等于 80℃时 A 点的电压,记作 $U_{A(t=80℃)}$。

2. 阈值比较

集成运放组成一个单门限简单电压比较器。测温电桥的 A 点电压接反相端作为输入信号，B 点接同相端作为参考电压。该电压比较器的阈值电压等于参考电压，即 $U_{th}=U_B$。调节电位器 R_P 可以改变 U_B 的电压。

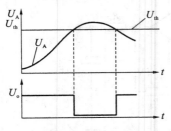

图 5-80 散热风扇自动控制系统温度及输出电压波形

3. 风扇控制

设计时，希望散热片上的温度超过 80℃ 时接通散热风扇实现散热，因此将 U_{th} 的值设置成 $U_{A(t=80℃)}$。这样，在器件工作时，当温度超过 80℃，此时 $U_A > U_{th}$，比较器输出低电平，继电器 K 吸合，散热风扇得电工作，使大功率器件降温。当温度低于 80℃ 时，此时 $U_A < U_{th}$，比较器输出高电平，继电器 K 释放，散热风扇停止工作。A 点电压的变化及比较器输出电压 u_o 的特性如图 5-80 所示。

思考题与习题

简答题

1. 零点漂移产生的原因是什么？

2. 什么是理想集成运算放大器？

3. "虚地"的实质是什么？为什么实际运放中"虚地"的电位接近零而又不等于零？在什么情况下才能引用"虚地"的概念？

4. 长尾式差动放大电路中，R_e 的作用是什么？它对共模输入信号和差模输入信号有何影响？

5. 试比较反相输入比例运算电路和同相输入比例运算电路的特点。

填空题

6. 电路如题图所示。已知集成运放的开环差模增益和差模输入电阻均近于无穷大，最大输出电压幅值为 ±14V。填空。

(1) 电路引入了_____（填入反馈组态）交流负反馈，电路的输入电阻趋近于_____，电压放大倍数 $A_{vf} = \Delta u_o / \Delta u_i \approx$ _____。

(2) 设 $u_i = 1V$，则 u_o 大约为_____ V；若 R_1 开路，则 u_o 为_____ V；若 R_1 短路，则 u_o 为_____ V；若 R_2 开路，则 u_o 为_____ V；若 R_2 短路，则 u_o 为_____ V。

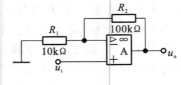

题 6 图

7. 用磁电式电流表表头与集成运放组成直流电压表的电路如题图所示。其磁电式电流表内阻为 R_m，指针偏移满刻度时，流过表头的电流 $I_m=100\mu A$。当 $R_1=2M\Omega$ 时，可测的最大电压量程 u_i 为多少？

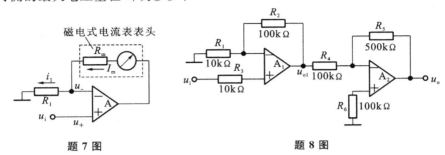

题 7 图　　　　　　　　　　　　题 8 图

8. 电路及有关元件的参数如题图所示。求输出电压 u_o 和输入电压 u_i 的运算关系。

9. 一个输入电阻高，抗干扰性好的高精度仪用放大器如题图所示，其电压放大倍数可通过改变 R_1 的阻值进行调节。试证明：$u_o=-\dfrac{R_4}{R_3}(1+\dfrac{2R_2}{R_1})(u_1-u_2)$。

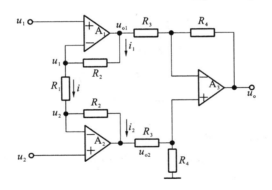

题 9 图

10. 电压比较器电路及 u_i 波形如题图所示，设双向稳压管的稳定电压 $U_z=\pm6V$。试分别画出 $U_R=0$、$U_R=+1V$ 和 $U_R=-2V$ 时比较器输出电压的波形。

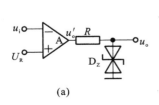

(a)

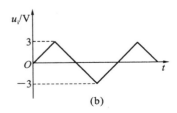

(b)

题 10 图

(a)电路图　(b)输入波形

11. 电压比较器电路及输入波形如题图所示。已知运放的输出 $\pm U_{om} = \pm 12V$，稳压管 $U_Z = 6V$，正向导通压降 $U_D = 0.7V$。要求画出电路的电压传输特性和输出波形。

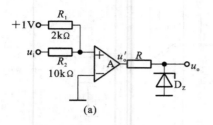 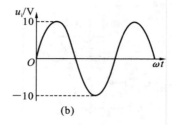

题 11 图

(a)电路图　(b)输入波形

12. 若题图所示的反相滞回比较器各元件参数为：$R_1 = 20k\Omega$，$R_2 = 20k\Omega$，$R_3 = 10k\Omega$，$R_4 = 1k\Omega$，$U_R = \pm 10V$，$U_R = 0V$，输入信号 u_i 如题图(a)所示(图中虚线表示三角波未受干扰的输入电压 u_i 波形，实线表示因干扰表现出的实际输入电压 u_i 波形)。试画出传输特性曲线和输出电压波形。

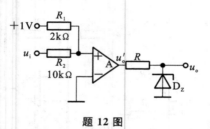

题 12 图

13. 电路如题图所示，T_1 管和 T_2 管的 β 均为 40，r_{be} 均为 $3k\Omega$。试问：若输入直流信号 $u_{i1} = 20mV$，$u_{i2} = 10mV$，则电路的共模输入电压 $u_{ic} = ?$ 差模输入电压 $u_{id} = ?$ 输出动态电压 $\Delta u_o = ?$

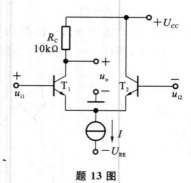

题 13 图

14. 电路如题图所示。已知电压放大倍数为 -100，输入电压 u_i 为正弦波，T_2 和 T_3 的饱和压降 $|U_{ces}| = 1V$。试问：

（1）在不失真的情况下，输入电压最大有效值 U_{imax} 为多少伏？

（2）若 $u_i=10mV$（有效值），则 $u_o=?$ 若此时 R_3 开路，则 $u_o=?$ 若 R_3 短路，则 $u_o=?$

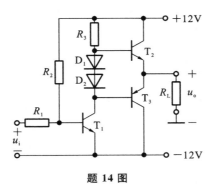

题 14 图

15.已知一个集成运放的开环差模增益 A_{vd} 为 100 dB，最大输出电压峰-峰值 $U_{op-p}=\pm14$ V。分别计算差模输入电压 u_i（即 u_P-u_N）为 10 μV、100 μV、1 mV、1 V 和 -10 μV、-100 μV、-1 mV、-1 V 时的输出电压 u_o。

16.多路电流源电路如题图所示，已知所有三极管的特性均相同，U_{be} 均为0.7 V。试求 I_{c1}、I_{c2} 各为多少。

17.电路如题图所示，具有理想的对称性。设各管 β 均相同。

（1）说明电路中各三极管的作用。

（2）若输入差模电压为 $u_{i1}-u_{i2}$，则由此产生的差模电流为 Δi_d，求解电路电流放大倍数 A_i 的近似表达式。

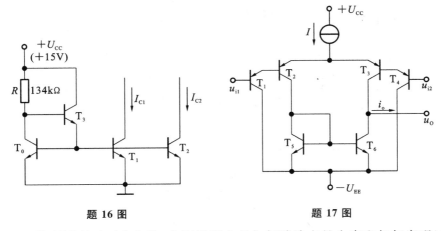

题 16 图　　　　　　　　题 17 图

18.比较题图所示两个电路，分别说明它是如何消除交越失真和如何实现过流保护的。

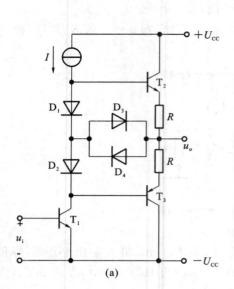

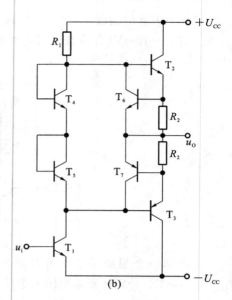

(a)　　　　　　　　　　　　　　　　　(b)

题 18 图

19.题图所示为简化的高精度运放电路原理图,试分析:

(1)两个输入端中哪个是同相输入端,哪个是反相输入端;

(2)T_3 与 T_4 的作用;

(3)电流源 I_3 的作用;

(4)D_2 与 D_3 的作用。

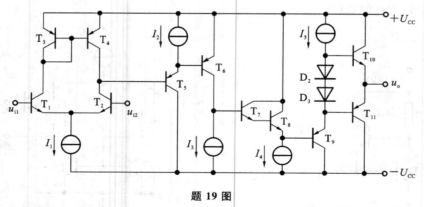

题 19 图

20.电路如题图所示。已知:$U_{CC}=12$ V;三极管的 $C_\mu=4$ pF,$f_T=50$ MHz,$r=100$ Ω,$\beta_0=80$。试求解:

(1)中频电压放大倍数 $\dot{A}$;

(2)f_h 和 f_l;

(3)画出波形图。

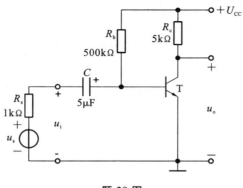

题 20 图

21. 电路如题图所示。

(1) 合理连线,接入信号源和反馈,使电路的输入电阻增大,输出电阻减小。

(2) 若 $\dot{A}_v = \dfrac{\dot{U}_o}{\dot{U}_i} = 20$,则 R_f 应取多少千欧?

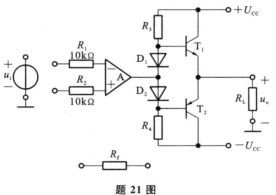

题 21 图

22. 如题图所示,求解 u_o 的表达式。

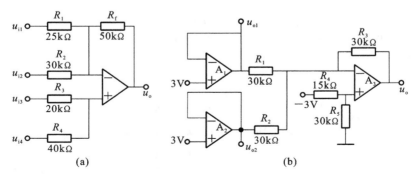

(a)   (b)

题 22 图

23. 如题图所示，求解 u_o 的表达式。

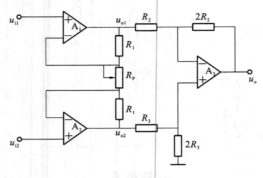

题 23 图

24. 分别求解题图所示各电路的运算关系。

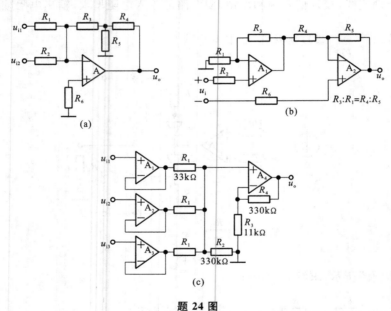

(a)

(b)

$R_3:R_1=R_4:R_5$

(c)

题 24 图

25. 在题图(a)所示电路中，已知输入电压 u_i 的波形如题图(b)所示，当 $t=0$ 时 $u_o=0$。试画出输出电压 u_o 的波形。

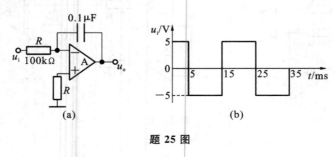

(a)

(b)

题 25 图

26.试分别求解题图所示各电路的运算关系。

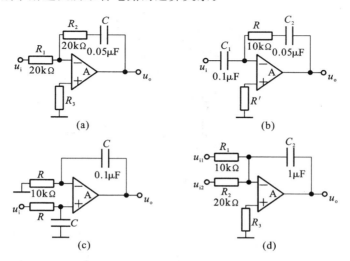

题 26 图

27.在题图所示电路中,已知 $R_1=R=R'=100$ kΩ,$R_2=R_f=100$ kΩ,$C=1$ μF。

(1)试求出 u_o 与 u_i 的运算关系。

(2)设 $t=0$ 时 $u_o=0$,且 u_i 由零跃变为 -1 V,试求输出电压由零上升到 $+6$ V 所需要的时间。

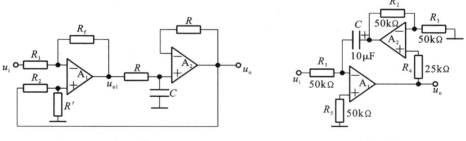

题 27 图　　　　　　　　　　　　题 28 图

28.试求出题图所示电路的运算关系。

29.在题图所示电路中,已知 $u_{i1}=4$ V,$u_{i2}=1$ V。回答下列问题。

(1)当开关 S 闭合时,分别求解 A、B、C、D 和 u_o 的电位。

(2)设 $t=0$ 时 S 打开,问经过多长时间 $u_o=0$?

30.下列各种情况下,应分别采用哪种类型(低通、高通、带通、带阻)的滤波电路。

(1)抑制 50 Hz 交流电源的干扰。

(2)处理具有 1 Hz 固定频率的有用信号。

(3)从输入信号中取出低于 2 kHz 的信号。

(4)抑制频率为 100 kHz 以上的高频干扰。

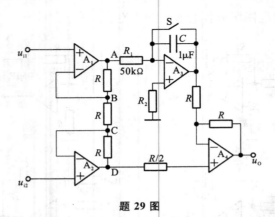

题 29 图

31.试说明题图所示各电路属于哪种类型的滤波电路,并说明为几阶滤波器。

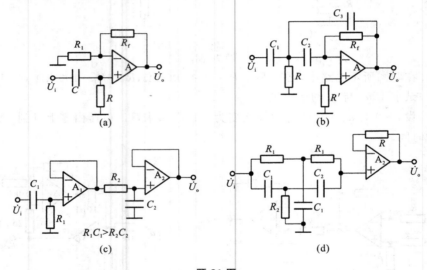

题 31 图

32.试分析题图所示电路的输出 u_{o1}、u_{o2} 和 u_{o3} 分别具有哪种滤波特性?

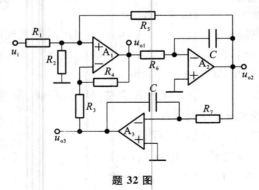

题 32 图

第6章

信号产生电路

　　信号产生电路通常也称振荡器,用于产生一定频率和幅度的信号。按输出信号波形的不同,信号产生电路可分为两大类,即正弦波振荡电路和非正弦波振荡电路,而正弦波振荡电路按电路形式又可分为 RC 振荡电路、LC 振荡电路和石英晶体振荡电路等;非正弦波振荡电路按信号形式又可分为方波、三角波和锯齿波振荡电路。目前还有任意波电路等。振荡电路的性能指标主要有两个:一是要求输出信号的幅度要准确而且稳定;二是要求输出信号的频率要准确而且稳定。一般来讲,信号的准确度比稳定度容易做到,而幅度稳定比频率稳定容易实现。此外输出信号的波形失真度、输出功率和效率也是较重要的指标。

6.1　正弦波振荡电路

6.1.1　正弦波振荡电路的工作原理

1. 振荡产生的基本原理

　　正弦波振荡电路由放大器和反馈网络等组成,其原理框图如图 6-1 所示。当开关 S 置于位置 1 时,将信号 $\dot{U}_{\mathrm{i}}$ 输入放大器的输入端,其输出信号经反馈网络将产生反馈信号 $\dot{U}_{\mathrm{f}}$。如果信号 $\dot{U}_{\mathrm{f}}$ 正好与 $\dot{U}_{\mathrm{i}}$ 大小相等且相位相同,可将开关 S 置于位置 2,以 $\dot{U}_{\mathrm{f}}$ 替代 $\dot{U}_{\mathrm{i}}$。此时,放大器与反馈网络形成一个没有外接输入信号的闭环系统,而输出端仍将保持一定频率和幅度的信号输出。这就是电子电路的自激振荡。

　　若希望振荡电路的输出信号的频率固定,图 6-1 所示的闭环系统中必须含有选频网络。选频网络可以在放大器内,也可以在反馈网络内。

2. 振荡的平衡条件和起振条件

1)振荡的平衡条件

　　当反馈信号等于放大器的输入信号时,振荡电路的输出电压不再发生变化,电路达到平衡状态,因

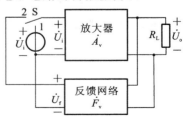

图 6-1　反馈振荡电路框图

此将反馈信号 $\dot{U}_f$ 等于放大器的输入信号 $\dot{U}_i$ 称为振荡平衡条件,即 $\dot{U}_f = \dot{U}_i$。由于这里的反馈信号和放大器的输入信号都是相量,所以两者相等是指大小相等而且相位也相同。

根据图 6-1 可知,当 $\dot{U}_f = \dot{U}_i$,则有

$$A_v F_v = (\dot{U}_o / \dot{U}_i)(\dot{U}_f / \dot{U}_o) = 1 \tag{6-1}$$

振荡的平衡条件应包括振幅平衡条件和相位平衡条件两个方面。

振幅平衡条件为　　　　　　　　$|A_v F_v| = 1 \tag{6-2}$

振幅平衡条件要求反馈信号与输入信号的幅值大小相等,即闭环回路总的传输系数为 1。

相位平衡条件为　　　　$\varphi_0 + \varphi_f = 2n\pi (n = 0, 1, 2, \cdots) \tag{6-3}$

相位平衡条件要求放大环节和反馈网络总相位移必须为 2π 的整数倍,使得反馈信号与输入信号的相位相同,确保产生正反馈。

作为一个稳态振荡电路,相位平衡条件和振幅平衡条件必须同时满足。利用振幅平衡条件可以确定振荡的输出信号幅度;利用相位平衡条件可以确定振荡信号的频率。

2)振荡的起振条件

为使振荡电路接通电源后能够自动起振,要求反馈信号与输入信号在幅度上满足 $U_f > U_i$,在相位上满足两者同相,因此振荡的起振条件也包括振幅条件和相位条件两个方面,即

振幅起振条件:　　　　　　　$|A_v F_v| > 1 \tag{6-4}$

相位起振条件:　　　$\varphi_0 + \varphi_f = 2n\pi (n = 0, 1, 2, \cdots) \tag{6-5}$

6.1.2　RC 振荡电路

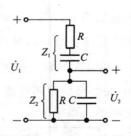

采用 RC 选频网络构成的振荡电路称为 RC 振荡电路,它适用于低频振荡,一般用于产生 1 Hz~1 MHz 的低频信号。常用的 RC 振荡电路有 RC 桥式振荡电路和 RC 移相式振荡电路。

1.RC 桥式振荡电路

1)RC 串并联选频网络

RC 串并联选频网络由参数相同的 R、C 元器件组成,如图 6-2 所示。该电路又称为文氏电桥(Wien bridge)。

由图 6-2 可计算出 RC 串并联选频网络的传递函数 F_v 为

图 6-2　RC 串并联选频网络

$$\dot{F}_v = \frac{\dot{U}_2}{\dot{U}_1} = \frac{R /\!/ \dfrac{1}{j\omega C}}{R + \dfrac{1}{j\omega C} + (R /\!/ \dfrac{1}{j\omega C})} = \frac{1}{3 + j(\omega RC - \dfrac{1}{\omega RC})} = \frac{1}{3 + j(\dfrac{\omega}{\omega_0} - \dfrac{\omega_0}{\omega})} \tag{6-6}$$

式中:$\omega_0 = \dfrac{1}{RC}$。

由式(6-6)可得到 RC 串并联选频网络的幅频特性和相频特性分别为

$$\begin{cases} |F_v| = \dfrac{1}{\sqrt{3^2 + (\dfrac{\omega}{\omega_0} - \dfrac{\omega_0}{\omega})^2}} \\ \varphi_f = -\arctan[\dfrac{1}{3}(\dfrac{\omega}{\omega_0} - \dfrac{\omega_0}{\omega})] \end{cases} \quad (6\text{-}7)$$

绘出的幅频特性和相频特性曲线如图 6-3 所示。

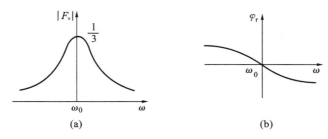

图 6-3　RC 串并联网络的幅频特性和相频特性

(a)幅频特性曲线　　(b)相频特性曲线

由图 6-3 可见,当 $\omega = \omega_0$ 时,有 $\varphi = 0$,即输出信号与输入信号同相。同时电路传递函数幅值达到峰值,为 $|F_v| = 1/3$。这体现了 RC 串并联网络的选频特性。

2)RC 桥式振荡电路

将 RC 串并联选频网络(文氏电桥)和放大器结合起来即可构成 RC 振荡电路,放大器可采用集成运放来实现。电路如图 6-4 所示,运算放大器的输入端和输出端分别跨接在文氏电桥的对角线上,故把这种振荡电路称为 RC 桥式振荡电路,也称为文氏电桥振荡电路(Wien-bridge oscillator)。

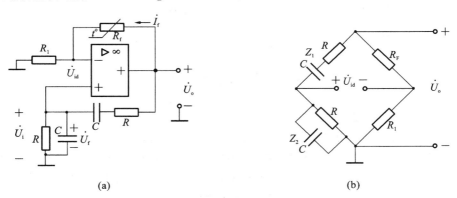

图 6-4　RC 桥式振荡电路

(a)RC 桥式振荡电路　　(b)文氏电桥等效电路

文氏电桥在运算放大器的输出端和同相输入端之间构成正反馈回路,以满足相位和幅度条件,振荡频率为

$$f_0 = \frac{1}{2\pi RC}$$

另外，R_f、R_1 在运算放大器的输出端和反相输入端之间构成负反馈，该运算放大电路的放大倍数为

$$A_v = 1 + R_f/R_1$$

由起振条件可知，$|A_v F_v| > 1$，反馈网络对所选频率信号的放大倍数为 $|F_v| = 1/3$，则有 $|A_v| > 3$，得到 $R_f/R_1 > 2$，$R_f > 2R_1$（R_f 不能太大，否则正弦波将成为方波）。

3）稳幅措施

为使电路呈非线性，起振时应使 $A_v > 3$，稳幅后 $A_v = 3$。如图 6-5 所示的实用自动稳幅电路，图 6-5(a)中的 R_f 采用了具有负温度系数的热敏电阻，用以改善振荡波形、稳定振荡幅度。负反馈支路中采用热敏电阻不但使 RC 桥式振荡电路的起振容易，信号波形改善，同时还具有很好的稳幅特性，所以对实用 RC 桥式振荡电路中的热敏电阻的选择很重要。而图 6-5(b)采用的是二极管稳幅电路。

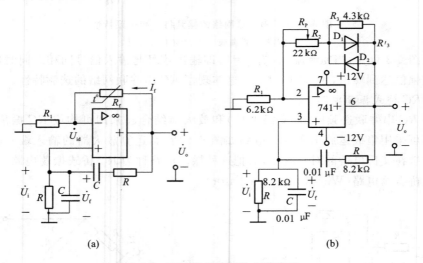

图 6-5　实用自动稳幅的振荡电路

(a)RC 桥式振荡电路　(b)实用 RC 桥式振荡电路

2. RC 移相式振荡电路

RC 移相式振荡电路也是一种常见的 RC 振荡电路，如图 6-6 所示，它由一个集成运算放大电路与一个三节 RC 超前移相网络组成。移相网络的输出接在运算放大器的反相输入端，形成负反馈放大，这个环节产生的相位移为 $180°$，为满足振荡相位平衡条件，要求三节移相网络能够对某一频率的信号再移相 $180°$。一节 RC 电路最大相位移不超过 $90°$，不能满足相位平衡条件。两节 RC 电路最大相位移虽可接近 $180°$，但此时频率必须很低，从而容抗很大，致使输出电压接近于零，又不能满足自激振荡的幅度平衡条件。所以，实际上至少要用三节 RC 电路来实现对某一频率相位移刚好为 $180°$，满足相位平衡条件而产生振荡。对应的该频率为振荡频率，即

$$f_0 = \frac{1}{2\pi \sqrt{6}RC}$$

RC 移相式振荡电路具有结构简单、经济方便等优点。其缺点是选频性能较差，频率调节不方便。由于这种电路输出幅度不够稳定，输出波形较差，一般只用于振荡频率固定、稳定性要求不高的场合。

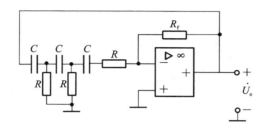

图 6-6　RC 移相式振荡电路

6.1.3　LC 振荡电路

采用 LC 并联谐振回路作为选频网络的振荡电路，称为 LC 振荡电路，它主要用来产生高频正弦信号，频率一般在 1MHz 以上。根据反馈形式的不同，LC 振荡电路可分为变压器反馈式振荡电路和三点式振荡电路。

1. LC 振荡电路及变压器反馈式振荡电路

1）LC 并联谐振电路

LC 并联谐振回路如图 6-7 所示。

在 $\omega L \gg R$ 时，谐振回路的等效阻抗为

$$Z = \frac{\frac{1}{j\omega C}(r + j\omega L)}{\frac{1}{j\omega C} + (r + j\omega L)} \approx \frac{L/(rC)}{1 + j(\frac{\omega L}{r} - \frac{1}{r\omega C})} \qquad (6\text{-}8)$$

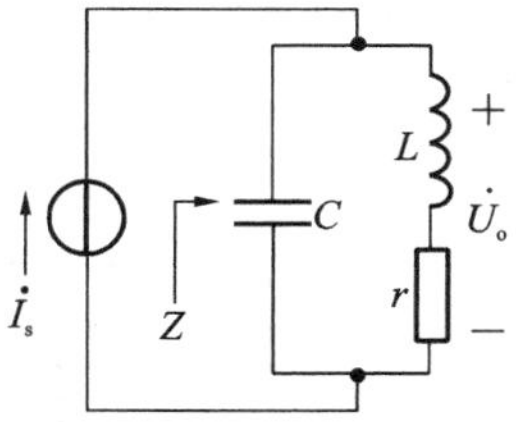

定义谐振频率为

$$\omega_0 = \frac{1}{\sqrt{LC}}$$

图 6-7　LC 并联谐振回路

当 $\omega = \omega_0$ 时，谐振回路的等效阻抗为 $Z_0 = L/(rC)$，Z_0 称为谐振阻抗。

谐振阻抗可进一步表示为 $Z_0 = Q\omega_0 L = Q/(\omega_0 C)$，其中

$$Q = \frac{\omega_0 L}{r} = \frac{1}{r\omega_0 C} = \frac{1}{r}\sqrt{\frac{L}{C}}$$

Q 称为回路品质因数。Q 一般用来评价回路损耗的大小，其数值一般在几十到几百。式（6-8）可变换为

$$Z = \frac{L}{Cr} \cdot \frac{1}{1 + Q(\frac{\omega}{\omega_0} - \frac{\omega_0}{\omega})} \qquad (6\text{-}9)$$

可得并联谐振回路的幅频特性和相频特性曲线,如图 6-8 所示。

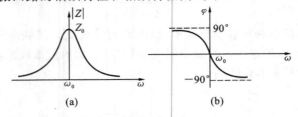

图 6-8　*LC* 并联谐振回路特性曲线

(a)幅频特性　(b)相频特性

由以上分析可知,并联谐振的本质是电流谐振。并联谐振具有很好的选频作用,当 $\omega = \omega_0$ 时,回路产生谐振。若维持电源幅度不变,在谐振频率附近改变其频率,输出电压的变化规律与回路的阻抗频率特性相似。

2)变压器反馈式振荡电路

变压器反馈式振荡电路原理如图 6-9 所示。L、L_f 组成变压器,其中 L 为一次侧线圈电感,L_f 为反馈线圈电感,用来构成正反馈。L、C 构成并联谐振回路,作为放大器的负载,构成选频放大器。

当输入信号的频率与 LC 谐振回路的谐振频率相同时,LC 回路的等效阻抗为一纯电阻,且为最大,可见,输出信号与输入信号反相。而变压器同相端使反馈信号与输入信号反相,所以,$\dot{U}_f$ 与 $\dot{U}_i$ 同相,满足了振荡的相位条件。由于 LC 回路的选频作用,电路中只有等谐振频率的信号得到足够的放大,只要变压器一、二次线圈之间有足够的耦合度,就能满足振荡的幅度条件而产生正弦波振荡,其振荡频率由 LC 并联谐振回路的谐振频率决定 f_0,且

$$f_0 \approx \frac{1}{2\pi \sqrt{LC}}$$

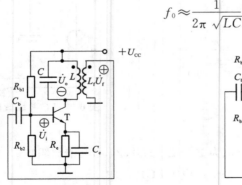

图 6-9　变压器反馈式振荡电路

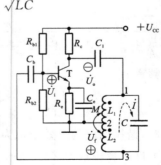

图 6-10　电感三点式振荡电路

2. 三点式 *LC* 振荡电路

三点式 *LC* 振荡电路是另一种常用的 *LC* 振荡电路,其特点是电路中 *LC* 并联谐振回路的三个端子分别与放大电路的三个端子相连,故称为三点式振荡电路。

1)电感三点式振荡电路

电感三点式振荡电路又称哈特莱振荡电路(Hartley oscillator),其电路原理如图 6-10 所示。

三极管 T 构成共发射极放大电路,电感 L_1、L_2 和电容 C 构成正反馈选频网络。谐振回路的三个端点 1、2、3 分别与三极管的三个电极相接,反馈信号取自电感线圈 L_2 的两端电压,故称为电感三点式振荡电路,也称电感反馈式振荡电路。由图 6-10 可见,当回路谐振时,电路在回路谐振频率上构成正反馈,从而满足了振荡的相位条件。其振荡频率为

$$f_0 \approx \frac{1}{2\pi \sqrt{LC}} = \frac{1}{2\pi \sqrt{(L_1 + L_2 + 2M)C}}$$

式中:M 为两部分线圈之间的互感系数。

电感三点式振荡电路的优点是起振容易,因为 L_1、L_2 之间耦合很紧,正反馈较强的缘故。此外,改变回路电容即可调节振荡信号频率。但由于反馈信号取自电感 L_2 两端,对高次谐波呈现高阻抗,故不能抑制高次谐波的反馈,因此振荡电路输出信号中的高次谐波成分较多,信号波形较差。

2)电容三点式振荡电路

电容三点式振荡电路又称考皮兹振荡电路(Colpitts oscillator),其电路原理如图 6-11 所示。

由图 6-11 可见,其电路构成与电感三点式振荡电路基本相同,电容 C_1、C_2 和电感 L 构成正反馈选频网络,反馈信号取自电容 C_2 两端,故称为电容三点式振荡电路,也称电容反馈式振荡电路。不难判断,在回路谐振频率上,反馈信号与输入端电压同相,满足振荡的相位平衡条件,电路的振荡频率近似等于回路的谐振频率,即

$$f_0 \approx \frac{1}{2\pi \sqrt{LC}} = \frac{1}{2\pi \sqrt{L \dfrac{C_1 C_2}{C_1 + C_2}}}$$

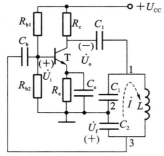
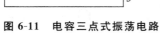
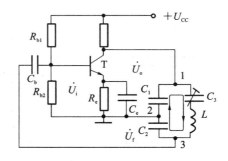

　　图 6-11　电容三点式振荡电路　　　　图 6-12　改进型电容三点式振荡电路

电容三点式振荡电路的反馈信号取自电容 C_2 两端,因为 C_2 对高次谐波呈现较小的容抗,反馈信号中高次谐波的分量小,故振荡电路的输出信号波形较好。但当改变 C_1 或 C_2 来调节振荡频率时,同时会改变正反馈量的大小,因而会使输出信号幅度发生变化,甚至可能会使振荡电路停振。所以这种振荡电路的振荡频率调节很不方便。

为了克服电容三点式振荡电路的缺点,提高频率稳定度和便于调节频率,可在电感支路中串入一个小电容 C_3,如图 6-12 所示。

改进型电容三点式振荡电路又称克拉波电路(Clapp oscillator)。在克拉波电路中,当

C_3 比 C_1、C_2 小得多时，振荡频率仅由 C_3 和 L 来决定，与 C_1、C_2 基本无关，振荡频率为

$$f_0 \approx \frac{1}{2\pi\sqrt{LC}} = \frac{1}{2\pi\sqrt{LC_3}}$$

式中：$1/C=1/C_1+1/C_2+1/C_3\approx1/C_3$。

　　C_1、C_2 仅构成正反馈，它们的容量相对来说可以取得很大，从而减小与之相并联的三极管输入电容、输出电容的影响，提高了频率的稳定度。

*6.1.4　石英晶体振荡电路

　　RC 振荡电路和 LC 振荡电路的频率稳定度比较差。为了提高振荡电路的频率稳定度，可采用石英晶体（crystal）振荡电路，其频率稳定度一般可达 $10^6\sim10^8$ 量级，有的可高达 $10^9\sim10^{11}$ 量级。

　　石英晶体用作振荡器是由于其具有压电效应（piezoelectric effect），这是电介质材料中一种机械能与电能相互转换而表现的一种现象。压电效应可分为正压电效应和逆压电效应（见图 6-13）。石英晶体的正压电效应是指当固定方向的机械力作用于石英晶体使其发生机械变形时，其内部会产生电极化现象，而晶体的某两个对应面上会产生正、负电荷，形成电场；逆压电效应是指对晶体施加电场或电压，引起晶体机械变形的现象。当晶体的对应面上加一电场时，石英晶体会发生机械变形；当给石英晶体外加交变电压时，石英晶体将按交变电压的频率发生机械振动，同时机械振动又会在两个电极上产生交变电荷，结果是在外电路中形成交变电流。当外加交变电压

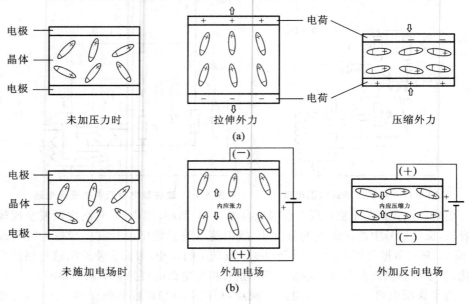

图 6-13　压电效应

（a）正压电效应——外力使晶体产生电荷　（b）逆压电效应——外加电场使晶体产生形变

的频率等于石英晶体的固有机械振动频率时,晶体发生共振,此时机械振动幅度最大,晶体两面的电荷量和电路中的交变电流也达到最大,产生了类似于回路的谐振现象,此现象称为压电谐振。石英晶体的固有机械振动频率称为谐振频率。

1)石英晶体谐振器的阻抗特性

由于采用了石英晶体谐振器作为选频元件,石英晶体振荡器可以达到很高的频率稳定度。石英谐振器的基本结构如图 6-14 所示,在石英晶体的两个对应表面上喷涂一薄层作为一对电极板,再在其上引出一根引线作为电极,用金属或玻璃外壳封装,便组成了石英晶体谐振器。

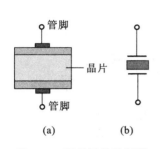

图 6-14   石英晶体谐振器
(a)基本结构 (b)电路符号

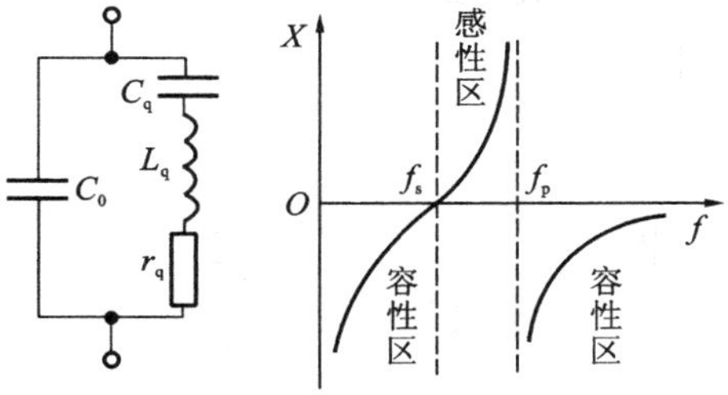

图 6-15   石英晶体谐振器的等效电路及阻抗特性
(a)等效电路 (b)阻抗特性

石英晶体谐振器之所以能成为选频元件,是因为它在外加交变电压作用下,晶体发生振动而具有压电谐振特性。石英晶体谐振器的压电谐振特性可以用图 6-15 所示等效电路来模拟。由图 6-15 可见,石英晶体谐振器具有两个谐振频率,一个是 C_q、L_q、r_q 支路的串联谐振频率 f_s,另一个是由 C_q、L_q、C_0 构成的并联谐振频率 f_p,它们分别为

$$f_s = \frac{1}{2\pi \sqrt{L_q C_q}}$$

$$f_p = \frac{1}{2\pi \sqrt{L_q \dfrac{C_0 C_q}{C_0 + C_q}}} = f_s \sqrt{1 + \frac{C_q}{C_0}}$$

式中:C_0 为晶体的静态电容,为几到几十皮法;C_q 为晶体的动态电容,小于 0.1 pF;r_q 为等效摩擦损耗电阻;L_q 为晶体动态电感,大小为 $10^{-3} \sim 10^2\,\text{H}$。

使用石英晶体振荡器时必须注意以下两点。

(1)石英晶体振荡器按规定要接一定的负载电容 C_L,用来补偿生产过程中晶体的频率误差,以达到标称频率。使用时应按产品说明书上的规定选定负载电容。为了便于调整,C_L 通常采用微调电容。

(2)石英晶体振荡器工作时,必须要有合适的激励电平。若激励电平过大,频率稳定度会显著变差,甚至可能将晶体振坏;若激励电平过小,则噪声影响大,振荡输出幅度减小,甚至可能停振。

2）石英晶体谐振电路

用石英晶体振荡器构成的正弦波振荡电路的基本电路有两类：一类是将石英晶体作为一个高 Q 值的电感元件，它与回路中的其他元件形成并联谐振，称为并联型晶体振荡电路；另一类是将石英晶体作为一个正反馈通路元件，工作在串联谐振状态，称为串联型晶体振荡电路。

图 6-16 所示为并联型晶体振荡电路的原理电路，由图 6-16 可见，石英晶体工作在 f_p 和 f_s 之间并接近于并联谐振状态，在电路中起电感作用，从而构成改进型电容三点式 LC 振荡电路，由于 $C_3 \ll C_1$，$C_3 \ll C_2$，所以振荡频率由石英晶体与 C_3 决定。

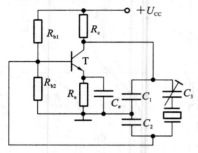 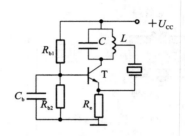

図 6-16　并联型晶体振荡电路　　　　　図 6-17　串联型晶体振荡电路

图 6-17 所示为串联型晶体振荡电路的原理电路。石英晶体与 LC 振荡回路串联接于反馈回路中，当电路振荡频率等于石英晶体的串联谐振频率 f_s 时，石英晶体呈纯阻性且阻抗最小，此时正反馈信号最强，电路满足正弦波振荡的相位平衡条件。对于其他频率，晶体不呈纯阻性而产生相移，且阻抗迅速增加，反馈减弱，不满足自激振荡条件。所以，振荡频率由石英晶体控制，稳定性高。

6.2　非正弦波信号产生电路

所谓非正弦波信号产生电路是指产生的振荡波形为非正弦波形，常见的如方波、三角波、锯齿波等。非正弦波信号产生电路常由具有充放电功能的元件如电容或电感，配合以集成运放组成的比较器来实现。由于电容使用起来很方便，在实际中应用更多。

6.2.1　方波产生电路

用滞回比较器构成的方波产生电路如图 6-18 所示。由于方波包含极丰富的谐波，因此方波产生电路又称多谐振荡器。图 6-18 所示电路用来产生固定的低频率方波信号，是一种较好的振荡电路，但是输出方波的前后沿陡度取决于集成运放的转换速率，所以当振荡频率较高时，为了获得前后沿较陡的方波，必须使用转换速率较高的集成运放。

1. 电路组成和输出波形

图 6-18(a)、图 6-18(b) 所示为方波振荡器的结构及工作过程，图 6-18(c) 所示为电路输出波形。

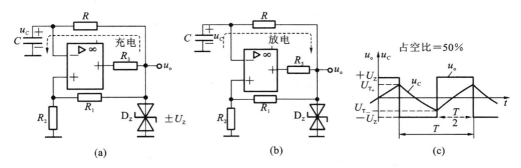

图 6-18　方波产生电路

(a)C 充电电路　(b)C 放电电路　(c)电路输出波形

2. 电路的振荡频率

图 6-18 所示的方波产生电路的振荡频率为

$$f = \frac{1}{T} = \frac{1}{2RC\ln(1 + \dfrac{2R_2}{R_1})}$$

转换阈值电压为

$$U_{T_+} = \frac{U_Z R_2}{R_1 + R_2}$$

$$U_{T_-} = \frac{-U_Z R_2}{R_1 + R_2}$$

6.2.2　压控方波产生电路

输出信号频率与输入控制电压成正比的波形产生电路,称为压控振荡器电路。若用直流电压作为控制电压,压控振荡器可制成十分方便的频率调节信号源;若用正弦波电压作为控制电压,压控振荡器就构成了调频波振荡器;当用锯齿波电压作为控制电压时,压控振荡器就构成了扫频振荡器等。

1. 积分-施密特触发器型压控振荡器

积分-施密特触发器型压控振荡器如图 6-19 所示,其工作原理为

$$u_o = U_{ol} \xrightarrow[C \text{ 充电至 } U_{T_+}]{T_3 \text{ 截止}} u_o = U_{oh} \xrightarrow[C \text{ 放电至 } U_{T_-}]{T_3 \text{ 导通}} u_o = U_{ol}$$

2. ICL8038 集成函数发生器

ICL8038 集成函数发生器是一种多用途的波形发生器,可以用来产生正弦波、方波、三角波和锯齿波,其振荡频率可通过外加的直流电压进行调节,所以是压控集成信号产生器,其内部电路结构如图 6-20 所示。外接电容 C 的充、放电电流由两个电流源控制,所以电容 C 两端电压 u_C 的变化与时间呈线性关系,从而可以获得理想的三角波输出。另外,ICL8038 电路中含有正弦波变换器,故可以直接将三角波变成正弦波输出。

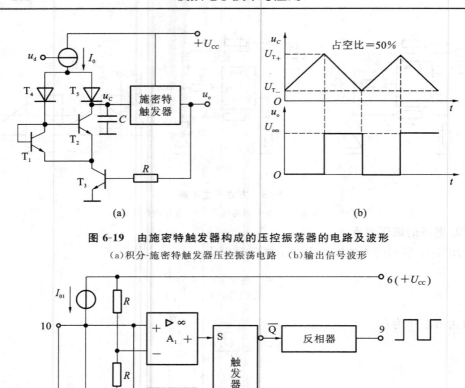

图 6-19　由施密特触发器构成的压控振荡器的电路及波形

（a）积分-施密特触发器压控振荡电路　　（b）输出信号波形

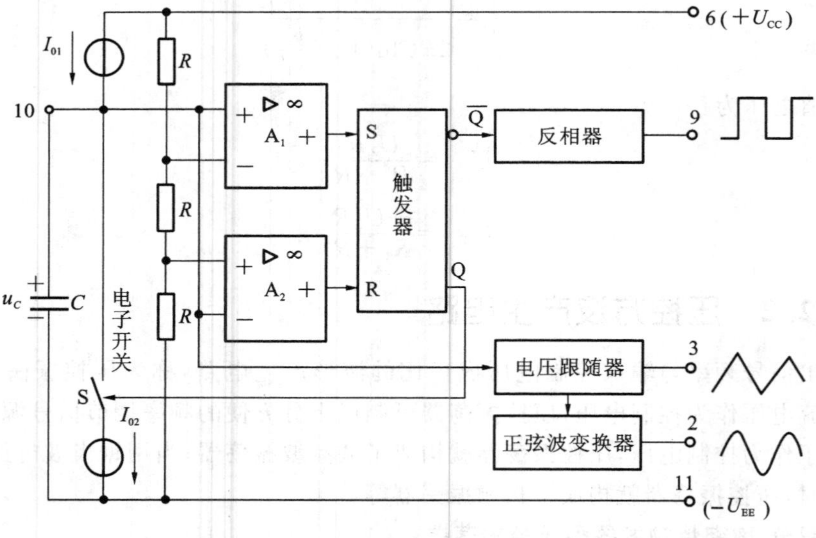

图 6-20　ICL8038 集成函数发生器内部框图

1）工作原理

由于 ICL8038 内部主要是靠 A_1 和 A_2 两个比较器控制波形的翻转,不难看出 A_1 和 A_2 的两个门限电压(阈值)分别为:$2\times(U_{CC}+U_{EE})/3$ 和 $(U_{CC}+U_{EE})/3$。当 $Q=0$ 时,电子开关 S 断开,外接在第 10 和第 11 引脚上的电容 C 开始充电,并使其两端的电压逐渐升高;当 u_C 端的电压达到 $2\times(U_{CC}+U_{EE})/3$ 时,A_1 发生跳变,触发器的输出端 $Q=1$,此时,电子开关 S 闭合,电容 C 通过恒流源放电;当 u_C 下降至 $(U_{CC}+U_{EE})/3$ 时,A_2 比较器发生跳变,电流源 I_{02} 断开,电容 C 再次充电。如此周而复始,由内部反相器输出端(第 9 引脚)输出方波,内部的电压跟随器输出(第 3 引脚)三角波,第 2 引脚输出正弦波。

2) 应用实例

图 6-21 所示为 ICL8038 集成函数发生器的芯片及其典型应用电路。其中：R_{P1} 为可调电位器,主要用于调整 U_{CC} 与第 8 引脚间的电压 $U_{⑧}$,振荡频率随之改变;R_{P2} 为一个 1 kΩ 的可调电位器,主要用于正弦波的波形失真度的调节,R_A 和 R_B 的阻值宜在 $(U_{CC} - U_{⑧})/1\text{mA} \sim (U_{CC} - U_{⑧})/1\mu\text{A}$ 之间;当 $R_A = R_B$ 时,引脚 9、3、2 上分别输出占空比为 50% 的方波、三角波和正弦波,振荡频率为 $f = 0.3/(R_A C_1)$,有关 ICL8038 芯片的详细介绍可参阅附录 B。

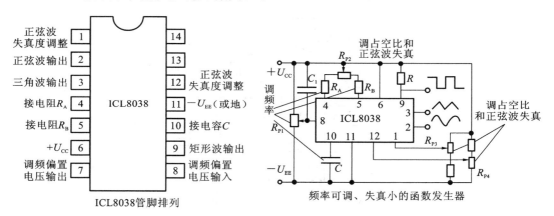

图 6-21 ICL8038 的典型应用

*6.3 锁 相 环

锁相环(phase-locked loop,PLL)是指由鉴相器、环路滤波器和压控振荡器组成的闭环电路,它是利用相位误差信号去消除频率误差自动反馈控制电路,可实现无误差频率跟踪,即当锁相环锁定时,输出信号的频率与输入信号的频率相等;若输入信号的频率发生变化,输出信号的频率也跟随变化并保持相等,如图 6-22 所示。假如锁相环的输出信号和输入信号频率不等,则称锁相环处于失锁状态。

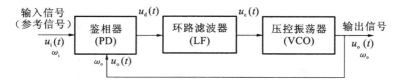

图 6-22 PLL 基本结构框图

1. 锁相环的组成和工作原理

鉴相器是相位比较器部件,能够鉴别出两个输入信号之间的相位误差,其输出电压与两输入信号之间的相位误差成正比。环路滤波器具有低通特性,用来消除鉴相器输出信号中的高频分量和噪声,改善压控振荡器控制电压的频谱纯度,提高系统的稳定性。

压控振荡器是一个电压频率(相位)变换电路,当 $u_c(t)=0$ 时它有一个固有振荡频率,用 ω_{oo} 表示,在环路滤波器的输出电压 $u_c(t)$ 的作用下,其振荡频率 ω_o 在 ω_{oo} 上下发生变化,因此压控振荡器的振荡频率和相位是受 $u_c(t)$ 控制的。

2. 集成锁相环芯片

CD 4046 是低频多功能集成锁相环芯片,具有电源电压范围宽、功耗低和输入阻抗高等优点,最高工作频率为1 MHz,其内部组成框图如图 6-23 所示。

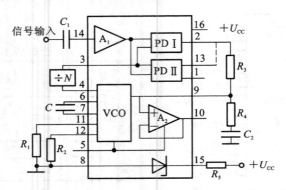

图 6-23　CD 4046 内部组成框图及引脚

思考题与习题

1. 为了避免 50 Hz 电网的电压干扰信号进入放大器,应选用_____滤波电路。

2. 已知输入信号的频率为 10～12 kHz,为了防止干扰信号的混入,应选用_____滤波电路。

3. 为了获得输入电压的低频信号,应选用_____滤波电路。

4. 判断题图所示的各电路中能否产生自激振荡。

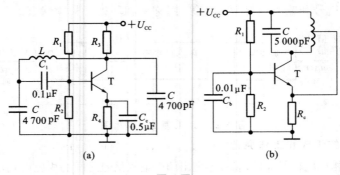

题 4 图

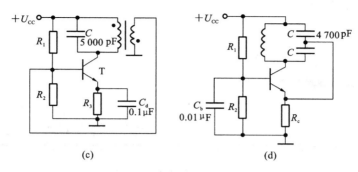

续题 4 图

5. 在题图所示的电路中,已知 $R_1 = 10\ \text{k}\Omega$, $R_2 = 20\ \text{k}\Omega$, $C = 0.01\ \mu\text{F}$, 集成运放的最大输出电压的幅值为 $\pm 12\ \text{V}$, 二极管的动态电阻可忽略不计。(1)求电路的振荡周期;(2)画出 u_o 和 u_C 的波形。

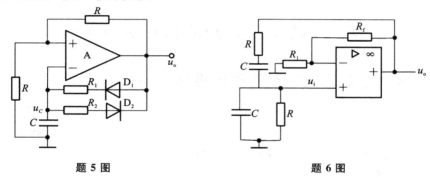

题 5 图　　　　　　　　　　　　　　题 6 图

6. 在题图所示的 RC 桥式振荡电路的选频网络中,$C = 6\ 800\ \text{pF}$。若 R 可在 $25\ \text{k}\Omega$ 到 $30\ \text{k}\Omega$ 之间进行调节,试求振荡频率的变化范围。

第7章

功率放大电路

功率放大电路是一种以输出较大功率为目的的放大电路,它一般作为多级放大电路的末级或末前级,驱动负载工作。功率放大电路用于输出较大的功率,工作在大信号状态下,主要任务是使负载得到不失真(或失真较小)的输出功率,主要参数是功率、效率、非线性失真等。

7.1 功率放大器的特点和分类

7.1.1 功率放大电路的性能要求

总的来说,根据功率放大器在电路中的作用及特点,首先要求它输出功率大、非线性失真小、效率高;其次,三极管工作在大信号状态,要求它的极限参数 I_{CM}、P_{CM}、$U_{(BR)CEO}$ 等应满足电路正常工作并留有一定余量。

1. 功率要大

为获得尽可能大的功率输出,要求功放管的电压和电流都有足够大的输出幅度,因此三极管子在接近极限运行状态下工作,输出功率可表示为

$$P_o = U_o I_o$$

2. 效率要高

所谓效率就是指负载得到的有用信号功率和电源供给的直流功率的比值。它代表了电路将电源直流能量转换为输出交流能量的能力,可表示为

$$\eta = \frac{P_o}{P_v}$$

3. 失真要小

功率放大电路是在大信号下工作,输出信号幅度较大,三极管存在着饱和区与截止区,所以不可避免地会产生非线性失真,这就使输出功率和非线性失真成为一对主要矛盾。

在不同场合下,对非线性失真的要求不同。例如,在测量系统和电声设备中,这个问题显得重要,而在工业控制系统等场合中,则以输出功率为主要目的,非线性失真的问题就不是主要问题。

4. 散热要好

在功率放大电路中,有相当大的功率消耗在三极管的集电结上,使结温和管壳温度升高。为了充分利用允许的管耗而使三极管输出足够大的功率,其散热就成为一个重要问题。同时还要考虑三极管良好的散热功能,以降低结温,确保三极管安全工作。

7.1.2　放大电路的工作状态分类

根据放大电路中三极管静态工作点设置的不同,以及由此导致的输入正弦信号的一个周期内的导通情况的不同,可将放大电路分为下列三种工作状态。

1. 甲类放大

在输入正弦信号的一个周期内三极管都导通,都有电流流过三极管,这种工作方式称为甲类放大,或称 A 类放大,如图 7-1(a)所示。甲类放大器的工作点设置在放大区的中间,输出信号失真较小(电压放大器一般都工作在这种状态)。缺点是三极管有较大的静态电流 I_{CQ},这时管耗 P_T 大,电路能量转换效率低,整个周期都有 $i_c >$ 0,功率管的导电角 $\theta = 2\pi$。

2. 乙类放大

在输入正弦信号的一个周期内,只有半个周期三极管导通,这种工作方式称为乙类放大,或称 B 类放大。乙类放大器的工作点设置在截止区,这时,由于三极管的静态电流 $I_{CQ} = 0$,所以能量转换效率高。它的缺点是只能对半个周期的输入信号进行放大,非线性失真大。如图 7-1(b)所示,此时功率管的导电角 $\theta = \pi$。

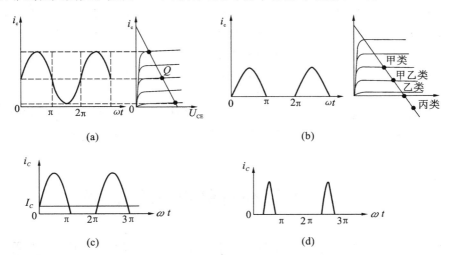

图 7-1　功率放大电路分类
(a)甲类放大　(b)乙类放大　(c)甲乙类放大　(d)丙类放大

3. 甲乙类放大

在输入正弦信号的一个周期内,有半个周期以上三极管是导通的,这种工作方式称为甲乙类放大,或称 AB 类放大。如图 7-1(c)所示,此时功率管的导电角 θ 满足

$$\pi < \theta < 2\pi$$

4. 丙类放大

丙类放大也称 C 类放大,在这种工作方式下,功率管的导电角小于半个周期,即 $0 < \theta < \pi$,如图 7-1(d)所示。

7.1.3　提高效率的主要方法

提高功率放大电路效率的主要方法如下。

(1)效率 η 是指负载得到的有用信号功率(即输出功率 P_o)和电源供给的直流功率(P_v)的比值,即

$$\eta = \frac{P_o}{P_v}$$

$$P_v = P_o + P_T$$

要提高效率,就应降低消耗在三极管上的功率 P_T,而将电源供给的功率大部分转化为有用的信号输出功率。

(2)在甲类放大电路中,为使信号不失真,需设置合适的静态工作点,保证在输入正弦信号的一个周期内都有电流流过三极管。

当有信号输入时,电源供给的功率一部分转化为有用的输出功率,另一部分则消耗在三极管或电阻上,并以热量的形式耗散出去,称为管耗。甲类放大电路的效率是较低的。可以证明,即使在理想情况下,甲类放大电路的效率最高也只能达到 50%。

(3)提高效率的主要途径是降低静态电流,从而减少管耗。静态电流是造成管耗的主要因素,因此如果把静态工作点 Q 向下移动,使信号等于零时电源输出的功率也等于零(或很小),信号增大时电源供给的功率也随之增大,这样电源供给功率及管耗都随着输出功率的大小而变,也就改变了甲类放大时效率低的状况。实现上述设想的功率放大电路有乙类和甲乙类放大。

乙类和甲乙类放大功率放大模式虽然减小了静态功耗,提高了效率,但都出现了严重的波形失真。因此,既要保持静态时管耗小,又要使失真不太严重,这就需要在电路结构上采取措施。

7.2　乙类互补对称功率放大电路

7.2.1　乙类互补对称功率放大电路的结构及工作原理

1. 电路组成

乙类互补对称功率放大电路结构如图 7-2 所示。该电路是由两个射极输出器组成的,T_1 和 T_2 分别为特性相同的 NPN 型管和 PNP 型管,两管的基极及发射极相互连接在一起,信号从基极输入,从射极输出,R_L 为负载。

2. 工作原理

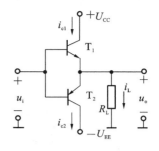

(1)乙类放大电路 由于该电路无基极偏置,所以 $u_{be1} = u_{be2} = u_i$。当 $u_i = 0$ 时,T_1、T_2 均处于截止状态,所以该电路为乙类放大电路。

(2)互补电路 考虑到三极管发射结处于正向偏置时才导电,因此当信号处于正半周时,$u_{be1} = u_{be2} > 0$,则 T_2 截止,T_1 承担放大任务,有电流通过负载 R_L。

图 7-2 两个射级输出器组成的互补对称电路

这样,一个三极管在正半周工作,而另一个三极管在负半周工作,两个三极管互补对方的不足,从而在负载上得到一个完整的波形,称为互补电路。互补电路解决了乙类放大电路中效率与失真的矛盾。

(3)互补对称电路 为了使负载上得到的波形正、负半周大小相同,还要求两个管子的特性必须完全一致,即工作性能对称。所以图 7-2 所示电路通常称为乙类互补对称电路。

实用的电路往往采用如图 7-3 所示的双电源乙类互补功率放大电路,由于该电路不包含输出电容,因此又称为 OCL(output capacitorless)互补对称放大电路。

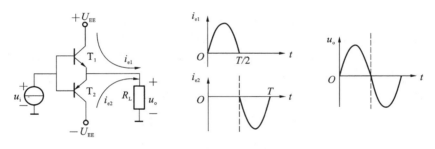

图 7-3 乙类互补对称功效的工作原理

7.2.2 乙类互补对称功率放大电路的图解分析

功率放大电路的分析任务主要是求解最大输出功率、效率及三极管的工作参数等,分析的关键是 u_o 的变化范围。

在分析方法上,通常采用图解法,这是因为三极管处于大信号下工作。

图 7-4(a)所示为 u_i 为正半周时 T_1 的工作情况。

图中假定,只要 $u_{be1} = u_i > 0$,T_1 就开始导电,则在一周期内 T_1 导电时间约为半周期。随着 u_i 的增大,工作点沿着负载线上移,则 $i_o = i_{c1}$ 增大,u_o 也增大,当工作点上移到图中 A 点时,$u_{ce1} = U_{CES}$,已到输出特性的饱和区,此时输出电压达到最大不失真幅值 U_{omax}。

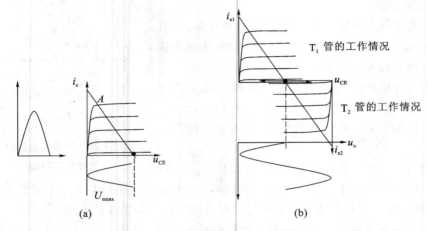

图 7-4　乙类互补对称功放的图解分析

（a）T_1 管的工作情况　（b）两管的输出

根据上述图解分析,可得输出电压的幅值为

$$U_{om} = I_{om} R_L = U_{CC} - u_{ce1}$$

其最大值为

$$U_{ommax} = U_{CC} - U_{CES}$$

T_2 管的工作情况和 T_1 管相似,只是在信号的负半周导电。

为了便于分析两管的工作情况,将 T_2 管的特性曲线倒置在 T_1 管的右下方,并令二者在 Q 点,即 $u_{ce} = U_{CC}$ 处重合,形成 T_1 和 T_2 的所谓合成曲线,如图 7-4(b)所示。这时负载线通过 U_{CC} 点形成一条斜线,其斜率为 $-1/R_L$。

显然,允许的 i_o 的最大变化范围为 $2I_{om}$,u_o 的变化范围为

$$2U_{om} = 2I_{om}R_L = 2(U_{CC} - U_{CES})$$

若忽略三极管饱和压降 U_{CES},则 $U_{ommax} \approx 2U_{CC}$。根据以上分析,不难求出工作在乙类的互补对称电路的输出功率、管耗、直流电源供给的功率和效率。

7.2.3　乙类互补对称功率放大电路的参数分析

1. 输出功率 P_o

输出功率是输出电压有效值和输出电流有效值的乘积(也常用三极管中的变化电压、变化电流有效值的乘积表示),所以有

$$P_o = U_o I_o = \frac{U_{om}}{\sqrt{2}} \cdot \frac{U_{om}}{\sqrt{2} R_L} = \frac{U_{om}^2}{2 R_L}$$

乙类互补对称电路中的 T_1、T_2 管可以看成共集状态(射极输出器),即 $A_v \approx 1$。所以当输入信号足够大,使 $U_{ommax} = U_{CC} - U_{CES} \approx U_{CC}$ 时,可获得最大输出功率 P_{omax},即

$$P_{omax} = \frac{U_{om}^2}{2 R_L} = \frac{(U_{CC} - U_{CES})^2}{2 R_L} \approx \frac{U_{CC}^2}{2 R_L}$$

2. 管耗 P_T

考虑到 T_1 和 T_2 在一个信号周期内各导电约 $180°$,且通过两管的电流和两管两端的电压 u_{ce} 在数值上都分别相等(只是在时间上错开了半个周期)。因此,为求出总管耗,只需先求出单管的损耗就行了。设输出电压为 $u_o = U_{om}\sin\omega t$,则 T_1 的管耗为

$$P_{T_1} = \frac{1}{2\pi}\int_0^\pi (U_{CC} - u_o)\frac{u_o}{R_L}d(\omega t)$$

$$= \frac{1}{2\pi}\int_0^\pi (U_{CC} - U_{om}\sin\omega t)\frac{U_{om}\sin\omega t}{R_L}d(\omega t)$$

$$= \frac{1}{2\pi}\int_0^\pi \left[\frac{U_{CC}U_{om}\sin\omega t}{R_L} - \frac{U_{om}^2\sin^2\omega t}{R_L}\right]d(\omega t)$$

$$= \frac{1}{R_L}\left(\frac{U_{CC}U_{om}}{\pi} - \frac{U_{om}^2}{4}\right)$$

而两管的管耗为

$$P_T = P_{T_1} + P_{T_2} = \frac{2}{R_L}\left(\frac{U_{CC}U_{om}}{\pi} - \frac{U_{om}^2}{4}\right)$$

3. 乙类互补对称功率放大电路的效率

负载得到的有用信号功率和电源供给的直流功率的比值称为放大电路的效率。为了计算效率,必须先分析直流电源供给的功率 P_v,它包括负载得到的信号功率和 T_1、T_2 管消耗的功率两部分,即

$$P_v = P_o + P_T = \frac{U_{om}^2}{2R_L} + \frac{2}{R_L}\left(\frac{U_{CC}U_{om}}{\pi} - \frac{U_{om}^2}{4}\right) = \frac{2U_{CC}U_{om}}{\pi R_L}$$

当输出电压幅值达到最大,即 $U_{om} = U_{CC}$ 时,则得电源供给的最大功率为

$$P_{vmax} = \frac{2}{\pi}\frac{U_{CC}^2}{R_L}$$

所以,功率放大电路在一般情况下的效率为

$$\eta = \frac{P_o}{P_v} = \frac{\pi}{4}\frac{U_{om}}{U_{CC}}$$

显然,输出电压幅值 U_{om} 越大,功率放大电路的效率最高,当 $U_{om} \approx U_{CC}$ 时,则

$$\eta = \frac{P_o}{P_v} = \frac{\pi}{4} \approx 78.5\%$$

7.2.4 最大管耗与最大输出功率的关系

在静态时,工作在乙类的基本互补对称电路的管子几乎不取电流,管耗接近于零,因此,当输入信号较小时,输出功率较小,管耗也小,这是容易理解的,但能否认为,当输入信号越大,输出功率也越大,管耗就越大呢?答案是否定的。那么,最大管耗发生在什么情况下呢?

由管耗表达式

$$P_{T_1} = \frac{1}{R_L}\left(\frac{U_{CC}U_{om}}{\pi} - \frac{U_{om}^2}{4}\right)$$

可知管耗 P_{T_1} 是输出电压幅值 U_{om} 的函数，因此，可以用求极值的方法来求解，有

$$\frac{dP_{T_1}}{dU_{om}} = \frac{1}{R_L}\left(\frac{U_{CC}}{\pi} - \frac{U_{om}}{2}\right)$$

令　　　　　　　　　　　　　$\frac{U_{CC}}{\pi} - \frac{U_{om}}{2} = 0$

则　　　　　　　　　　　　　$U_{om} = \frac{2U_{CC}}{\pi} \approx 0.6\,U_{CC}$

电路达到最大管耗为

$$P_{T_1 max} = \frac{1}{R_L}\left[\frac{U_{CC}\frac{2}{\pi}U_{CC}}{\pi} - \frac{\left(\frac{2}{\pi}U_{CC}\right)^2}{4}\right] = \frac{1}{R_L}\left[\frac{2U_{CC}^2}{\pi^2} - \frac{U_{CC}^2}{\pi^2}\right] = \frac{1}{\pi^2}\frac{U_{CC}^2}{R_L}$$

为了便于选择功放管，常将最大管耗与功放电路的最大输出功率联系起来。由最大输出功率表达式

$$P_{omax} = \frac{U_{CC}^2}{2R_L}$$

可得每管的最大管耗和最大输出功率之间具有

$$P_{T_1 max} = \frac{1}{\pi^2}\frac{U_{CC}^2}{R_L} \approx 0.2P_{omax}$$

上式常用来作为乙类互补对称电路选择管子的依据，它说明，如果要求输出功率为 10 W，则只要用两个额定管耗大于 2 W 的三极管就可以了。当然，在实际选择三极管时，还应留有充分的安全余量，因为上面的计算是在理想情况下进行的。

为了加深印象，可以通过 P_o、P_{T_1} 和 P_v 与 U_{om}/U_{CC} 的关系曲线（见图 7-5）观察它们的变化规律。图 7-5 中用 U_{om}/U_{CC} 表示的自变量作为横坐标，纵坐标分别用相对值表示。

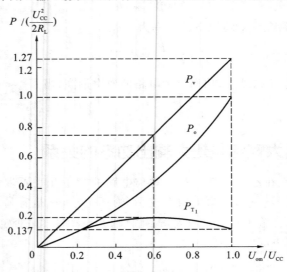

图 7-5　电源功率、输出功率和管耗的特性曲线

7.2.5　功率三极管的选择

在功率放大电路中,为了输出较大的信号功率,功率三极管承受的电压要高,通过的电流要大,损坏的可能性也就比较大,所以功率三极管的参数选择不容忽视。选择时一般应考虑三极管的三个极限参数,即:集电极最大允许功率损耗 P_{CM}、集电极最大允许电流 I_{CM} 和集电极-发射极间的反向击穿电压 $U_{(BR)CEO}$。

由前面的分析可知,若想得到最大输出功率,又要使功率三极管安全工作,三极管的参数必须满足下列条件。

(1)每只三极管的最大管耗 $P_{T1max} \geqslant 0.2\,P_{omax}$。

(2)通过三极管的最大集电极电流为 $I_{cm} \geqslant U_{oc}/R_L$。

(3)考虑到当 T_2 导通时,$-u_{ce2} = U_{CES} \approx 0$,此时 u_{ce1} 具有最大值,且等于 $2U_{CC}$,因此,应选用反向击穿电压 $|U_{(BR)CEO}| > 2U_{CC}$ 的三极管。

注意,在实际选择三极管时,其极限参数还要留有充分的余地。

7.3　甲乙类互补对称功率放大电路

7.3.1　甲乙类双电源互补对称功率放大电路的结构及工作原理

1. 乙类互补对称功率放大电路的交越失真

在理想情况下,乙类互补对称电路的输出没有失真。然而在实际的乙类互补对称电路中(见图 7-6),由于没有直流偏置,只有当输入信号 u_i 大于三极管的门坎电压(NPN 硅管约为 0.6 V,PNP 锗管约为 0.2 V)时,三极管才能导通。当输入信号 u_i 低于这个数值时,T_1 和 T_2 都截止,i_{c1} 和 i_{c2} 基本为零,负载 R_L 上无电流通过,出现一段死区,如图 7-6 所示。这种现象称为交越失真(crossover distortion)。

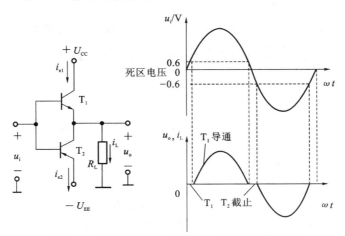

图 7-6　乙类互补对称功率放大电路的交越失真

2. 甲乙类双电源互补对称电路

　　为了克服乙类互补对称电路的交越失真,需要给电路设置偏置,使三极管处于克服了门坎电压的微导通状态,此时功放电路工作在甲乙类状态,其电路基本结构如图 7-7 所示。

　　图 7-7 中的 T_3 组成前置放大级(注意,图中未画出 T_3 的偏置电路),给功放级提供足够的偏置电流。

　　T_1 和 T_2 组成互补对称输出级。

　　静态时,在 D_1、D_2 上产生的压降为 T_1、T_2 提供了一个适当的偏压,使之处于微导通状态,工作在甲乙类。这样,即使 u_i 很小(D_1 和 D_2 的交流电阻也小),但基本上还是可线性放大。

　　上述偏置方法的缺点:偏置电压不易调整,改进方法可采用 u_{be} 扩展电路,如图 7-8 所示。图 7-8 中,流入 T_4 的基极电流远小于流过 R_1、R_2 的电流,则由图 7-8 可求出

$$u_{ce4} = \frac{U_{be4}(R_1 + R_2)}{R_2}$$

　　由于 U_{be4} 基本为一固定值(硅管为 $0.6 \sim 0.7$ V),只要适当调节 R_1、R_2 的比值,就可改变 T_1、T_2 的偏压 U_{ce4} 值。

　　U_{ce4} 是 T_1、T_2 管的偏置电压,这种电路称为 U_{be} 扩展电路。

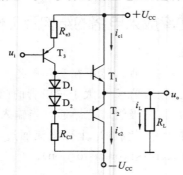
图 7-7　甲乙类双电源互补对称电路

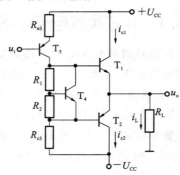
图 7-8　U_{be} 扩展电路

7.3.2　甲乙类单电源对称功率放大电路

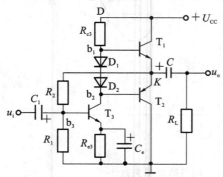
图 7-9　甲乙类单电源互补对称电路

　　甲乙类单电源互补对称电路如图 7-9 所示。

　　图中:T_3 组成前置放大级,T_2 和 T_1 组成互补对称电路输出级。

　　该电路的工作原理如下。

　　在 $u_i = 0$ 时,调节 R_1、R_2,就可使 I_{c3}、U_{B1} 和 U_{B2} 达到所需大小,给 T_2 和 T_1 提供一个合适的偏置,从而使 K 点电位 $U_k = U_c = U_{CC}/2$。

　　$u_i \neq 0$ 时,在信号的负半周,T_1 导电,有

电流通过负载 R_L，同时向 C 充电；在信号的正半周，T_2 导电，则已充电的电容 C 起着双电源互补对称电路中电源 $-U_{CC}$ 的作用，通过负载 R_L 放电。只要选择时间常数 $R_L C$ 足够大（比信号的最长周期还大得多），就可以认为用电容 C 和一个电源 U_{CC} 可代替原来的 $+U_{CC}$ 和 $-U_{EE}$。

对甲乙类单电源对称功率放大电路的分析计算，与双电源的情况类似。需要注意的是，采用一个电源的互补对称电路，每个三极管的工作电压不再是原来的 U_{CC}，而是 $U_{CC}/2$。因此，输出电压幅值 U_{om} 最大也只能达到约 $U_{CC}/2$。对前面双电源对称功率放大电路分析导出的 P_o、P_T 和 P_v 的最大值计算公式，必须加以修正才能使用。修正的方法也很简单，只要以 $U_{CC}/2$ 代替原来公式中的 U_{CC} 即可。

7.3.3　自举电路

单电源互补对称电路虽然解决了工作点的偏置和稳定问题，但在实际中，它也存在一些问题，如单电源互补对称电路存在输出电压幅值达不到 $U_{om}=U_{CC}/2$，从而无法得到最大的输出功率，具体分析如下。

1. 理想状态

如图 7-9 所示，当 u_i 为负半周最大值时，i_{c3} 最小，U_{B1} 接近于 $+U_{CC}$，此时希望 T_1 在接近饱和状态工作，即 $U_{CE1}=U_{CES}$，故 K 点电位 $U_K=+U_{CC}-U_{CES}\approx U_{CC}$。

当 u_i 为正半周最大值时，T_1 截止，T_2 接近饱和导电，$U_K=U_{CES}\approx 0$。因此，负载 R_L 两端得到的交流输出电压幅值 $U_{om}=U_{CC}/2$。

2. 实际状态

当 u_i 为负半周时，T_1 导电，因而 i_{b1} 增加，由于 R_{c3} 上的压降和 u_{be1} 的存在，当 K 点电位向 $+U_{CC}$ 接近时，T_1 的基流将受限制而不能增加很多，因而也就限制了 T_1 输向负载的电流，使 R_L 两端得不到足够的电压变化量，致使 U_{om} 明显小于 $U_{CC}/2$。

如果把图 7-9 中 D 点电位升高，使 $U_D>+U_{CC}$，可以解决上述矛盾。通常是在电路中引入 R_3、C_3 等元件组成的所谓自举电路，如图 7-10 所示。

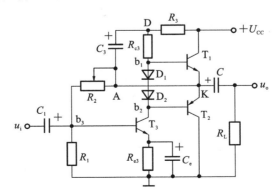

图 7-10　有自举电路的单电源互补对称电路

在图 7-10 所示电路中，当 $u_i = 0$ 时，$u_D = U_D = U_{CC} - I_{c3}R_3$，而 $u_K = U_K = U_{CC}/2$，因此电容 C_1 两端电压被充电到 $u_{C_3} = U_{CC}/2 - I_{c3}R_3$。

当时间常数 R_3C_3 足够大时，u_{C_3}（电容 C_3 两端电压）基本为常数（$u_{C_3} \approx U_{C_3}$），不随 u_i 而改变。这样，当 u_i 为负时，T_1 导电，u_K 将由 $U_{CC}/2$ 向更正方向变化，考虑到 $u_D = u_{C_3} + u_K = U_{C_3} + u_K$，显然，随着 K 点电位升高，D 点电位 u_D 也自动升高。因而，即使输出电压幅度升得很高，也有足够的电流 i_{b1}，使 T_1 充分导电。这种工作方式称为自举，意思是依靠电路自身的能力将 u_D 提高了。

思考题与习题

1. 什么是功率放大器？与一般电压放大器相比。对功率放大器有何特殊要求？

2. 如何区分三极管是工作在甲类、乙类还是甲乙类？画出在三种工作状态下的静态工作点与之相应的工作波形示意图。

3. 甲类功率放大器，信号幅度越小，失真就越小；而乙类功率放大器，信号幅度小时，失真反而明显，说明理由？

4. 何谓交越失真？如何克服交越失真？

5. 功率管为什么有时用复合管代替，复合管组成原则是什么？

第8章

直流稳压电源

一般电子设备需要有稳定的直流电源供电,直流电源的获得有许多方式,其中最常用的方式是由交流电网电压经转换而得到直流电源的。为此,就要通过整流、滤波、稳压等环节来实现。直流电源的性能好坏直接影响整个电子设备的精度、稳定性和可靠性等指标。由于集成稳压电路具有体积小、重量轻、工作可靠等优点,因而其应用越来越广泛。本章重点介绍小功率直流稳压电源的滤波和稳压电路,并且介绍线性和开关稳压电源的工作原理及其应用。

8.1 直流稳压电源的组成及性能指标

8.1.1 直流稳压电源的组成

直流稳压电源(direct current regulated power supply)是一种当电网电压波动或负载改变时,能将输出电压维持基本稳定的电源。直流稳压电源的组成如图 8-1 所示,其中包括变压、整流、滤波和稳压四个主要环节。

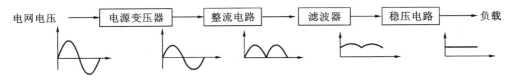

图 8-1 直流稳压电源的组成

(1)电源变压器(transformer) 根据所需的直流电压,将电网电压经过电源变压器变压得到符合需要的交流电压。

(2)整流电路(rectifier circuit) 其作用是把交流电压变成单方向脉动的直流电压。这种脉动的直流电压往往包含很多脉动成分,一般不能作为电子电路的直流电源。

(3)滤波器(filter) 其作用是尽可能地将单向脉动电压中的脉动成分滤掉,使输出电压成为比较平滑的直流电压。

(4)稳压电路(regulator circuit) 其作用是采取调节措施,使输出的直流电压在有电网电压或负载电流变化等干扰时仍保持稳定。

8.1.2　直流稳压电源性能指标

直流稳压电源的技术指标分为两种：一种是特性指标，包括允许的输入电压、输出电压、输出电流及输出电压调节范围等；另一种是质量指标，用来衡量输出直流电压的稳定程度，包括稳压系数、输出电阻、温度系数及纹波电压等。这些质量指标的含义简述如下。

1. 稳压电源质量指标

1）电压调整率 S_V

电压调整率是表征稳压电源稳压性能的优劣的重要指标，又称为稳压系数或稳定系数，它表示当输入电压 U_i 变化时稳压电源输出电压 U_o 稳定的程度，通常以单位输出电压下的输入和输出电压的相对变化的百分数（$\left|\dfrac{U_i-U_o}{U_o}\right|\times100\%$）表示。

2）电流调整率 S_I

电流调整率是反映稳压电源负载能力的一项主要指标，又称为电流稳定系数。它表示当输入电压不变时，稳压器对由于负载电流（输出电流）变化而引起的输出电压的波动的抑制能力，在规定的负载电流变化的条件下，通常以单位输出电压下的输出电压变化值的百分数来表示稳压器的电流调整率（$\dfrac{\Delta U_o}{U_o}\times100\%$）。

3）纹波抑制比 S_R

纹波抑制比反映了稳压电源对输入端引入的电网电压的抑制能力，当稳压电源输入和输出条件保持不变时，稳压器的纹波抑制比常以输入纹波电压峰-峰值与输出纹波电压峰-峰值之比表示，一般用分贝数表示，但是有时也可以用百分数表示，或直接用两者的比值表示。

4）温度稳定性

集成稳压器的温度稳定性是用在所规定的稳压器工作温度 T_i 最大变化范围内（$T_{min}\leqslant T_i\leqslant T_{max}$）其输出电压的相对变化的百分数（$\dfrac{\Delta U_o}{U_o}\times100\%$）$/\Delta T$ 来表示的。

2. 稳压电源的工作指标

稳压电源的工作指标是指稳压电源能够正常工作的工作区域，以及保证正常工作所必需的工作条件，这些工作参数取决于构成稳压电源的元件性能。

1）输出电压范围

输出电压范围是指在符合稳压电源工作条件的情况下，稳压电源能够正常工作的输出电压范围。该指标的上限是由最大输入电压和最小输入-输出电压差所规定，而其下限由稳压电源内部的基准电压值决定。

2)最大输入-输出电压差

最大输入-输出电压差指标表示在保证稳压电源正常工作条件下,稳压器所允许的最大输入与输出之间的电压差值,其值主要取决于稳压电源内部调整部分的耐压指标。

3)最小输入-输出电压差

最小输入-输出电压差指标表示在保证稳压电源正常工作条件下,稳压电源所需的最小输入-输出之间的电压差值。

4)输出负载电流范围

输出负载电流范围又称为输出电流范围。在这一电流范围内,稳压电源应能保证符合指标规定所给出的指标。

5)纹波系数(脉动系数)

流过负载的脉动电压中包含有直流分量和交流分量,可将脉动电压作傅里叶分析。最低次谐波的幅值与平均值的比值称为脉动系数 S。

3. 极限参数

1)最大输入电压

最大输入电压是保证稳压电源安全工作的最大输入电压。

2)最大输出电流

最大输出电流是保证稳压电源安全工作所允许的最大输出电流。

8.2　单相整流电路

整流电路是将工频交流电转换为具有直流电成分的脉动直流电的电流。对于一般的小型电器设备,通常使用单相整流电路;而对于工矿企业中的大型设备,往往采用三相整流电路。本书只介绍单相整流电路。单相整流电路主要有半波整流电路、全波整流电路和桥式整流电路三种。

8.2.1　半波整流电路

单相半波整流电路如图 8-2(a)所示,图中 Tr 为电源变压器,用来将电网交流电压变换为整流电路所要求的交流低电压,同时保证直流电源与交流电源有良好的隔离;D 为整流二极管,假设为理想二极管;R_L 为要求直流供电的负载等效电阻。

由图 8-2(b)可见,负载上得到单方向的脉动电压。由于电路只在 u_2 的正半周有输出,所以称为半波整流电路。半波整流电路结构简单,使用元件少,但整流效率低,输出电压脉动大,因此它只使用于要求不高的场合,各点波形如图 8-2(b)所示。由图 8-2 可知,输出电压在一个工频周期内只是正半周导电,在负载上得到的是半个正弦波。负载上的输出平均电压为

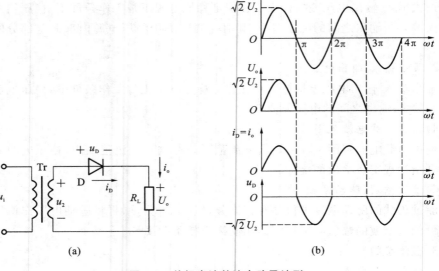

图 8-2　单相半波整流电路及波形

(a)半波整流电路　(b)各点波形

$$U_o = U_L = \frac{1}{2\pi}\int_0^\pi \sqrt{2}U_2 \sin \omega t \, \mathrm{d}(\omega t) = \frac{\sqrt{2}}{\pi}U_2 = 0.45U_2 \qquad (8\text{-}1)$$

流过负载和二极管的平均电流为

$$I_D = I_L = \frac{\sqrt{2}U_2}{\pi R_L} = \frac{0.45U_2}{R_L}$$

二极管所承受的最大反向电压为

$$U_{Rmax} = \sqrt{2}U_2$$

8.2.2　全波整流电路

由于半波整流电路的效率低,输出电压脉动大,为了提高电源的利用率,可采用全波整流电路。单相全波整流电路如图 8-3(a)所示,各点波形如图 8-3(b)所示。

根据图 8-3(b)可知,全波整流电路的输出平均电压为

$$U_o = U_L = \frac{1}{\pi}\int_0^\pi \sqrt{2}U_2 \sin \omega t \, \mathrm{d}(\omega t) = \frac{2\sqrt{2}}{\pi}U_2 = 0.9U_2 \qquad (8\text{-}2)$$

流过负载的平均电流为

$$I_o = I_L = \frac{2\sqrt{2}U_2}{\pi R_L} = \frac{0.9U_2}{R_L}$$

二极管所承受的最大反向电压为

$$U_{Rmax} = 2\sqrt{2}U_2$$

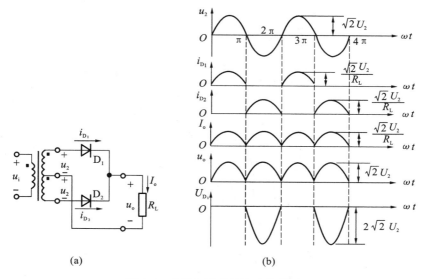

图 8-3 单相全波整流电路及波形

（a）全波整流电路 （b）各点波形

8.2.3 桥式整流电路

1. 工作原理

单相桥式整流电路是最基本的将交流转换为直流的电路，桥式整流电路如图 8-4 所示。图中 D_1、D_2、D_3、D_4 四只整流二极管接成电桥，故称为桥式整流电路。

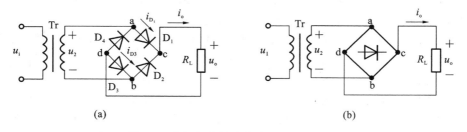

图 8-4 单相桥式整流电路及其简化电路

（a）桥式整流电路 （b）桥式整流简化电路

在分析整流电路工作原理时，整流电路中的二极管是作为开关使用的，具有单向导电性。根据图 8-4 所示的电路可知：

正半周时，二极管 D_1、D_3 导通，在负载电阻上得到正弦波的正半周；

负半周时，二极管 D_2、D_4 导通，在负载电阻上得到正弦波的负半周。

在负载电阻上正、负半周经过合成，得到的是同一个方向的单向脉动电压。单相桥式整流电路的各点波形如图 8-5 所示。

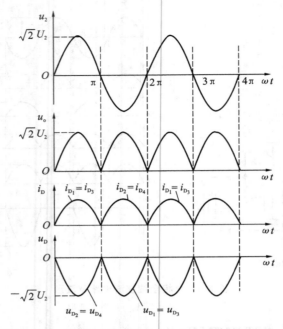

图 8-5　单相桥式整流电路各点的电压、电流波形

1. 工作原理和输出波形

设变压器二次电压 $u_2 = \sqrt{2}U_2\sin\omega t$，各点的电压、电流波形如图 8-5 所示。在 u_2 的正半周，即 a 点为正、b 点为负时，D_1、D_3 承受正向电压而导通，此时有电流流过 R_L，电流路径为 a→D_1→R_L→D_3→b，此时 D_2、D_4 因反偏而截止，负载 R_L 上得到一个半波电压，如波形图中的 0～π 段所示。若略去二极管的正向压降，则 $u_0 \approx u_2$。

在 u_2 的负半周，即 a 点为负、b 点为正时，D_1、D_3 因反偏而截止，D_2、D_4 因正偏而导通，此时有电流流过 R_L，电流路径为 b→D_2→R_L→D_4→a。这时 R_L 上得到一个与 0～π 段相同的半波电压，如波形图中的 π～2π 段所示，若略去二极管的正向压降，则 $u_0 \approx -u_2$。

由此可见，在交流电压 u_2 的整个周期内，始终有同方向的电流流过负载电阻 R_L，故 R_L 上得到单方向全波脉动的直流电压。可见，桥式整流电路输出电压为半波整流电路输出电压的两倍，所以桥式整流电路输出电压平均值为 $U_0 = 2\times0.45U_2 = 0.9U_2$。在桥式整流电路中，由于每两只二极管只导通半个周期，故流过每只二极管的平均电流仅为负载电流的一半，在 u_2 的正半周，D_1、D_3 导通时，可将它们看成短路，这样 D_2、D_4 就并联在 u_2 上，其承受的反向峰值电压为 $U_{RM} = \sqrt{2}U_2$。同理，D_2、D_4 导通时，D_1、D_3 截止，其承受的反向峰值电压也为 $U_{RM} = \sqrt{2}U_2$。二极管承受电压的波形如图 8-5 所示。

2. 参数计算

根据图 8-5 可知，输出电压是单相脉动电压。通常用它的平均值与直流电压等效。输出平均电压为

$$U_o = U_L = \frac{1}{\pi}\int_0^\pi \sqrt{2}U_2 \sin \omega t \, d(\omega t) = \frac{2\sqrt{2}}{\pi}U_2 = 0.9U_2$$

流过负载的平均电流为

$$I_L = \frac{2\sqrt{2}U_2}{\pi R_L} = \frac{0.9U_2}{R_L}$$

流过二极管的平均电流为

$$I_D = \frac{I_L}{2} = \frac{\sqrt{2}U_2}{\pi R_L} = \frac{0.45U_2}{R_L}$$

二极管所承受的最大反向电压为

$$U_{Rmax} = \sqrt{2}U_2$$

因输出电压的傅里叶展开式为

$$u_o = \sqrt{2}U_2\left(\frac{2}{\pi} - \frac{4}{3\pi}\cos 2\omega t - \frac{4}{15\pi}\cos 4\omega t + \cdots\right)$$

故电源的脉动系数为

$$S = \frac{\dfrac{4\sqrt{2}U_2}{3\pi}}{\dfrac{2\sqrt{2}U_2}{\pi}} = \frac{2}{3} = 0.67$$

8.3　滤波电路

　　交流电压经整流以后,输出的是单向脉动直流电压,但输出电压中存在较大的交流谐波分量(harmonic component,又称纹波)。滤波电路主要用于滤除输出电压中的脉动成分,保留其中的直流成分,使输出电压更加平滑。

　　滤波电路主要由电抗元件(如电容、电感)组成。利用它们对不同频率的电量具有不同电抗的特点,使负载上电压(或电流)直流分量尽可能大,交流分量尽可能小,以减小输出电压的纹波。为了尽量滤除输出电压的交流成分,保留直流成分,常将电容或电感合理地接在电路中,以达到滤波的效果。构成滤波电路的方法通常是在负载两端并联电容 C,或与负载串联电感 L,或由 L 与 C 构成各种复合式滤波电路。

1. 电容滤波

　　如图 8-6 所示为单相半波整流电容滤波电路,主要是用二极管的单向导电特性,将交流电变为直流电。在负载 R_L 两端并联电容 C 即构成电容滤波电路。由于电容器两端的电压不能突变,所以它能阻止输出电压的脉动。

　　1)工作原理

　　(1)当变压器的次级电压 u_2 按正弦规律上升且超过电容电压 u_C,即 $u_2 > u_C$ 时,二极管 D 承受正向电压而导通,u_2 迅速向 C 充电,由于充电回路电阻(主要是二极管的动态电阻 r_d)小,充电时间常数(r_dC)小,电容两端电压 u_C 快速上升,并很快上升到

u_C 的最大值,同时向负载 R_L 供电。

（2）当变压器次级电压 u_2 按正弦规律下降且 $u_2 < u_C$ 时,二极管 D 承受反向电压而截止,电容通过负载 R_L 放电,维持负载的电流。由于放电时间常数很大即 $R_L C \gg r_d C$,所以放电很慢,电容电压 u_C 下降缓慢。当交流电压 u_2 又重新上升到大于 u_C 时,二极管 D 又恢复导通,次级电压 u_2 又向 C 充电,重复上述过程。电容 C 如此周而复始地进行充放电,负载上得到如图 8-7 所示的波形。为了得到比较平滑的直流电压,一般取 $R_L C \geqslant (3 \sim 5)T$,其中 T 为交流电源电压的周期。显然,由于电容 C 的充放电作用,使负载电压的波动大大减小,输出波形相对平滑,从而达到了滤波的作用。但从图 8-7 中可见,输出波形仍有较大的波动。

由于电路只在 u_2 的正半周有输出,所以称为半波整流电路。半波整流电路结构简单,使用元件少,但整流效率低,输出电压脉动大,因此,它只使用于要求不高的场合。

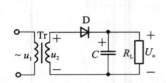

图 8-6　半波整流的电容滤波电路

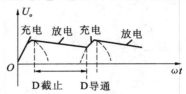

图 8-7　半波整流电容滤波电路的输出波形

为了进一步提高输出电压的平滑程度,可采用桥式整流电容滤波电路,如图 8-8 所示。其工作原理与半波整流电容滤波电路类似。

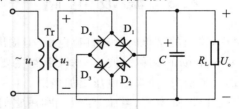

图 8-8　桥式整流电容滤波电路

当变压器次级电压 u_2 的正半周到来时,二极管 D_2 和 D_4 因承受反向电压而始终截止。若 $u_2 > u_C$,二极管 D_1、D_3 因承受正向电压而导通,u_2 经二极管 D_1、D_3 一方面向负载 R_L 供电,另一方面向电容 C 充电;当 u_2 下降,使得 $u_2 < u_C$ 时,二极管 D_1、D_3 因承受反向电压而截止,电容 C 又要通过负载 R_L 放电,一直持续到次级电压 u_2 的负半周到来。

当次级电压 u_2 的负半周到来时,D_1 和 D_3 因承受反向电压而始终截止。负半周初期 u_2 的绝对值小于 u_C,D_2 和 D_4 截止,电容 C 继续通过负载 R_L 放电。随着 u_C 的绝对值增大,若 $|u_2| > u_C$ 时,D_2 和 D_4 导通,u_2 经二极管 D_2 和 D_4 一方面向负载 R_L 供电,另一方面向电容 C 充电;当 $|u_2| < u_C$ 时,D_2 和 D_4 截止,电容 C 又要通过负载 R_L 放电。负载电压的波形如图 8-9 所示。

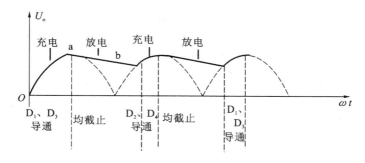

图 8-9 桥式整流电容滤波电路的输出波形

综上所述可知:对桥式整流电容滤波电路而言,不仅整流输出的正半周得到利用,而且整流输出的负半周也得到利用,输出的是全波脉动直流电压,在一个周期内电容器充放电两次,电容向负载放电的时间缩短,所以输出电压波形比半波整流后滤波的更加平滑。且 $R_{\mathrm{L}}C$ 越大,放电越慢,滤波效果越好。为了得到比较平滑的直流电压,一般取

$$R_{\mathrm{L}}C \geqslant (3 \sim 5)\frac{T}{2}$$

式中:T 为交流电源的周期。

2)输出直流电压 $U_{\mathrm{o(AV)}}$ 的估算

半波整流电容滤波电路: $U_{\mathrm{o(AV)}} = (1 \sim 1.1)U_2$ (8-3)

桥式整流电容滤波电路: $U_{\mathrm{o(AV)}} = (1.1 \sim 1.2)U_2$ (8-4)

3)元件选择

(1)整流二极管的选择   正向平均电流为

$$I_{\mathrm{AV}} > I_{\mathrm{o}} \quad (半波整流滤波) \tag{8-5}$$

$$I_{\mathrm{AV}} > \frac{1}{2}I_{\mathrm{o}} \quad (全波整流滤波) \tag{8-6}$$

最大反向工作电压为

$$U_{\mathrm{Rmax}} \geqslant 2\sqrt{2}U_2 \quad (半波整流滤波) \tag{8-7}$$

$$U_{\mathrm{Rmax}} \geqslant \sqrt{2}U_2 \quad (全波整流滤波) \tag{8-8}$$

(2)电容的选择   滤波电容 C 的大小取决于放电回路的时间常数,$R_{\mathrm{L}}C$ 越大,输出电压脉动就越小。通常取 $R_{\mathrm{L}}C$ 为脉动电压中基波周期的 3～5 倍,即

$$R_{\mathrm{L}}C \geqslant (3 \sim 5)T \quad (半波整流滤波) \tag{8-9}$$

$$R_{\mathrm{L}}C \geqslant (3 \sim 5)\frac{T}{2} \quad (全波整流滤波) \tag{8-10}$$

式中:T 为交流电源的周期。

在实际使用时,也可以根据负载电流的大小来选取滤波电容。

电容耐压值的选择一般取 $(1.5 \sim 2)U_2$。

电容滤波的特点是:电路简单,负载直流电压较高,纹波也较小,但输出特性较差,故适用于负载电压较高、负载变动不大及负载电流较小的场合。

例 8-1　如图 8-8 所示桥式整流电容滤波电路,输入为 220 V 的交流电源电压。若要求输出直流电压为 18 V、电流为 100 mA,试选择整流二极管和滤波电容。

解　(1)整流二极管的选择如下。

每个二极管的平均电流为

$$I_{AV} = \frac{1}{2}, \quad I_o = \frac{1}{2} \times 100 \text{ mA} = 50 \text{ mA}$$

变压器次级电压:取 $U_o = 1.2 U_2$,所以

$$U_2 = \frac{1}{1.2} U_o, \quad U_2 = \frac{1}{1.2} \times 18 \text{ V} = 15 \text{ V}$$

二极管的最大反向工作电压:$U_{R\,max} = \sqrt{2} U_2 = 21.21$ V。

查手册可知,2CZ52A 的参数可以满足要求。

(2)电容的选择如下。

负载电阻为

$$R_L = \frac{U_o}{I_o} = \frac{18}{0.1} \ \Omega = 180 \ \Omega$$

电容器的容量为

$$C \geqslant \frac{5T}{2R_L} = \frac{5 \times \frac{1}{50}}{2 \times 180} \text{ F} \approx 278 \ \mu\text{F}$$

电容器耐压值的选择:　　$2U_2 = 2 \times 15$ V $= 30$ V

查手册可知,330 μF/35 V 的电解电容可以满足要求。

2. 电感滤波

如图 8-10 所示为桥式整流电感滤波电路,L 与负载 R_L 串联。

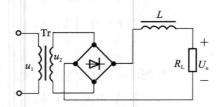

图 8-10　桥式整流电感滤波电路

工作原理:当变压器次级电压 u_2 增加时,经整流后负载电流有增加的趋势时,电感线圈产生自感电动势,阻止电流的增加,同时将电能转化为磁场能量而储存起来;当变压器次级电压 u_2 减小时,经整流后的负载电流有减小的趋势时,电感线圈也产生自感电动势,阻止电流的减少,将储存的磁场能量转化成电能,回送到电路中,使流过 R_L 的电流缓慢变化,从而减少了输出电压的脉动。输出电压的波形如图 8-11 所示。

电感滤波的特点:电路简单,整流二极管的导通角度大,峰值电流很小,输出特性平坦,但由于电感铁芯的存在,体积大、笨重且易引起电磁干扰。电感滤波主要用于

大电流负载或负载经常变化的场合,小型电子设备中很少使用。

3. 组合滤波

由电感 L 和电容 C 组合而成的滤波器称为组合滤波器,或称为复合式滤波器,其滤波效果比用单电容或单电感滤波要好得多。常见的有倒 L 形和Ⅱ形组合滤波。

1)倒 L 形滤波器

在单电感滤波之后,在负载两端再并联一个电容 C 即组成倒 L 形滤波器,如图 8-12 所示。

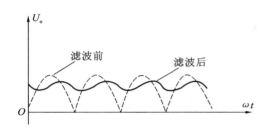

图 8-11　桥式整流电感滤波的电路输出波形

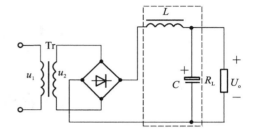

图 8-12　桥式整流的倒 L 形滤波电路

经整流后输出的脉动直流电压经过电感 L 时,其中的交流成分大部分降落在电感 L 上,从而在负载上可得到比用单电感或单电容滤波器输出更加平滑的直流电压。

2)Ⅱ形滤波器

为进一步提高输出电压的平滑程度,可以在倒 L 形滤波器的输入端再并联一个电容 C,即构成了Ⅱ形滤波器,如图 8-13 所示。

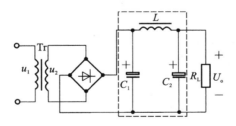

图 8-13　桥式整流Ⅱ形滤波电路之一

Ⅱ形滤波器的滤波效果很好,当电感越大时,滤波效果越好,但 L 越大,体积也越大,只适用于负载电流不大的场合,且其带负载能力差。

在负载电流较小、滤波要求不高的情况下,常用电阻 R 代替电感 L 来组成Ⅱ形滤波器,如图 8-14 所示。这种滤波器的体积小,成本低,滤波效果也很好。但因为电阻 R 的存在,会使输出电压降低。这种滤波器也只适用于负载电流不大的场合。

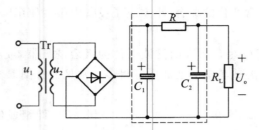

图 8-14　桥式整流Ⅱ形滤波电路之二

8.4　稳 压 电 路

稳压电路可分为并联型稳压电路、串联反馈式稳压电路和开关稳压电路。

8.4.1　硅稳压二极管并联型稳压电路

1.电路组成

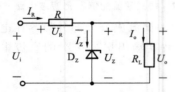

图 8-15　并联型硅稳压电路

图 8-15 所示为并联型的硅稳压二极管稳压电路，输入电压为整流滤波后所得到的直流电压，稳压管 D_Z 和负载 R_L 并联，故称并联型稳压电路。图中稳压管 D_Z 应加反向电压，电阻 R 的作用为限流和分压，它是稳压电路必不可少的组成元件，当电网电压波动时，通过调节电阻 R 上的压降来维持输出电压的稳定，其工作原理在第 1 章已作了介绍。

这种电路输出电压受稳压管稳压值的限制，且不能任意调节，输出功率小。一般只适用于电压固定，负载电流较小的场合，常用作基准电压源。

2.稳压管和限流电阻的选择

1)稳压管的选择

通常根据稳压电路的输出电压值 U_o 和最大电流 I_{omax} 来选择稳压管的型号，一般取

$$U_Z = U_o \tag{8-11}$$

$$I_{Zmax} = (2 \sim 3) I_{omax} \tag{8-12}$$

2)限流电阻的选择

限流电阻的主要作用是当电网电压波动和负载变化时，使稳压管始终工作在它的工作区内，即 $I_{Zmin} \leqslant I_Z \leqslant I_{Zmax}$，因为 $I_Z = \dfrac{U_i - U_Z}{R} - \dfrac{U_Z}{R_L}$，所以稳压管应该满足以下两个条件。

(1)$U_i = U_{imax}$ 和 $I_o = I_{omin}$ 时，$I_Z \leqslant I_{Zmax}$，否则稳压管将损坏，即

$$\frac{U_{\text{i max}}-U_Z}{R}-\frac{U_Z}{R_{\text{L max}}}\leqslant I_{Z\,\text{max}} \tag{8-13}$$

亦即

$$R_{\text{min}}=\frac{U_{\text{i max}}-U_Z}{I_{Z\text{max}}R_{\text{L max}}+U_Z}R_{\text{L max}} \tag{8-14}$$

(2)在$U_i=U_{i\text{min}}$和$I_o=I_{o\text{max}}$时，$I_Z\geqslant I_{Z\text{min}}$，否则稳压管将失去稳压作用，即

$$\frac{U_{i\,\text{min}}-U_Z}{R}-\frac{U_Z}{R_{\text{L min}}}\geqslant I_{Z\,\text{min}} \tag{8-15}$$

亦即

$$R_{\text{max}}=\frac{U_{i\,\text{min}}-U_Z}{I_{\text{L min}}R_{\text{L min}}+U_Z}R_{\text{L min}} \tag{8-16}$$

限流电阻的取值范围是 $R_{\text{min}}\leqslant R\leqslant R_{\text{max}}$，即

$$\frac{U_{i\,\text{max}}-U_Z}{I_{Z\,\text{max}}R_{\text{L max}}+U_Z}R_{\text{L max}}\leqslant R\leqslant\frac{U_{i\,\text{max}}-U_Z}{I_{\text{L min}}R_{\text{L min}}+U_Z}R_{\text{L min}} \tag{8-17}$$

式中的U_i一般取$(2\sim3)U_o$，且允许电网电压有$\pm10\%$的波动。

例 8-2 如图 8-16 所示为并联型硅稳压管稳压电路，已知：变压器次级电压$U_2=15$ V，电网电压波动范围为$\pm10\%$。如要求输出直流电压$U_o=9$ V，负载电流$I_L=0\sim20$ mA；设滤波电容C的容量足够大，初选稳压管 2CW16（其$U_Z=9$ V，$P_Z=0.25$ W，$I_{Z\text{min}}=5$ mA）。试求：

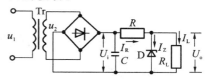

图 8-16 并联型硅稳压管稳压电路

(1)选择限流电阻R；

(2)初选的二极管是否合理，如不合理应如何调整？

(3)估计稳压电路的性能指标S_R和R_o。

解 (1)整流滤波后的直流电压取为

$$U_i\approx1.2U_2=1.2\times15\text{ V}=18\text{ V}$$

因为电网电压波动$\pm10\%$，所以整流滤波后的直流电压也将波动，波动范围为

$$U_i=18\text{ V}\times(1\pm0.1)\text{ V}=16.2\sim19.8\text{ V}$$

而 2CW16 的最大电流为

$$I_{Z\text{max}}=\frac{P_Z}{U_Z}=\frac{0.25}{9}\text{ A}\approx28\text{ mA}$$

选择限流电阻

$$R_{\text{min}}=\frac{U_{i\,\text{max}}-U_Z}{I_{Z\,\text{max}}R_{\text{L max}}+U_Z}R_{\text{L max}}=\frac{U_{i\,\text{max}}-U_Z}{I_{Z\,\text{max}}+I_{\text{L min}}}=\frac{19.8-9}{0.028}\ \Omega\approx386\ \Omega$$

$$R_{\text{max}}=\frac{U_{i\,\text{min}}-U_Z}{I_{\text{L min}}R_{\text{L min}}+U_Z}R_{\text{L min}}=\frac{U_{i\,\text{min}}-U_Z}{I_{Z\,\text{min}}+I_{\text{L max}}}=\frac{16.2-9}{0.005+0.02}\ \Omega\approx288\ \Omega$$

R 的计算结果表明不能找到这样一个合适的限流电阻：它既能保证稳压管的电流不超过$I_{Z\text{max}}$，又不低于$I_{Z\text{min}}$。在此情况下，必须另选一个容量更大的稳压管。

(2)改选稳压管 2CW21E。查手册可知：$U_Z=9$ V，$P_Z=1$ W，$I_{Z\text{min}}=30$ mA，$r_Z=7\ \Omega$，则有

$$I_{Z\max} = \frac{P_Z}{U_Z} = \frac{1}{9}\,\text{A} \approx 0.111\,\text{A}$$

$$R_{\min} = \frac{U_{i\,\max} - U_Z}{I_{Z\,\max} + I_{L\,\min}} = \frac{19.8 - 9}{0.111}\,\Omega \approx 97\,\Omega$$

$$R_{\max} = \frac{U_{i\,\min} - U_Z}{I_{Z\,\min} + I_{L\,\max}} = \frac{16.2 - 9}{0.03 + 0.02}\,\Omega \approx 144\,\Omega$$

取电阻 $R = 120\,\Omega$，则电阻功率为

$$P_R = \frac{U_R^2}{R} = \frac{19.8^2}{120}\,\text{W} \approx 0.97\,\text{W}$$

故选 $120\,\Omega/2\,\text{W}$ 的碳膜电阻，即可满足要求。

（3）稳压电路的输出电阻为

$$R_o \approx r_Z = 7\,\Omega$$

稳压系数　　　　　　　$$S_R \approx \frac{R_Z}{R} = \frac{7}{120} = 5.8\,\%$$

8.4.2　串联反馈式稳压电路

1. 电路组成

图 8-17 所示为串联反馈式稳压电路的结构，主要由四个部分组成：取样电路、基准电压、比较放大电路及调整电路，其原理电路如图 8-18 所示。

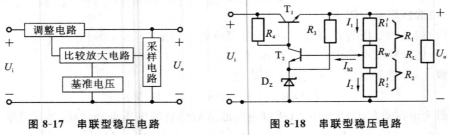

图 8-17　串联型稳压电路　　　　　　图 8-18　串联型稳压电路

1）取样电路

取样电路由 R'_1、R'_2 和电位器 R_W 构成，将输出电压 U_o 按一定比例取出部分电压 U_{b2} 加到比较放大管 T_2 的基极，即

$$U_{b2} = \frac{R_2}{R_1 + R_2}U_o$$

因此 U_{b2} 能反映输出电压 U_o 的变化，故称其为取样电路。调节 R_W 可以改变 U_{b2} 的大小。

2）基准电压

基准电压产生电路由稳压管 D_Z 和电阻 R_3 构成，将稳压管的稳定电压 U_Z 作为调整比较的基准电压，加到 T_2 管的发射极。R_3 为稳压管的限流电阻，保证稳压管有一个合适的工作电流。

3）比较放大电路

三极管 T_2 和 R_4 构成直流放大器的作用是将取样电压 $U_{b2} = \dfrac{R_2}{R_1 + R_2} U_o$ 和基准电压 U_Z 进行比较，得到误差电压 $U_{be2} = U_{b2} - U_Z$，然后经 T_2 管倒相放大后去控制调整管 T_1 的基极电位。R_4 既是 T_2 管的集电极的负载电阻，又是 T_1 管的偏置电阻。

4）调整电路

调整电路由三极管 T_1 和 R_4 组成。其中，调整管 T_1 是整个稳压电路的核心器件，它与负载 R_L 相串联，因此称为串联型稳压电路。在比较放大电路输出信号的控制下，自动调节 T_1 管的集-射极之间电压降 U_{ce1}，以抵消输出电压的波动，使输出电压稳定。

2. 稳压原理

串联型稳压电路的稳压原理是：电网电压变化或负载变化将引起输出电压的变化，而输出电压的变化量由取样电路分压后反馈到比较放大器，再和基准电压比较，比较后得到的误差电压经放大器放大，最后去控制调整管 T_1 的集-射极之间电压降，因调整管 T_1 与负载 R_L 串联，所以输出电压 $U_o = U_i - U_{ce1}$，调整 U_{ce1} 可达到稳定输出电压的目的。具体稳压过程如下。

(1) 当电网电压不变、负载增大（R_L 减小）时，将引起如下反馈调节过程：

$$R_L \downarrow \; \rightarrow U_o \downarrow \xrightarrow{\text{取样}} U_{b2} \downarrow \xrightarrow{U_{e2}=U_Z \text{ 不变}} U_{be2} \downarrow \; \rightarrow U_{c2}(=U_{b1}) \uparrow \rule[-1.5ex]{0.5pt}{3ex}$$

$$U_o \uparrow \; \leftarrow U_{ce1} \xleftarrow{R_{ce1} \text{ 分压减小}} R_{ce1} \downarrow \; \leftarrow I_{c1} \uparrow \; \leftarrow I_{b1} \uparrow \rule[-1.5ex]{0.5pt}{3ex}$$

(2) 当负载不变、电网电压 U_i 上升引起输出电压 U_o 上升时，将产生如下反馈调节过程：

$$U_i \uparrow \; \rightarrow U_o \uparrow \xrightarrow{\text{取样}} U_{b2} \uparrow \xrightarrow{U_{e2}=U_Z \text{ 不变}} U_{be2} \uparrow \; \rightarrow U_{c2}(=U_{b1}) \downarrow \rule[-1.5ex]{0.5pt}{3ex}$$

$$U_o \downarrow \; \leftarrow U_{ce1} \xleftarrow{R_{ce1} \text{ 分压增大}} R_{ce1} \uparrow \; \leftarrow I_{c1} \downarrow \; \leftarrow I_{b1} \downarrow \rule[-1.5ex]{0.5pt}{3ex}$$

总之，串联反馈式稳压电路利用输出电压的变化来控制调整管 U_{ce1} 的变化，从而实现自动稳压。从反馈放大器的角度来看，它实质上是一个电压串联负反馈电路，因而这种电路能稳定输出电压。

3. 输出电压的调节

在图 8-14 所示串联反馈式稳压电路中，因为 $U_{b2} = \dfrac{R_2}{R_1 + R_2} U_o$ 和 $U_{be2} = U_{b2} - U_Z$，所以输出电压为

$$U_o = \frac{R_1 + R_2}{R_2}(U_{be2} + U_Z) \tag{8-18}$$

式(8-18)中，R_1 和 R_2 的取值如图 8-14 所示。利用电位器 R_W 来调节输出电压的大小，当 R_W 的滑动端移至最上端时，输出电压最小，即

$$U_{b2} = \frac{R_W + R'_2}{R'_1 + R_W + R'_2} U_o \tag{8-19}$$

而 U_{b2} 又等于 $U_Z + U_{be2}$，所以

$$U_{o\,min} = \frac{R'_1 + R_W + R'_2}{R_W + R'_2}(U_Z + U_{be2}) \tag{8-20}$$

同理，当 R_W 滑动端移到最下端时，输出电压最大，即

$$U_{o\,max} = \frac{R'_1 + R_W + R'_2}{R'_2}(U_Z + U_{be2}) \tag{8-21}$$

由式(8-20)和式(8-21)可见：通过调节电位器 R_W 即可调节串联型稳压电路的输出电压 U_o 的大小。

在图 8-14 所示电路中，调整管是单管，但在实际电路中，调整管不一定是单管，常常用复合管作为调整管。因为调整管承担了全部负载电流，这样可以在负载电流很大的情况下减小比较放大器的负载；同时复合管的 β 大，可减小稳压电路的输出电阻，提高稳压电路的稳压性能。

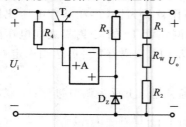

图 8-19 采用集成运放的稳压电源

在串联反馈式稳压电路中，提高稳压性能的主要措施是提高比较放大器的电压放大倍数，减小比较放大器的零漂。所以在具体电路中，比较放大电路不一定是单管直流放大器，可用差动放大电路或集成运算放大器。图 8-19所示电路中的比较放大电路就采用了集成运算放大器，它的稳压原理和上面的电路相仿。

串联型三极管稳压电路的优点是：输出电压可调，稳压效果较好。但由于调整管与负载串联，当过载或输出端短路时，调整管会因电流急剧增加而损坏。因此实际的稳压电路还有过压和过流保护等辅助电路，读者可参阅有关文献。

例 8-3 如图 8-14 串联型稳压电路中，已知：$U_i = 24$ V，稳压管的稳压值 $U_Z = 5.3$ V，$U_{be} = 0.7$ V，三极管 T_1 的饱和压降 $U_{CES1} = 1$ V，$R'_1 = R'_2 = R_W$。试求：

(1)输出电压 U_o 的可调范围；

(2)当电位器 R_W 位于中间位置时，输出电压 $U_o = ?$，$U_{ce1} = ?$，$U_{b2} = ?$，$U_{e2} = ?$，$U_{b1} = ?$；

(3)当用电高峰时，电网电压偏低，说明上述电压或电位的变化趋势；

(4)当调节电位器 R_W 时，如 U_o 始终为 22 V，即输出电压不可调，试分析 T_1、T_2 可能的工作状态；

(5)当调节电位器 R_W 时，如 U_o 始终为零，电路没有其他异常，试分析原因；

(6)当电路正常工作时，U_i 与 R_L 均不变，但 U_o 仍有微小变动，试分析原因。

解 (1)输出电压的最小值：

$$U_{o\,min} = \frac{R'_1 + R_W + R'_2}{R_W + R'_2}(U_Z + U_{be2}) = \frac{3}{2}(5.3 + 0.7)\ V = 9\ V$$

输出电压的最大值：

$$U_{o\,max}=\frac{R'_1+R_w+R'_2}{R'_2}(U_z+U_{be2})=3(5.3+0.7)\ \text{V}=18\ \text{V}$$

所以,输出电压的可调范围是 9~18 V。

(2)当电位器 R_w 位于中间位置时,因为 $R_1=R_2$,所以有

$$U_o=\frac{R_1+R_2}{R_2}(U_{be2}+U_z)=2\times 6\ \text{V}=12\ \text{V}$$

$$U_{ce1}=U_i-U_o=(24-12)\ \text{V}=12\ \text{V}$$

$$U_{b2}=U_{be}+U_z=(5.3+0.7)\text{V}=6\ \text{V}$$

$$U_{e2}=U_z=5.3\ \text{V}$$

$$U_{b1}=U_{be}+U_o=(12+0.7)\ \text{V}=12.7\ \text{V}$$

(3)当用电高峰,电网电压偏低即 U_i 下降时,各点电位的变化趋势:

$$U_o\downarrow,U_{b2}\downarrow,U_{e2}\text{不变},U_{c1}\uparrow,U_{b1}\uparrow,U_{ce1}\downarrow$$

(4)因为 $U_o=23$ V,故 $U_{ce1}=U_i-U_o=1$ V,即调整管 T_1 处于饱和状态,输出电压不可调;而 $U_{c1}=U_{b1}=U_o+U_{be}=23.7$ V,即流过 T_2 的集电极的电流很小,也就是 T_2 工作点靠近截止区。当调节电位器 R_w 时,输出电压不可调的主要原因是调整管 T_1 的基极电位高且不变。

(5)当调节电位器 R_w 时,如 U_o 始终为零,说明负载电阻 R_L 为零或流过的电流 I_L 为零,因电路没有其他异常,所以只可能是负载电流 I_L 为零,这说明调整管 T_1 可能截止或开路。

(6)当电路正常工作且 U_i 与 R_L 均不变时,U_o 的稳定性与基准电压的精度、比较放大电路的温度稳定性有很大的关系。所以此时输出电压微小变动的主要原因可能是基准电压的温漂和比较放大电路的零漂。

8.4.3　集成稳压器

随着半导体集成电路工艺的发展,现在已能把调整电路、取样电路、比较放大电路、基准电源及保护电路集成在一块硅片内,构成集成稳压器。集成稳压器因其体积小、重量轻、外围元件少、性能稳定、使用方便可靠等优点,近年来已得到广泛的应用。

集成稳压器的型号种类很多,有多端可调式,三端集成稳压器等,目前以三端集成稳压器的应用最为广泛,所以下面介绍两类常见的小功率三端集成稳压器:固定式 CW78×× 系列(正电压输出)、CW79×× 系列(负电压输出)和可调式 CW×17 系列、CW×37 系列。

1.三端固定式集成稳压器的外形及性能指标

1)三端固定式集成稳压器的外形

常见的国产三端固定式集成稳压器的外形如图 8-20 所示,它采用金属或塑料封装。因为只有输入、输出和公共接地端三个端子,故称三端集成稳压器。

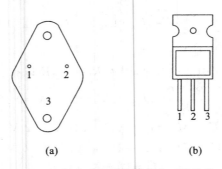

图 8-20　国产三端固定式集成稳压器的外形

(a)F-2 金属封装　　(b)S-7 塑料封装

CW78××系列的典型管脚排列：

金属封装　　　1—输入端,2—输出端,3—公共端

塑料封装　　　1—输入端,2—公共端,3—输出端

CW79××系列的典型管脚排列：

金属封装　　　1—公共端,2—输出端,3—输入端

塑料封装　　　1—公共端,2—输入端,3—输出端

在实际使用时,CW78××系列和 CW79××系列的产品可以由国外同类型的集成稳压器产品来代替,但要注意管脚的位置,应该查清资料以后再应用。

2)性能指标

三端固定式集成稳压器的特点是输出电压固定。常见的输出电压值有：5 V、6 V、8 V、9 V、12 V、15 V、18 V 和 24 V 等,其型号的后两位数就代表输出电压值,例如 CW7805 表示输出电压为＋5 V,CW7912 表示输出电压为－12 V。常见的最大输出电流值有：0.1A、0.5A、1.5A 等。三端固定式集成稳压器的型号具体组成和含义如图 8-21 所示。

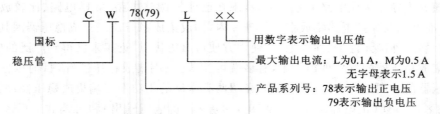

图 8-21　三端固定式集成稳压器的型号组成及含义

2.三端集成稳压器的应用实例

1)固定输出电压的稳压电路

如图 8-22(a)、图 8-22(b)所示,电容 C_1 是在输入线较长时抵消其电感效应,防止自激;C_2 用来消除高频干扰,改善输出的瞬态特性。当输出电压较高且 C_2 的容量较大时,必须在输入端和输出端之间跨接一个保护二极管,如图 8-23 中虚线所示,否

则一旦输入端短路时,C_2 会通过稳压器内部电路放电而损坏稳压器。使用时,要避免稳压器公共接地端开路。

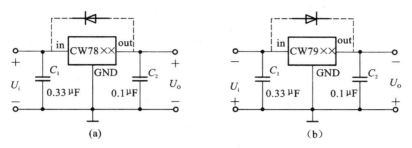

图 8-22　固定输出电压的稳压电路

(a)正电压输出　(b)负电压输出

2)扩大输出电压的稳压电路

当固定电压输出的三端稳压器不能满足电子设备所需的直流电压时,可采用扩大输出电压的稳压电路,如图 8-23 所示。

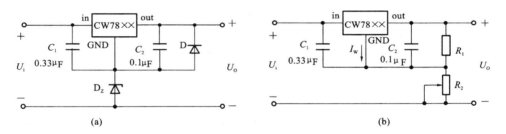

图 8-23　扩大输出电压的稳压电路

在图 8-23(a)中,有
$$U_o = U_o \times \times + U_Z \tag{8-22}$$
式中:$U_o \times \times$ 为三端稳压器的输出电压;U_Z 为稳压管的稳定电压。

在图 8-23(b)中,有
$$U_o = U_o \times \times + U_{R_2} = U_o \times \times + R_2 I_{R_2} = U_o \times \times + R_2 \left(I_w + \frac{U_o \times \times}{R_1} \right)$$
$$= \left(1 + \frac{R_2}{R_1}\right) U_o \times \times + R_2 I_w \tag{8-23}$$
式中:$U_o \times \times$ 为三端稳压器的输出电压;I_w 为三端稳压器的静态工作电流。

当流过 R_1 的电流大于 $5I_w$ 时,可忽略 $R_2 I_w$ 的影响,即有
$$U_o = \left(1 + \frac{R_2}{R_1}\right) U_o \times \times \tag{8-24}$$

可见,通过改变 R_2 的大小,输出电压可以在一定范围内调节。

3)扩大输出电流的稳压电路

当电子设备所需的最大直流电流不能由固定三端稳压器提供时,可采用图 8-24 所示的扩大输出电流的稳压电路。

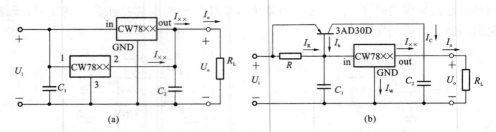

图 8-24 扩大输出电流的稳压电路

在图 8-24(a)中,采用两个稳压器并联的接法来扩大输出电流,输出电流显然为单片集成稳压器两倍,即

$$I_o = 2I_o \times \times \qquad (8\text{-}25)$$

在图 8-24(b)中,采用外接功率管的接法来扩大输出电流。由图 8-24(b)可见

$$I_o = I_o \times \times + I_C$$

$$I_o \times \times = I_R + I_b - I_W = \frac{U_{be}}{R} + \frac{I_C}{\beta} - I_W$$

在 I_W 很小的情况下,可忽略 I_W,所以有

$$I_o \times \times = \frac{U_{be}}{R} + \frac{I_C}{\beta}$$

即

$$I_C = (I_o \times \times - \frac{U_{be}}{R})\beta \qquad (8\text{-}26)$$

故有

$$I_o = \frac{U_{be}}{R} + \frac{I_c}{\beta} + I_C = \frac{U_{be}}{R} + \frac{1+\beta}{\beta} I_C \qquad (8\text{-}27)$$

设 $U_{be} = 0.3$ V,$\beta = 20$,$R = 0.5$ Ω,$I_o \times \times = 1.5$ A 时,可计算得

$$I_C = 18 \text{ A}, I_o = I_o \times \times + I_C = (18+1.5) \text{ A} = 19.5 \text{ A}$$

可见,接上功率管以后,输出电流比单片集成稳压器的 $I_o \times \times$ 扩大了 10 多倍。

4)具有正、负电压输出的稳压电路

当需要同时输出正负电压的稳压电源时,可用 CW78×× 单片稳压器和 CW79×× 单片稳压器接成图 8-25 所示电路,这两组稳压器有一个公共接地端,其整流部分也是公共的。

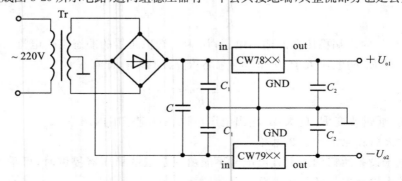

图 8-25 具有输出正、负电压的稳压电路

3. 三端可调式集成稳压器

三端可调式集成稳压器是在三端固定式集成稳压器的基础上发展起来的,它克服了三端集成稳压器固定输出的缺点,只需配备少量的外围元件就可以方便地组成精密可调的稳压器。三端可调式集成稳压器也有正电压输出和负电压输出两种类型。典型的正电压输出的元件有:CW117、CW217、CW317。典型的负电压输出的元件有:CW137、CW237、CW337。常见的三端可调式集成稳压器的外形如图 8-26 所示。三端可调式集成稳压器的型号组成及含义如图 8-27 所示。

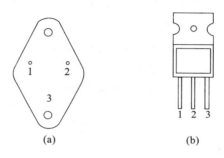

图 8-26　三端可调式集成稳压器的外形

(a) F-2 金属封装　　(b) S-7 塑料封装

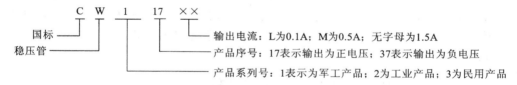

图 8-27　三端可调式集成稳压器的型号组成及含义

CW×17 系列的典型管脚排列:

金属封装　　　1—调整端,2—输入端,3—输出端

塑料封装　　　1—调整端,2—输出端,3—输入端

CW×37 系列的典型管脚排列:

金属封装　　　1—调整端,2—输出端,3—输入端

塑料封装　　　1—调整端,2—输入端,3—输出端

下面介绍三端可调式集成稳压器 CW317 和 CW337 的应用电路。图 8-28(a)所示电路为正电压输出,电位器 R_W 和电阻 R 为取样电路,改变电位器 R_W 可以使输出电压在 1.2～37 V 的范围内连续调节;C_1 为高频旁路电容,C_3 可消除 R_W 的纹波电压;C_2 为消振电容。CW337 为负电压输出,电路的典型接法如图 8-28(b)所示。

8.4.4　开关稳压电源

以上所讨论的串联稳压电源属于线性稳压电源,即调整管工作在线性放大状态。这种稳压电源结构简单,调整方便,但是调整管功耗大,电源效率低,且常要装散热

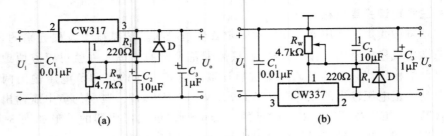

图 8-28　可调式三端稳压器的应用电路

(a)正电压输出　(b)负电压输出

器。近年来,普遍使用的是开关稳压电源,这种电源的调整管始终处于饱和或截止状态。当调整管饱和导通时,虽有大电流流过,但其饱和压降很小,所以管耗不大;当调整管截止时,虽管压降大,但其流过的电流很小,管耗也很小。由于同时省去电源变压器,所以开关稳压电源的效率高、体积小、重量轻。开关稳压电源适用于要求体积较小和重量较轻的设备,如电视机、VCD 等家用电器及计算机等设备。

1. 开关稳压电源的基本结构和特点

开关稳压电源的基本结构如图 8-29 所示,电网电压经整流滤波后得到不稳定的直流电压 $U_1 = U_i$,U_i 加到开关调整管 T 上,将连续变化的输入电压变成脉冲电压 U_o,U_o 经滤波器滤波获取平滑的直流电压 E。输出的直流电压 E 通过反馈来控制开关调整管 T,当控制电路输出高电平时,调整管导通;当控制电路输出低电平时,调整管截止。

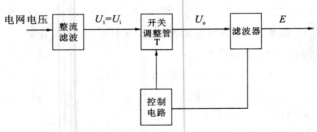

图 8-29　开关稳压电源的基本结构

开关稳压电源输出电压的调整是通过改变开关调整管 T 的导通时间与截止时间的比值来实现的,或者通过改变 T 的基极脉冲信号的脉宽 T_{ON} 与周期 T 的比值来实现。输出的直流电压 U_o 与输入的直流电压 U_i 之间的关系可表示为

$$U_o = U_i \frac{T_{ON}}{T} = \delta U_i \qquad (8-28)$$

式中:$\delta = T_{ON}/T$ 称为占空比。由式(8-28)可看出,T 一定时,调节 T_{ON} 大小,也就是调节占空比的大小可改变输出的直流输出电压 U_o 大小,如图 8-30 所示。根据这一原理进行输出电压调节的开关电源是脉冲调宽型(pulse duration modulation)开关稳压电源;当 T_{ON} 一定时,调节周期 T 或频率 $f(f = 1/T)$ 的大小也可以改变输出的

直流电压 U_o 的大小,如图 8-31 所示。根据这一原理进行输出电压调整的开关电源是脉冲调频型(pulse frequency modulation)开关稳压电源。

调整管的工作频率较高,最佳频率一般在 $10 \sim 100$ kHz。频率越高,所使用的电感和电容越小,电源的尺寸和重量将会越小和越轻,成本越低,同时滤波效果也越好。但开关频率越高,开关调整管饱和和截止的转换次数将增加,损耗也增加,而电源效率将降低。

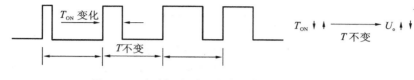

图 8-30　脉冲调宽型开关稳压电源的调节波形

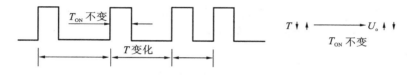

图 8-31　脉冲调频型开关稳压电源的调节波形

2. 开关式稳压电源的分类及工作原理

按照储能电感 L 与负载电阻 R_L 的连接形式,可分为串联型开关稳压电源和并联型开关式稳压电源;按照开关调整管的控制方式,可分调宽型与调频型开关稳压电源;按照产生控制开关调整管的脉冲电压的方式,可分为自激式与他激式开关稳压电源。

(1)串联型开关稳压电源　如图 8-32 所示,因负载电阻 R_L 与储能电感 L 相串联,所以这种电源称为串联型开关稳压电源。

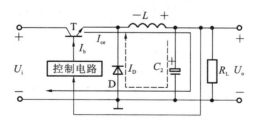

图 8-32　串联型开关稳压电源

基本原理:当开关调整管 T 饱和时,不稳定的直流电压 U_i 经开关调整管和电感 L 给负载 R_L 供电,二极管 D 因承受反向电压而截止。给负载 R_L 供电时,由于 L 的存在,流过的电流 I_{ce} 将线性增加,并在电感 L 中储能,同时给电容 C 充电,C 起平滑输出电压的作用。当 T 截止时,由于电感电流不能突变,L 将产生图 8-32 所示的左负右正的感应电动势,使二极管 D 导通,L 中的储能逐渐释放出来,同时给 R_L 供电。在 T 截止时,由于 D 的存在,使得 R_L 仍有电流流过,所以 D 常称为续流二极管。

（2）并联型开关稳压电源　如图 8-33 所示,因负载电阻 R_L 与储能电感 L 相并联,所以这种开关稳压电源称为并联型开关稳压电源。

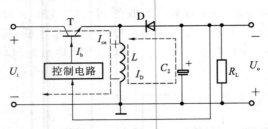

图 8-33　并联型开关稳压电源

基本原理:当 T 饱和导通时,D 因承受反向电压而截止,U_i 经 T 给 L 供电,流过 L 的电流 I_{ce} 按线性规律增加,L 将电能转换为磁场能量储存起来。当 T 截止时,L 产生图 8-33 所示的上负下正的感应电动势,使续流二极管 D 导通,并给 C 充电,同时给 R_L 供电。当 T 再饱和时,L 将储存电能,而 C 给 R_L 供电。C 有储能电能、平滑输出电压的作用。

（3）变压器耦合型开关稳压电源　对于串联型与并联型开关稳压电源,都可以用一个脉冲变压器代替储能电感,如图 8-34 所示。变压器有储能作用,其初级绕组 L 相当于储能电感,其次级输出的脉冲电压经整流滤波电路可产生一路或多路辅助的直流稳定电压。辅助电源地线可与主电源的地线独立,使辅助电源的负载电路不与电网火线相连。

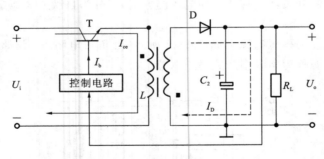

图 8-34　变压器耦合型开关稳压电源

思考题与习题

填空题

1.直流稳压电源由_____、_____、_____和_____组成。按调整元件与负载的连接方式,稳压电源可分为_____和_____。

2.直流稳压电源输出电压波动的原因有:_____、_____、_____。

3.滤波电路的主要作用是_____,采用的主要元件是_____和_____,主要的电路形式有_____、_____、_____和_____。

4.在硅稳压管稳压电路中,稳压管和负载采用_____的连接形式,电阻 R 与负载又采用_____连接形式,电阻 R 的作用是_____。

5.串联反馈式稳压电源由_____、_____、_____和_____组成。调整管常处于_____工作状态。

6.串联反馈式稳压电源的调整管与负载之间采用_____的连接形式,其输出电压的调整是通过_____来实现的。

7.三端固定式集成稳压器的三个端子分别是_____、_____、_____。三端可调式集成稳压器的三个端子分别是_____、_____、_____。

8.三端集成稳压器 CW7805 的输出电压是_____,最大输出电流是_____;CW7912 的输出电压是_____,最大输出电流是_____。

9.开关稳压电源由_____、_____、_____和_____组成。调整管常处于_____工作状态。

10.与串联反馈式稳压电源相比,开关稳压电源的优点主要有_____、_____、_____。开关稳压电源输出电压的调整是通过_____来实现的。

简答题

11.直流稳压电源的组成及各部分的作用?

12.桥式整流滤波电路如题图所示,变压器次级电压 $U_2=20$ V,现在用直流电压表测量负载电阻 R_L 端电压 U_o,负载电阻 $R_L=50$ Ω,$C=2\,000\ \mu F$。出现下列几种情况,试分析哪些是合理的? 哪些发生了故障,并说明原因。(1)$U_o=28$ V;(2)$U_o=18$ V;(3)$U_o=24$ V;(4)$U_o=9$ V。

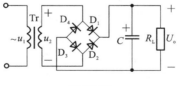

题 12 图

计算题

13.设计一个桥式整流滤波电路,要求输出电压 $U_o=20$ V,输出电流 $I_o=600$ mA。交流电源电压为 220 V,50 Hz。试选择二极管和电容。

14.如题图所示硅稳压管稳压电路,已知:硅稳压管的稳定电压 $U_Z=10$ V,动态电阻 r_Z 和反向饱和电流均可以忽略,限流电阻 $R=1$ kΩ,负载电阻 $R_L=1$ kΩ,未经稳压的直流输入电压 $U_i=24$ V。

(1)试求 U_o、I_o、I_R 及 I_Z。

(2)若负载电阻 R_L 的阻值减少为 0.5 kΩ,再求 U_o、I_o、I_R 及 I_Z。

(提示:计算时,需先判断硅稳压管的工作状态,是正向偏置、反向未击穿还是反向电击穿、反向热击穿。硅稳压管正向偏置时,如同正向偏置的普通二极管;反向未击穿且反向饱和电流可以忽略时,如同开路;反向电击穿时,工作在稳压状态;反向热击穿即 $I_Z > I_{Zmax}$ 或 $P_Z > P_{Zmax}$ 时,管子损坏。)

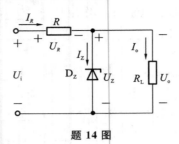

题 14 图

15. 如题图所示, $U_i = 16\ V$, $R = 100\ \Omega$, $U_Z = 6\ V$, 稳压管的电流 I_Z 的变化范围为 $5 \sim 40\ mA$。试求负载电阻 R_L 的变化范围。

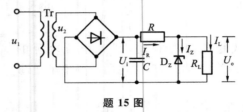

题 15 图

16. 简述串联反馈式稳压电源的组成及各部分的作用,试画出其电路方框图。

17. 题图所示为串联反馈式稳压电源,稳压管的稳定电压 $U_Z = 5.3\ V$, $R_1 = R_2 = 200\ \Omega$, $U_{be} = 0.7\ V$。

试求:(1)当电位器 R_W 的动端在最下端时,输出电压 $U_o = 15\ V$,求 R_W 的值;

(2)当电位器 R_W 的动端在最上端时,求 $U_o = ?$

(3)设电容器的容量足够大,若要求调整管的管压降 $U_{ce} > 4\ V$,则变压器次级电压 U_2 至少为多大?

(4) $R_1 = R_2 = 1\ k\Omega$, $R_W = 500\ \Omega$, $U_2 = 15\ V$, 当电位器 R_W 位于中点时,估算电路中 A、B、C、D 和 E 各点对地的电位。

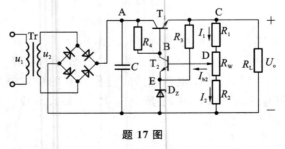

题 17 图

18. 利用三端稳压器构成一个能输出 ±9 V 的稳压电源,试画出电路原理图。

19. 简述开关稳压电源的组成及各部分的作用,试画出其电路方框图。

20. 题图所示为三端固定式集成稳压器 CW7815 组成的稳压电路, $R_1 = 1\ k\Omega$, R_2

=1.5 kΩ,三端稳压器的工作电流 I_W=2 mA,U_i 足够大。试求输出电压 U_o。

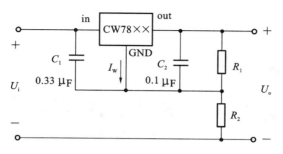

题 20 图

21. 结合变压器耦合式开关稳压电源的电路原理图,说明其工作原理。

22. 开关稳压电源输出的直流电压 U_o=48 V,不稳定的直流输入电压 U_i 由交流电网电压(220 V)经桥式整流、电容滤波后得到。当 U_i 发生变化对 U_o 产生影响时,U_o 经反馈,使开关调整管基极输入的矩形脉冲占空比 $\delta=T_{ON}/T$ 能在 0.12~0.6 之间变化,并改变开关调整管的导通时间与截止时间,从而使 U_o 稳定。试计算该稳压电路电网电压允许的变化范围及电网电压为 220V 时的 U_i 和占空比 δ。

模拟电子电路虚拟仿真实验

A.1　虚拟仿真实验系统简介

　　NI Multisim 是美国国家仪器公司（National Instruments，NI）推出的一款专门用于电子线路仿真与设计的工具软件，它是一个集原理电路设计、电路功能测试于一体的虚拟仿真软件。通过采用软件的方法虚拟电子元器件及仪器仪表，较好地体现了"软件即元器件"、"软件即仪器"的设计思想。Multisim 软件具有如下特点。

　　（1）直观的图形界面　整个操作界面就像一个电子实验工作台，绘制电路所需的元器件和仿真所需的测试仪器均可直接拖放到屏幕上，可用导线将它们连接起来，软件仪器的控制面板和操作方式都与实物相似，测量数据、波形和特性曲线如同在真实仪器上看到的一样。

　　（2）丰富的虚拟元器件库　提供数千种电路元器件供实验选用，包括基本元件、半导体器件、运算放大器、TTL 和 CMOS 数字 IC、DAC、ADC 及其他各种部件。可以新建或扩充已有的元器件库，而且建库所需的元器件参数可以从生产厂商的产品使用手册中查到，因此也很方便的在工程设计中使用。

　　（3）丰富的虚拟测试仪器　除了实验室常用的通用仪器，如万用表、函数信号发生器、双踪示波器、直流电源外，还具备一些专门仪器，如波特图仪、数字信号发生器、逻辑分析仪、逻辑转换器、失真仪、频谱分析仪和网络分析仪等。

　　（4）完备的分析手段　可以完成电路的直流工作点分析、交流分析、瞬态分析、傅里叶分析、噪声分析、失真分析、参数扫描分析、温度扫描分析、零极点分析、传输函数分析、交直流灵敏度分析、最坏情况分析和蒙特卡罗分析等，以帮助设计人员分析电路的性能。

　　（5）强大的仿真能力　可以设计、测试和演示各种电子电路，包括电工学、模拟电路、数字、电路、射频电路及微控制器和接口电路等。可以对被仿真电路中的元器件设置各种故障，如开路、短路和不同程度的漏电等，从而观察不同故障情况下的电路工作状况。在进行仿真的同时，软件还可以存储测试点的所有数据，列出被仿真电路的所有元器件清单，以及存储测试仪器的工作状态、显示波形和具体数据等。

为适应不同的应用场合,Multisim 有许多版本,用户可以根据自己的需要加以选择。在本附录中将以 Multisim 教育版 11.0 为演示软件,结合各章节的教学内容,介绍在 Multisim 仿真平台上搭建各种典型模拟电路并进行仿真实验和分析的方法。

A.2　基本放大电路虚拟实验

共发射极、共集电极和共基极三种组态的基本放大电路是模拟电子技术的基础,通过 Multisim 软件对其进行仿真分析,可以进一步熟悉三种电路在静态工作点、电压放大倍数、频率特性及输入、输出电阻等方面各自的不同特点。

A.2.1　共射极基本放大电路

进入 Multisim 的运行环境后,先设置环境参数,选择"电路纸张参数设置"选项 (Option/Sheet properties/Circuit),勾选"Net name"中的"show all"选项,将电路图中元件之间连接点的标号设置成显示状态。再选择"新建电路图文件"选项(File/New/Design),按图 A-1 建立共射极基本放大电路的实验电路。

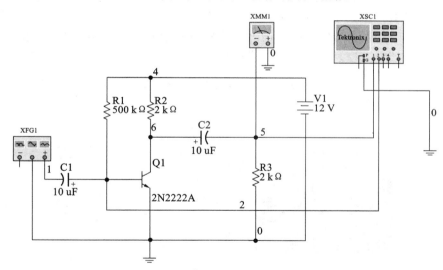

图 A-1　共射极放大电路的实验电路

1. 静态工作点分析

选择"分析"菜单中的"直流工作点分析"选项(Simulate/Analysis/DC Operating Point)进行分析,分析结果如图 A-2 所示。其中,V(6)= 4.69481 表示图 A-1 中标号为 6 的节点的对地电压值为 4.69481V,V(2)= 661.61644m 表示图 A-1 中标号为 2 的节点的对地电压值为 661.61644 mV。此外,这两点的电压值也可以使用仪器库中的数字多用表直接测量。该分析结果表明,三极管 Q1 工作在放大状态。

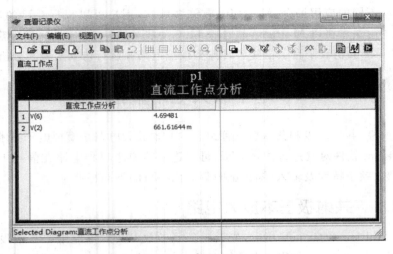

图 A-2　　共射极电路的直流工作点分析

2. 动态分析

使用仪器库中的函数发生器 XFG1 为电路提供正弦输入信号 U_i（幅值为 5 mV，频率为 10 kHz），用泰克示波器 XSC1 观察到输入/输出波形，其结果如图 A-3 所示。由波形图可观察到电路的输入/输出电压信号为反相关系，通过测量输入/输出电压的幅值可以计算出该放大电路的放大倍数。另一种获取电压放大倍数的方法是用仪器库中的数字多用表直接测量输入/输出电压的有效值，再按 $A_v = \dfrac{U_i}{U_o}$ 计算。

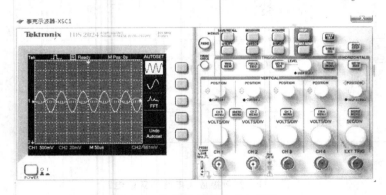

图 A-3　　共射极电路的动态分析

3. 参数扫描分析

在图 A-1 所示的共射极放大电路中，偏置电阻 R1 的阻值大小直接决定了静态电流 I_c 的大小。保持输入信号不变，改变 R1 的阻值，可以观察到输出电压波形的失真情况。选择"分析"菜单中的"参数扫描"选项（Simulate/Analysis/Parameter Sweep Analysis），在参数扫描设置对话框中将扫描元件设为 R1，参数为电阻，扫描起始值为 100 kΩ，终值为 900 kΩ，扫描方式为线性，步长增量为 400 kΩ，节点 5 作为输出节点,扫描用于暂态分析。其分析结果如图 A-4 所示。图中的三条曲线分别代表了 R1 不同阻值(即 100 kΩ,500 kΩ 和 900 kΩ)的输出波形。可以看出,当 R1 较小时,输出电压波形会出现失真情况,如 R1＝100 kΩ 的输出电压波形。

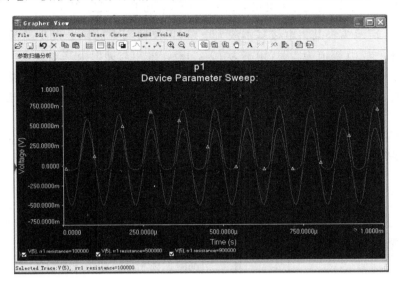

图 A-4 改变电阻 R1 的参数时扫描分析

4. 频率响应分析

选择"分析"菜单中的"交流频率分析"选项(Simulate/Analysis/AC Frequency Analysis),在交流频率分析参数设置对话框中设定:扫描起始频率为 1 Hz,终止频率为 1 GHz,扫描形式为十进制,纵向刻度为线性,节点 5 做输出节点。其分析结果如图 A-5 所示。

由图分析可得:当共射极基本放大电路输入信号电压 U_i 为幅值 5 mV 的变频电压时,电路输出中频电压幅值约为 0.5 V,中频电压放大倍数约为－100,下限频率(x1)为 14.2 Hz,上限频率(x2)为 22.96 kHz,放大器的通频带约为 22.96 kHz。

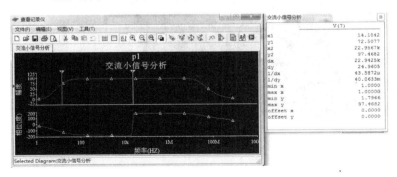

图 A-5 共射极放大电路的频率响应分析

最后由理论分析可得,上述共射极基本放大电路的输入电阻由三极管的输入电阻 r_{be} 决定,输出电阻由集电极电阻 R3 决定。

A.2.2　共集电极基本放大电路(射极输出器)

图 A-6 所示为一共集电极基本放大电路,用仪器库中的函数发生器为电路提供正弦输入信号 U_i(幅值为 1 V,频率为 10 kHz)。采用与共射极基本放大电路相同的分析方法:通过直流工作点分析获得电路的静态工作点分析结果,用示波器测得电路的输出/输入电压波形,通过交流频率分析项获得电路的频率响应曲线及相关参数。

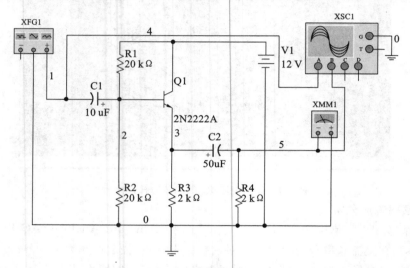

图 A-6　共集电极放大电路的实验电路

由图 A-7 所示共集电极基本放大电路的频率响应曲线可知:电路的上限频率(x1)为 4.50 GHz,下限频率(x2)为 2.73 Hz,通频带约为 4.50 GHz。

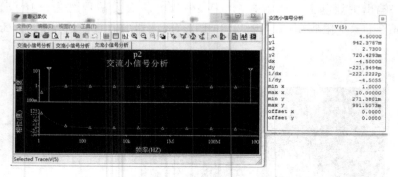

图 A-7　共集电极放大电路的频率响应分析

A.2.3　共基极基本放大电路

图 A-8 所示为一共基极基本放大电路,用仪器库中的函数发生器为电路提供正弦输入信号 U_i(幅值为 5 mV,频率为 10 kHz)。采用与共射极基本放大电路相同的分析方法:通过直流工作点分析获得电路的静态工作点分析结果,用示波器测得电路的输出/输入电压波形,通过交流频率分析项获得电路的频率响应曲线及相关参数。

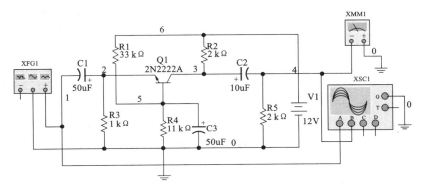

图 A-8　共基极放大电路的实验电路

由图 A-9 所示共基极放大电路的频率响应曲线可知:电路的上限频率(x2)为 27.94 MHz,下限频率(x1)为 261.01 Hz,通频带约为 27.94 MHz。

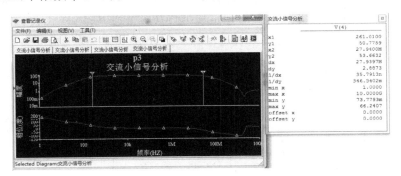

图 A-9　共基极放大电路的频率响应分析

A.3　场效应管基本放大电路虚拟实验

A.3.1　共源极场效应管放大电路

在 Multisim 运行环境中搭建共源极场效应管放大电路如图 A-10 所示。Q1 选用 N 沟道增强型绝缘栅场效应管的理想模型(MOS_3TEN_VIRTUAL)。双击 Q1,出现该场效应管的参数设置对话框,点击右下侧的"模型编辑"按钮(Edit Model)

项,在弹出的对话框中将跨导系数 KP 设置为 0.001(A/V)。

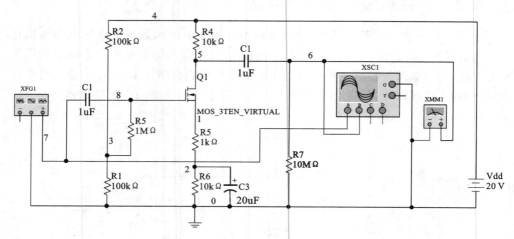

图 A-10　共源极场效应管放大电路的实验电路

分析共源极场效应管放大电路可参照 A.2.1 节中共射极放大电路的分析过程进行。

A.3.2　共漏极场效应管放大电路

在 Multisim 运行环境中搭建共漏极场效应管放大电路如图 A-11 所示。Q1 选用 N 沟道增强型绝缘栅场效应管的理想模型(MOS_3TEN_VIRTUAL),并将跨导值设置为 0.001A/V。电路仿真分析过程可参见 A.2.1 节中共射极放大电路的分析过程进行。

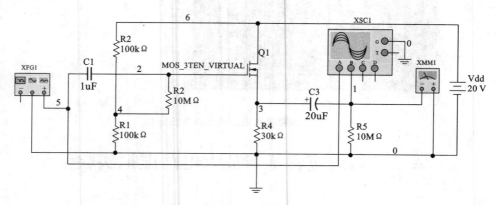

图 A-11　共漏极场效应管放大电路的实验电路

A.3.3　共栅极场效应管放大电路

在 Multisim 运行环境中搭建共栅极场效应管放大电路如图 A-12 所示。Q1 选用 N 沟道增强型绝缘栅场效应管的理想模型(MOS_3TEN_VIRTUAL),并将跨导值设置为 0.001A/V。电路仿真分析过程可参见 A.2.1 节中共射极放大电路的分析过程进行。

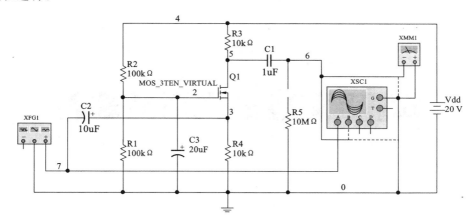

图 A-12　共栅极场效应管放大电路的实验电路

A.4　多级放大电路虚拟实验

场效应管具有输入阻抗高,噪声小等显著特点,但放大能力较弱(小),而三极管具有较强的放大能力(高)和负载能力。若将场效应管与三极管组合成多级放大电路,可以改善放大电路的某些性能指标,扩展场效应管的应用范围。

图 A-13 所示为由场效应管共源极放大电路和三极管共射极放大电路组成的两级放大电路。场效应管 Q1 选用 N 沟道增强型场效应管的理想模型(MOS_3TEN_VIRTUAL),将跨导 KP 设置为 0.001A/V;三极管 Q2 选用 2N2222A,其电流放大系数为 255.9。先对该电路进行静态分析,再进行动态分析,最后进行频率特性分析以及关键元件的参数扫描分析等。

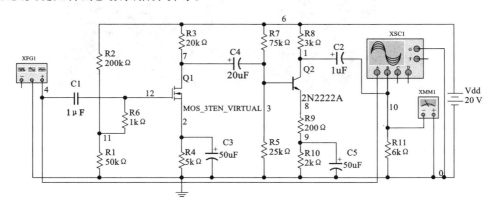

图 A-13　两级放大电路的实验电路

1. 静态分析

选择"分析"菜单中的"直流工作点分析"选项,获得电路静态分析结果如图 A-14 所示。

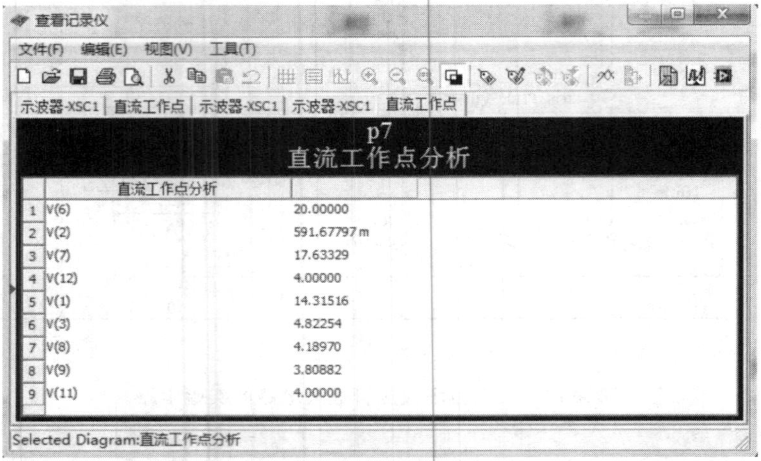

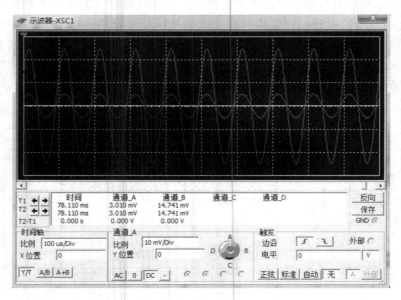

图 A-14　两级放大电路的直流工作点分析

2. 动态分析

用仪器库中的函数发生器为电路提供正弦输入信号(U_i 的幅值为 5 mV,频率为 10 kHz),用示波器观察电路的输出/输入电压波形,如图 A-15 所示。之后,根据波形图分别测量出输入/输出电压的峰值,计算出电路的电压放大倍数。

图 A-15　两级放大电路的动态分析

A.5　负反馈放大电路虚拟实验

图 A-16 所示为由分立元件构成的两级共射放大电路,电路引入交流电压串联负反馈,反馈网络由 R1 和 C6 组成。开关 S0 控制反馈网络的接入与断开(通过敲击空格"Space"键,交替实现接入和断开)。开关 S1 控制负载电阻(R4)的接入与断开(通过敲击"B"键,交替实现接入和断开)。以下通过对该电路的仿真分析,验证负反馈的基本理论,进一步加深对这些基本理论的理解。

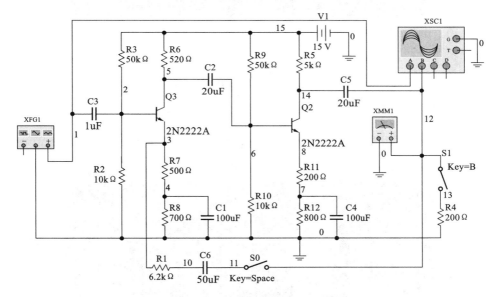

图 A-16　两级共射放大电路的实验电路

1. 测量开环电压放大倍数

敲击"Space"键,将开关 S0 断开,输入正弦电压 U_i(峰值为 20 mV,频率为 1 kHz)。用示波器观察输入/输出电压波形,如图 A-17 所示,分别测量输入/输出电压的峰值,计算开环电压放大倍数。

2. 测量闭环电压放大倍数

敲击"Space"键,将开关 S0 闭合,将输入电压幅值调整为 200 mV。用示波器观察引入反馈后的输入/输出电压波形,如图 A-18 所示。分别测量输入/输出电压的峰值,计算闭环电压放大倍数。

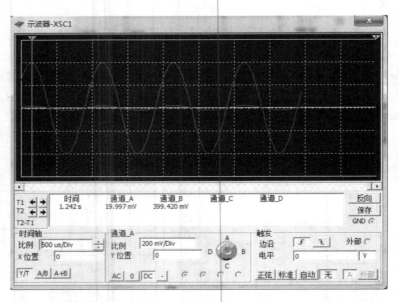

图 A-17　两级共射放大电路的开环输入/输出电压波形

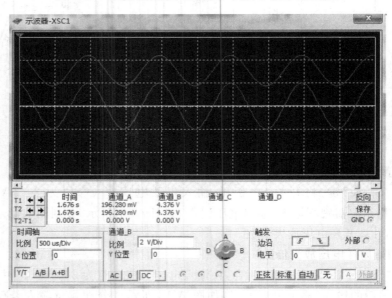

图 A-18　两级共射放大电路的闭环输入/输出电压波形

3. 测量反馈放大器开环时的输出电阻

打开数字多用表,置于正弦电压有效值测试挡。在放大电路开环时通过敲击"B"键,控制开关 S1 的断开与闭合,分别测得负载开路时输出电压和负载接入时输出电压。

S1 断开时: $U_o = 284.43$ mV

S1 闭合时:U_o＝11.48 mV

根据上述电压值计算出开环时输出电阻 R_o。

4. 测量反馈放大器闭环时的输出电阻

打开数字多用表,置于正弦电压有效值测试挡。在放大器闭环工作时通过敲击"B"键,控制开关 S1 的断开与闭合。分别测得负载开路时输出电压和负载接入时输出电压。

S1 断开时:U_o＝933.54 mV

S1 闭合时:U_o＝116.09 mV

根据上述电压值计算出闭环时的输出电阻 R_o。

5. 测量反馈放大器开环时的频率响应

令放大器工作在开环状态,选择"分析"菜单中的"交流频率分析"选项,将"交流频率分析设置"对话框中扫描的起始和终止频率分别设置为 1 Hz 和 1 GHz,扫描形式选择十进制,显示点数按缺省设置,纵向标度选择线性,选择节点 8 作输出节点。按下运行键后,得到反馈放大器开环频率响应曲线,如图 A-19 所示。

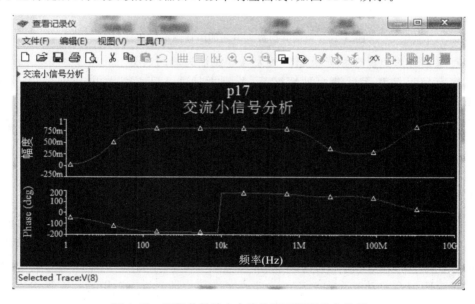

图 A-19　两级共射放大电路的开环频率响应分析

6. 测量反馈放大器闭环时的频率响应

令放大器工作在闭环状态,选择"分析"菜单中的"交流频率分析"选项,对话框参数设置与开环时的设置相同。按运行键后,得到放大器闭环频率响应曲线,如图 A-20所示。

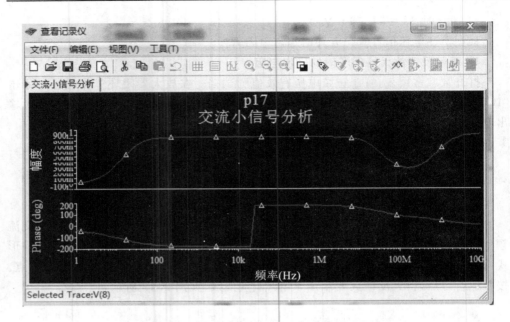

图 A-20　两级共射放大电路的闭环频率响应分析

7. 观察引入负反馈和无反馈对放大器非线性失真的改善

在有负反馈和无反馈两种情况下,分别增加输入正弦信号电压的幅值,使输出电压峰值均达到 4.5V 左右,对比有、无负反馈情况下的输出波形,可以观察到引入负反馈后,非线性失真得到明显改善(波形正、负两半周的对称性明显提高)。

A.6　差动放大电路虚拟实验

差动放大电路是模拟集成电路中使用最广泛的单元电路,它几乎是所有集成运放、数据放大器、模拟乘法器、电压比较器等电路的输入级,又几乎完全决定着这些电路的差模输入特性、共模输入特性、输入失调特性和噪声特性。以下仅对三极管构成的射极电阻耦合差动放大和恒流源差动放大进行仿真分析。对用场效应管构成的差动放大电路可采用相同方法进行分析。

在图 A-21 所示的差动放大电路中,三极管 Q1 和 Q2 的发射极通过开关 S1 在射极电阻 R3 和 Q3 构成的恒流源电路之间进行切换(即通过敲击"K"键,交替与节点 9 或 11 进行连接),实现射极电阻耦合差动放大和恒流源差动放大两种电路的转换。

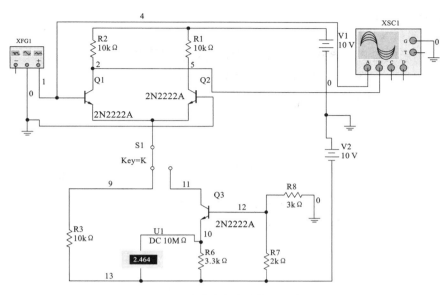

图 A-21 差动放大电路的实验电路

A.6.1 射极电阻耦合差动放大电路

在 Multisim 运行环境中建立图 A-21 所示电路。三极管 Q1、Q2 和 Q3 均选择 2N2222A,电流放大系数为 200。敲击键盘上的"K"键,将开关 S1 和 R3 相连,构成 射极电阻耦合差动放大电路。

1. 静态分析

选择"分析"菜单中的"直流工作点分析"选项,获得电路静态分析结果,如图 A-22 所示。

图 A-22 射极电阻耦合差动放大电路的直流工作点分析

2. 动态分析

1）差模输入测试分析

（1）用示波器测量差模电压放大倍数，观察波形相位关系　按单端输入（即差模输入）方式建立电路，如图 A-23 所示。用仪器库中的函数信号发生器为电路提供正弦输入信号（U_i 的幅值为 10 mV，频率为 1 kHz）。用示波器观察电路的输入/输出电压波形，分析相位关系。

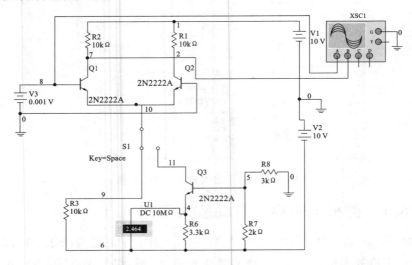

图 A-23　差模输入射极电阻耦合差动放大电路的实验电路

（2）差模输入频率响应分析　选择"分析"菜单中的"交流频率分析"选项（Simulate/Analysis/AC Frequency Analysis)），在"交流频率分析"参数设置对话框中设定：扫描起始频率为 1 Hz，终止频率为 10 GHz，扫描形式为十进制，纵向刻度为线性，节点 2 为输出节点，得到的分析结果如图 A-24 所示。

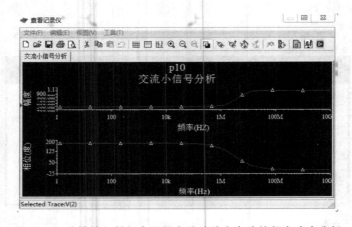

图 A-24　差模输入射极电阻耦合差动放大电路的频率响应分析

（3）共模输入测试分析 按共模输入方式建立的实验电路如图 A-25 所示。用仪器库中的函数发生器为电路提供正弦输入信号。用示波器观察电路两个输出端的输出电压波形。

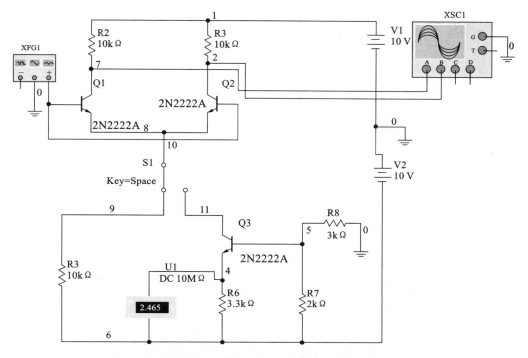

图 A-25 共模输入射极电阻耦合差动放大电路的实验电路

A.6.2 恒流源差动放大电路

在差动放大电路中采用恒流源替代射极偏置电阻，对差动放大倍数没有影响，主要是为了进一步降低共模放大倍数，提高共模抑制比。因此，这里仅对恒流源差动放大电路的共模放大倍数进行仿真分析。

在 Multisim 运行环境中建立如图 A-26 所示电路，通过敲击"K"键，将 Q1 与 Q2 的射极通过开关 S 与节点 11 连接，使其成为恒流源差动放大电路。调整 R6 电阻，使恒流源差放的静态电流与射极耦合差放电路相同，便于两者进行比较。调整函数发生器，使输入正弦波 U_i 的幅值为 100 mV，频率为 1 kHz，输入信号以共模方式接入。示波器的 A 通道接输出电压，B 通道接输入电压。

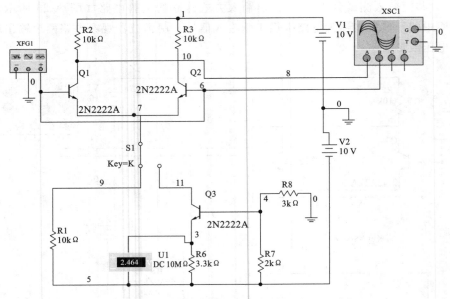

图 A-26　共模输入恒流源差动放大电路的实验电路

分析方法同 A.6.1 节。

实验数据表明,在引入恒流源后,差放电路的共模放大倍数大大降低,共模抑制比大大提高,加强了抑制零点漂移的能力。

A.7　集成运算放大器虚拟实验

A.7.1　反相比例运算电路

在 Multisim 运行环境中建立反相比例运算电路,如图 A-27 所示,将输入直流电压源 V1 的电压值设定为 1 V,在显示器件库中选择电压表接于输出端(接点 2)。电路连接完毕,点击运行按钮,电路运算结果即显示于电压表内(本实验中输出电压为 -10 V)。

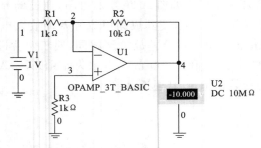

图 A-27　反相比例运算电路的实验电路

其运算关系式为 $U_o=(-R1/R2)\times V1$，本实验中反相比例系数为 -10。

选择"分析"菜单中的"传递函数分析"选项，在"传递函数分析"参数设置对话框中将输入源设置 V1，输出端设置为节点 2，点击"运行"按钮后，得到传递函数分析结果。

A.7.2　同相比例运算电路

在 Multisim 运行环境中建立同相比例运算电路，如图 A-28 所示。

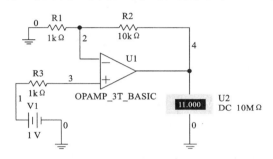

图 A-28　同相比例运算电路的实验电路

其运算关系式为 $U_o=(1+R3/R2)\times V1$，本实验中同相比例系数为 11。

选择"分析"菜单中的"传递函数分析"选项，在传递函数分析参数设置对话框中将输入源设置 V1，输出端设置为节点 4，点击"运行"按钮后，得到传递函数分析结果。

A.7.3　反相输入加法运算电路

在 Multisim 运行环境中建立反相输入加法运算电路，如图 A-29 所示。

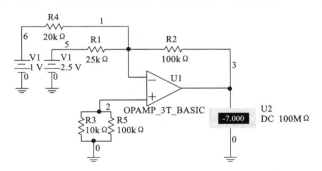

图 A-29　反相输入加法运算电路的实验电路

其运算关系式为 $U_o=(-R3/R1)\times V1+(-R3/R2)\times V2$，本实验中运行结果为 -7 V。

选择"分析"菜单中的"传递函数分析"选项，在"传递函数分析"参数设置对话框中将输入源分别设置为 V1 和 V2，输出端设置为节点 1，点击"运行"按钮后，得到传递函数分析结果。

A.7.4　减法运算电路

在 Multisim 运行环境中建立减法运算电路,如图 A-30 所示。

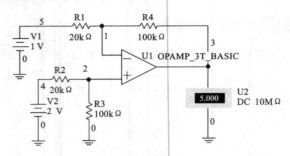

图 A-30　减法运算电路的实验电路

其运算关系式为 $U_o = [(R1 + R4/R1) \times (R3/R2 + R3)] \times V2 - (R4/R1) \times V1$,本实验中运行结果为 5 V。

选择"分析"菜单中的"传递函数分析"选项,在"传递函数分析"参数设置对话框中将输入源分别设置为 V1 和 V2,输出端设置为节点 1,点击"运行"按钮后,得到传递函数分析结果。

A.7.5　积分运算电路

在 Multisim 运行环境中建立积分运算电路,如图 A-31 所示。

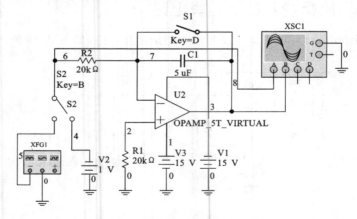

图 A-31　积分运算电路的实验电路

敲击"B"键,闭合开关 S2,使积分电路输入端接通−1V 直流电压。敲击"D"键,通过开关 S1 的通/断,在示波器上观察积分过程,其结果如图 A-32 所示。其积分关系式为 $U_o = -\dfrac{V1 \times t}{RC}$。

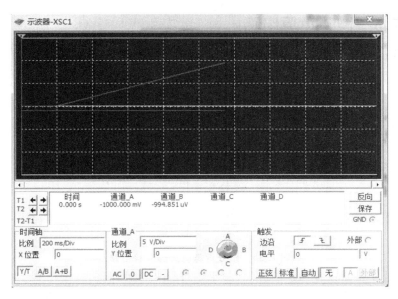

图 A-32　积分运算电路直流输入/输出实验波形

　　设置函数发生器输出(频率 5 Hz,占空比 50%,幅度 1 V)连续方波电压,闭合开关 S2,将方波输入积分器,由示波器同步观察积分运算电路的输入(VA)和输出(VB)电压波形,如图 A-33 所示。由图可知,积分运算电路可以将连续的方波信号电压转换为连续的三角波电压。

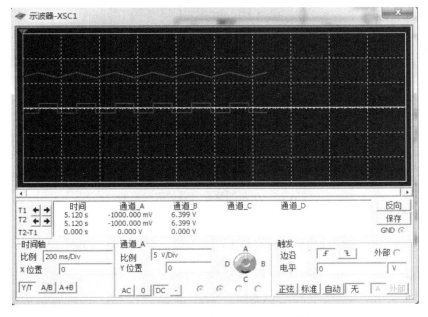

图 A-33　积分运算电路方波输入实验波形

A.7.6　微分运算电路

在 Multisim 运行环境中建立微分运算电路,如图 A-34 所示。

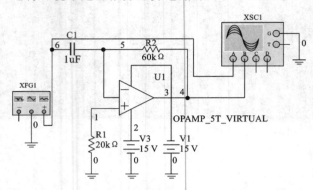

图 A-34　微分运算电路的实验电路

将函数发生器设置为连续方波(频率 5 Hz,占空比 50%,幅度 1 V),将其连接到微分运算电路的输入端。由示波器同步观察积分器的输入(VA)和输出(VB)电压波形。观察波形可知,微分运算电路可以将连续的方波转换为正负相间的连续尖脉冲。

A.7.7　仪用测量放大器

在 Multisim 运行环境中建立一个具有高输入阻抗、低输出阻抗的仪用测量放大器,如图 A-35 所示。

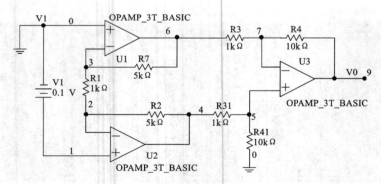

图 A-35　仪用测量放大器的实验电路

该放大器电路的运算关系式为

$$U_\circ = \frac{R4}{R3} \times \frac{1+2R2}{R1} \times (V2-V1) = 110(V2-V1)$$

放大倍数(transfer function)为

$$A_v = \frac{V0}{V2-V1} = 110$$

选择"分析"菜单中的"传递函数分析"选项,在"传递函数分析"参数设置对话框中将输入源设置为 V1,输出端设置为节点 9,点击"运行"按钮后,得到传递函数分析结果如图 A-36 所示。

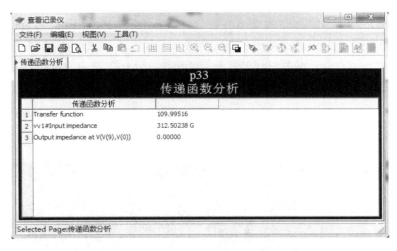

图 A-36　仪用测量放大器的传递函数分析

A.7.8　有源滤波电路

滤波器是一种能使需要的频率信号通过而同时抑制(大为衰减)不需要的频率信号的电子电路,工程上常用它来作信号处理、数据传送和抑制干扰等。利用运算放大器与无源器件 R、L、C 构成有源滤波器。由于运算放大器具有高增益、高输入阻抗和低输出阻抗等特点,使有源滤波器具有一定的电压放大和输出缓冲作用。

利用 Multisim 环境中"分析"菜单中的"交流频率分析"选项,可以方便地求得滤波器的频率响应曲线,根据频率响应曲线来调整和确定滤波电路的元件参数,很容易获得所需的滤波特性,省去了非常烦琐的人工计算,充分体现了计算机仿真技术的优越性。

1. 一阶有源低通滤波器

在 Multisim 运行环境中建立一阶有源低通滤波电路,如图 A-37 所示。

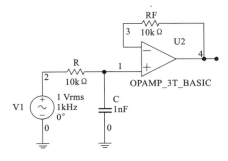

图 A-37　一阶有源低通滤波电路的实验电路

该电路的截止频率为

$$f_n = \frac{1}{2\pi RC} = 15.92 \text{ kHz}$$

选择"分析"菜单中的"交流频率分析"选项,在"交流频率分析"参数设置对话框中,将扫描起始与终止频率设置为 1 Hz 和 1 MHz,扫描形式为十进制,纵向尺度为线性,输出端为节点 3。点击"运行"按钮后,得到一阶有源低通滤波电路的幅频响应和相频响应曲线,如图 A-38 所示,其结果与理论计算结果一致。

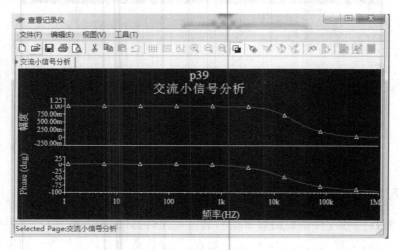

图 A-38　一阶有源低通滤波电路的频率响应分析

改变图 A-37 中 R、C 的参数值,可获得不同的截止频率。

2. 二阶有源低通滤波器

一阶滤波器电路结构简单,但当输入信号频率高于截止频率后,幅频响应衰减的速率较低,为此引入二阶滤波。在 Multisim 运行环境中建立二阶有源低通滤波电路,如图 A-39 所示。

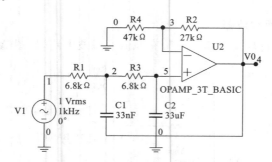

图 A-39　二阶有源低通滤波电路的实验电路

该电路的截止频率为

$$f_n = 709 \text{ Hz}$$

选择"分析"菜单中的"交流频率分析"选项,在交流频率分析参数设置对话框中,将扫描起始与终止频率设置为 1 Hz 和 1 MHz,扫描形式为十进制,纵向尺度为线性,输出端为节点 3。点击"运行"按钮后,得到二阶有源低通滤波电路的幅频响应和相频响应曲线,如图 A-40 所示。

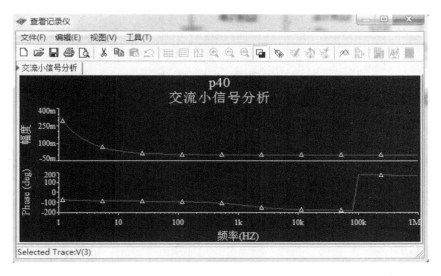

图 A-40   二阶有源低通滤波电路的频率响应分析

由图 A-40 可知,其截止频率与理论计算结果一致,且当输入信号电压高于截止频率时,二阶滤波器幅频响应下降速率明显高于一阶滤波器(下降速率由 20dB/10 倍频程增加到 40dB/10 倍频程)。

3. 一阶有源高通滤波器

将低通滤波器电路中元件 R、C 的位置互换后,电路就转换为高通滤波器电路。在 Multisim 运行环境中建立一阶有源高通滤波电路,如图 A-41 所示。

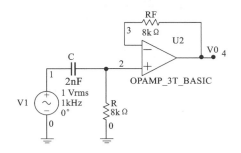

图 A-41   一阶有源高通滤波电路的实验电路

该电路截止频率为

$$f_n = \frac{1}{2\pi RC} = 9.95 \text{ kHz}$$

选择"分析"菜单中的"交流频率分析"选项,在"交流频率分析"参数设置对话框中,将扫描起始与终止频率设置为 1 Hz 和 1 MHz,扫描形式为十进制,纵向尺度为线性,输出端为节点 3。点击"运行"按钮后,得到一阶有源高通滤波电路的幅频响应和相频响应曲线,如图 A-42 所示,其分析结果与理论计算结果一致。

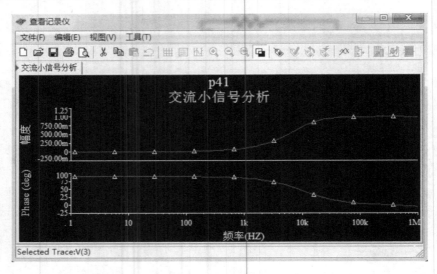

图 A-42 一阶有源高通滤波电路的频率响应分析

4. 二阶有源高通滤波器

要提高截止频率附近幅频特性的上升率,可以将一阶滤波电路改为二阶滤波电路。在 Multisim 运行环境中建立二阶有源高通滤波电路,如图 A-43 所示。

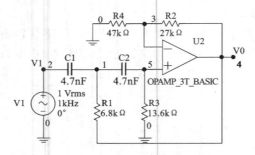

图 A-43 二阶有源高通滤波电路的实验电路

该电路的截止频率为

$$f_n = 3.52 \text{ kHz}$$

选择"分析"菜单中的"交流频率分析"选项,在"交流频率分析"参数设置对话框中,将扫描起始与终止频率设置为 1 Hz 和 1 MHz,扫描形式为十进制,纵向尺度为线性,输出端为节点 3。点击"运行"按钮后,得二阶有源高通滤波电路的幅频响应和相频响应曲线,如图 A-44 所示,其结果与理论计算结果一致。

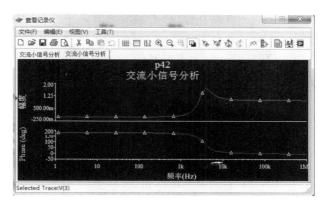

图 A-44　二阶有源高通滤波电路的频率响应分析

A.8　波形产生与变换虚拟实验

正弦波产生电路主要分为 RC 振荡电路和 LC 振荡电路两种。RC 正弦波振荡主要讨论以下电路:二极管限幅的 RC 桥式振荡器,RC 移相式振荡器,场效应管限幅的桥式振荡器和 RC 双 T 反馈式振荡器。LC 振荡器主要用来产生高频正弦信号,其选频网络是由电感和电容组成,这里主要讨论并联谐振和三点式等类型。

只要按图示元件参数连接好电路,将仪器库中的示波器连接到振荡器的输出端,点击运行按钮,即可观察到振荡器的输出正弦电压波形,通过这些电路,我们可以对 RC 振荡器的振荡条件、起振过程、稳幅措施及选频网络的选频特性等做较深入研究。另外,还可以由示波器测出电路的振荡周期和振荡频率,然后与理论值加以比较,从而加深对基本理论的理解。

A.8.1　二极管限幅的 RC 桥式振荡器

在 Multisim 运行环境中建立二极管限幅的 RC 桥式振荡电路,如图 A-45 所示。电路中 R1、R2、C1、C2 构成 RC 串并联选频网络。

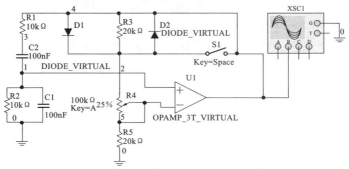

图 A-45　二极管限幅的 RC 桥式振荡电路的实验电路

首先对选频网络进行选频特性分析,在运行环境中重建选频网络电路,如图 A-46 所示。

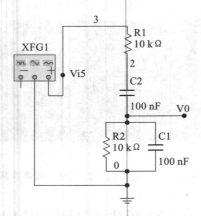

图 A-46　*RC*串并联选频网络的实验电路

设定 3 为输入节点,1 为输出节点,用仪器库中的函数发生器在输入节点输入交流正弦电压(U_i 幅值为 5 V,频率为 10 kHz)。选择"分析"菜单中"交流频率分析"选项,得到选频网络的幅频响应和相频响应曲线,如图 A-47 所示。

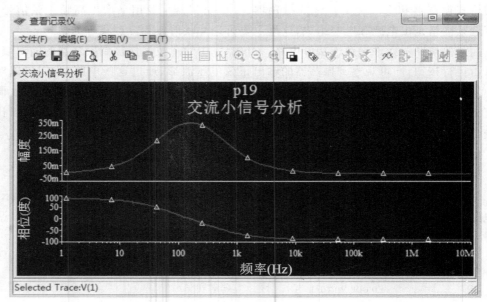

图 A-47　*RC*串并联选频网络的频率响应分析

如图 A-45 所示振荡电路,电路中的二极管 D1、D2 构成限幅环节,调节 R4 可观察幅度条件改变对振荡的影响。控制开关 S1 的通和断(或通/断电源)可由示波器观察到振荡器起振与限幅过程,分别如图 A-48、图 A-49 和图 A-50 所示。

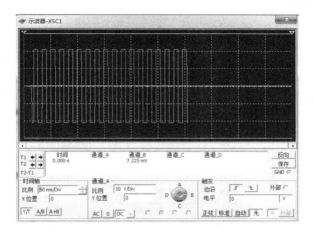

图 A-48 二极管限幅的 RC 桥式振荡电路输出波形($R4 = 100 \times 25\%\,\text{k}\Omega$, S1 断开)

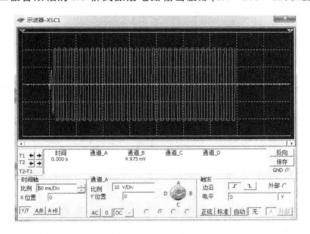

图 A-49 二极管限幅的 RC 桥式振荡电路输出波形($R4 = 100 \times 50\%\,\text{k}\Omega$, S1 断开)

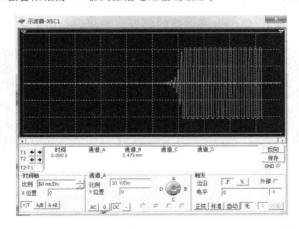

图 A-50 二极管限幅的 RC 桥式振荡电路输出波形($R4 = 100 \times 50\%\,\text{k}\Omega$, S1 闭合)

A.8.2　场效应管限幅的 *RC* 桥式振荡器

在 Multisim 运行环境中建立场效应管限幅的 *RC* 桥式振荡电路,如图 A-51 所示。此电路中,由 Q1、R3、R6 构成限幅环节。C3、R5、R7、R4、D1 组成输出电压负半波整流滤波电路,为 N 沟道结型场效应管 Q1 提供一可调的直流负偏压,以调整场效应管的沟道电阻。

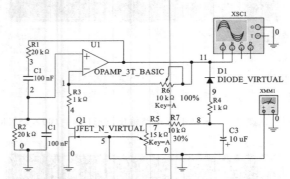

图 A-51　场效应管限幅的 *RC* 桥式振荡电路的实验电路

当电路连接完毕进行仿真实验时,可先调整 R5 使 Q1 的栅偏压为零(栅极接地),再调整 R6 使电路产生振荡(此时输出电压波形失真较严重),此时再调节 R5 增加 Q1 的栅极负偏压值,输出电压波形失真会得到明显改善,直到满意为止。

电路的起振与限幅过程说明如下:当电路起振时,输出电压为零,二极管 D1 截止,Q1 栅偏压为零,沟道电阻小,放大器电压放大倍数大,因为电路满足振荡条件,所以输出电压波形幅值将由零开始急剧增大,如图 A-52 所示;随着输出电压幅值的增大,二极管 D1 导通,Q1 的负栅压伴随着输出电压幅值增大而增大。受不断增大的负栅压影响,Q1 的沟道电阻也在不断增大,与此同时受 Q1 沟道电阻增大的影响放大器的电压放大倍数也在不断减小;如果 R6 和 R5 参数调整合适,在输出电压峰值产生非线性失真之前,电路的环路放大倍数 A_f 由大于 1 减小到等于 1,此时输出电压稳定,如图 A-53 所示;整个振荡电路的起振与稳幅过程结束。

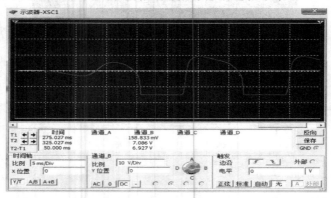

图 A-52　场效应管限幅的 *RC* 桥式振荡电路的起振波形

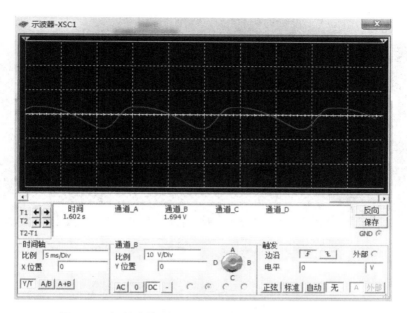

图 A-53　场效应管限幅的 *RC* 桥式振荡电路的输出波形

A.8.3　*RC* 移相式振荡器

根据振荡相位条件,要实现振荡,*RC* 移相网络需要完成 180°相移。而一级 *RC* 移相网络的相移最大为 90°。因此,必须采用三级(或三级以上)*RC* 移相网络,才能实现 180°相移。在 Multisim 运行环境中建立 *RC* 移相式正弦波振荡电路,如图 A-54 所示。该电路由反相放大器与三级 *RC* 移相网络组成。因为未采取限幅措施,所以输出波形的顶部有明显的非线性失真,如图 A-55 所示。

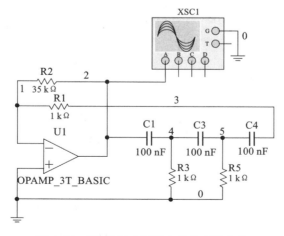

图 A-54　*RC* 移相式振荡电路的实验电路

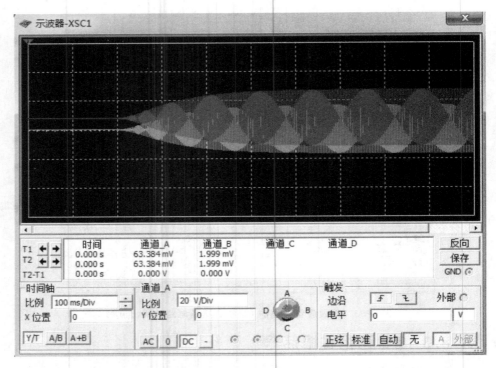

图 A-55　RC 移相式振荡电路的输出波形

　　在 Multisim 运行环境中建立新的 RC 移相式正弦波振荡电路，如图 A-56 所示。该电路中二极管 D1 和 D2 构成了限幅环节。采取限幅措施后，输出波形的顶部没有出现失真，如图 A-57 所示。

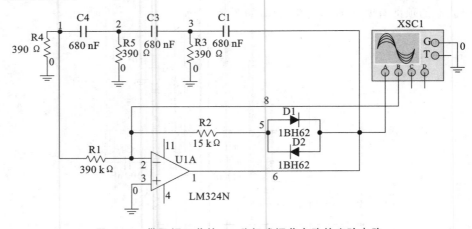

图 A-56　带限幅环节的 RC 移相式振荡电路的实验电路

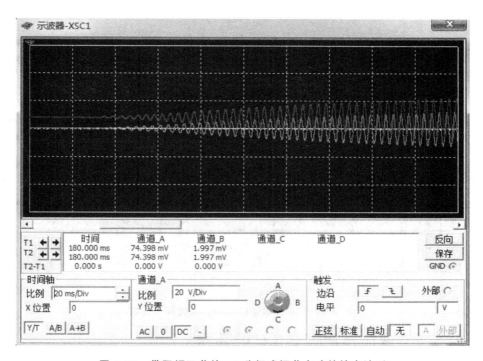

图 A-57　带限幅环节的 *RC* 移相式振荡电路的输出波形

A.8.4　*LC* 并联谐振回路的选频特性

LC 并联谐振回路决定了 *LC* 振荡器的振荡频率。下面通过 Multisim 运行环境中的"交流频率分析"选项,对 *LC* 并联谐振回路的选频特性进行分析。

在 Multisim 运行环境中建立 *LC* 并联谐振回路,如图 A-58 所示,在信号源库中选择正弦交流电压源作为激励信号,选择"分析"菜单中的"交流频率分析"选项,在"交流频率分析参数设置"对话框中设置扫描的起始与终止频率分别为 200 Hz 和 1 GHz,扫描形式为十进制,显示点数为缺省设置,纵向尺度为线性,节点 1 为输出节点。点击"运行"按钮得到交流频率仿真结果,如图 A-59 所示。

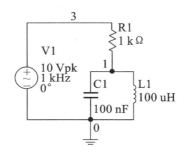

图 A-58　*LC* 并联谐振回路的实验电路

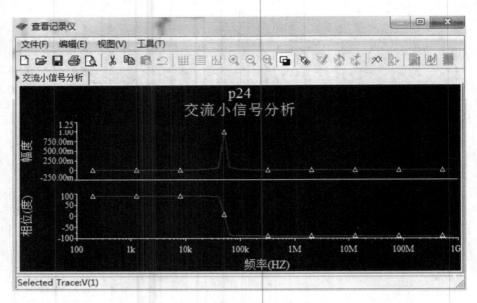

图 A-59　*LC* 并联谐振回路的交流频率分析

A.8.5　变压器反馈式 *LC* 振荡器

在 Multisim 运行环境中建立变压器反馈式 *LC* 振荡电路,如图 A-60 所示。

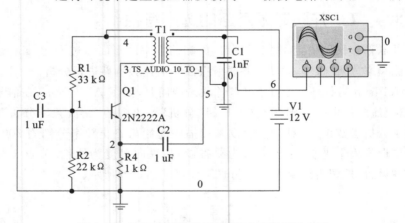

图 A-60　变压器反馈式 *LC* 谐振电路的实验电路

变压器 T1 作为反馈元件,其二次绕组与电容 C1 构成并联谐振选频网络。将变压器的电感量设置为 0.001H,电容 C1 的电容量设置为 0.001μF。反馈量由二次绕组抽头引入共基极放大器的输入端,可以减小放大器输入阻抗对 *LC* 并联谐振回路品质因数(Q)值的影响。选择"分析"菜单中的"直流工作点分析"选项,对振荡电路的静态情况进行分析,分析结果如图 A-61 所示,放大器工作正常。振荡电路的起振波形如图 A-62 所示。

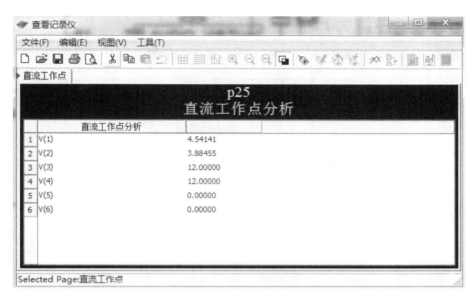

图 A-61　变压器反馈式 *LC* 谐振电路的直流工作点分析

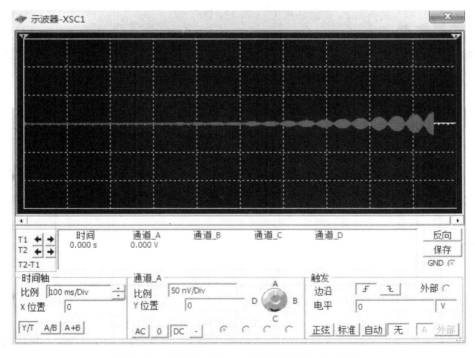

图 A-62　变压器反馈式 *LC* 谐振电路的起振波形

A.8.6 三点式 *LC* 振荡器

在 Multisim 运行环境中建立三点式 *LC* 振荡器电路,如图 A-63 所示。

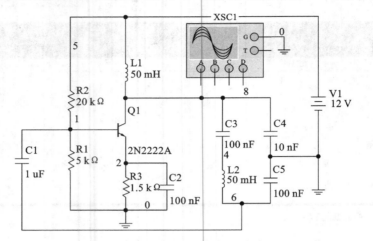

图 A-63 三点式 *LC* 振荡器的实验电路

三点式 *LC* 振荡器的实验分析方法如下。

(1)用"分析"菜单中的"直流工作点分析"选项分析电路的静态工作点,分析结果如图 A-64 所示。

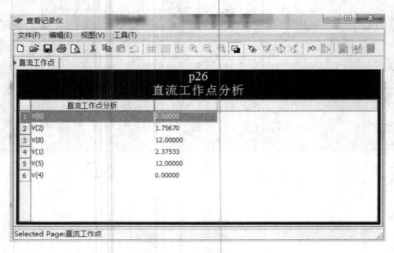

图 A-64 三点式 *LC* 振荡器电路的直流工作点分析

(2)用仪器库中的示波器观察电路的输出波形,如图 A-65 所示,测量其振荡频率,并与通过理论分析求得的电路振荡频率相比较。

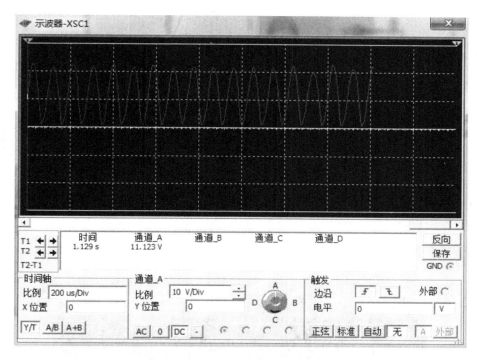

图 A-65 三点式 *LC* 振荡器电路的振荡输出波形

A.9 功率放大电路虚拟实验

在电子电路中,人们对电压放大器的主要要求是得到不失真的电压信号,其考核的主要指标是电压放大倍数、输入和输出电阻等,对输出功率基本没有较高的要求。而功率放大器则不同,对它的主要要求是具有一定的不失真(或失真较小)的输出功率。由于功率放大电路的电子元件通常都是在大信号下工作的,因此要解决好输出功率大、效率高和非线性失真之间的矛盾。以下分别对双电源和单电源互补对称功放电路进行仿真分析。

A.9.1 双电源互补对称功率放大电路

在 Multisim 运行环境中建立双电源互补对称功率放大电路(也称 OCL 电路),如图 A-66 所示。图中 D1、D2 和 RW 为 Q1、Q2 提供适当静态偏置,克服由三极管门坎电压造成的交越失真。调节函数发生器的设置参数,令输入正弦波电压 U_i 峰值为 10 V,频率为 1 kHz。用示波器同步观察输入/输出波形,敲击"R"键,调节可调电阻 R4 的大小,改变 Q1 和 Q2 的偏置电压,直至消除交越失真为止。敲击"A"键,改变开关 S1 的通断,可以观察到交越失真现象,如图 A-67 所示。

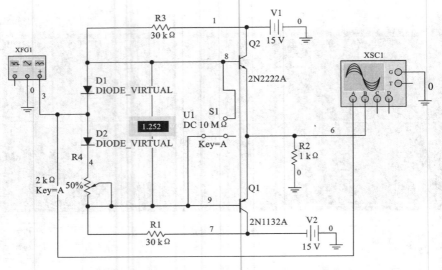

图 A-66　双电源互补对称功率放大电路的实验电路

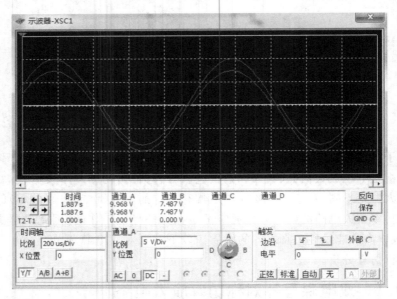

图 A-67　双电源互补对称功率放大电路的输出波形(一路有交越失真,一路无交越失真)

A.9.2　单电源互补对称(OTL)功放电路

在 Multisim 运行环境中建立带自举电路的单电源互补对称功放电路(也称 OTL 电路),如图 A-68 所示。连接好电路之后,敲击"A"键,调节可调电阻 RW2,使节点 6 的直流电位为 $\dfrac{V1}{2}$。调节函数发生器使输入正弦电压(U_i)峰值 10 mV,频率为 1 kHz。用示波器同步观察输入/输出电压波形,敲击"W"键,调节可调电阻 RW1 克服交越失真。与双电源互补对称功率放大电路的输出波形相比,可以发现,单电源互补对称功放电路输出电压正/负两半周的对称性稍差。

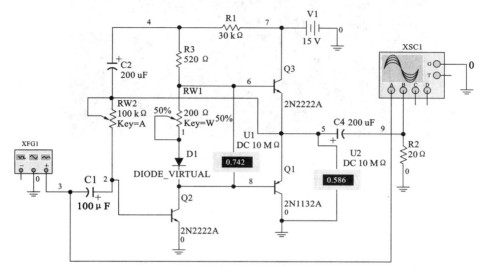

图 A-68　单电源互补对称功放电路的实验电路

图 A-68 中电阻 R 与电容 C 组成自举电路,用来提高输出电压正半周的峰值。可通过电容 C 断开与接入时输出电压正半周的变化来观察自举电路的作用。

A.10　直流稳压电源虚拟仿真实验

A.10.1　桥式整流电容滤波电路

在 Multisim 运行环境中建立单相桥式整流电容滤波电路,如图 A-69 所示。

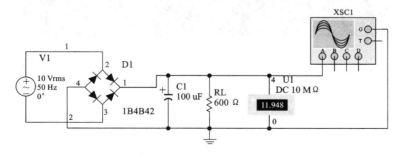

图 A-69　单相桥式整流电容滤波电路的实验电路

（1）断开滤波电容 C1,点击“运行”按钮,用示波器观察电阻 RL 两端的波形,此时 RL 两端的电压波形为一全波整流波形,如图 A-70 所示。

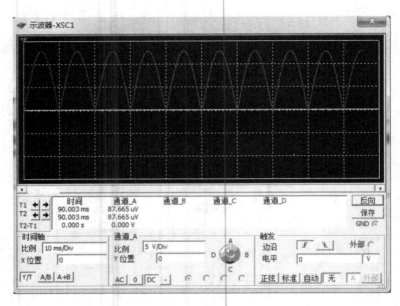

图 A-70　单相桥式全波整流电路的输出波形

（2）接入滤波电容 C1，用示波器观察 RL 两端电压波形，如图 A-71 所示。在滤波电容作用下，输出电压较为平滑，输出直流平均电压得到提升。

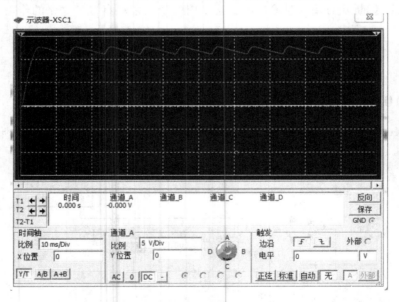

图 A-71　单相桥式全波整流电容滤波电路的输出波形

A.10.2　串联反馈式稳压电源

在 Multisim 运行环境中建立串联反馈式稳压电源，如图 A-72 所示。实验内容如下。

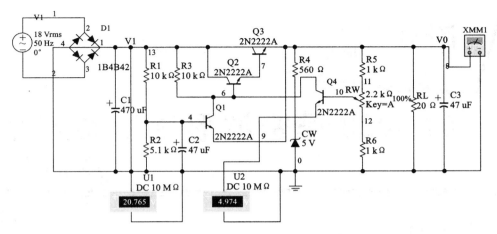

图 A-72 串联反馈式稳压电源的实验电路

（1）敲击"A"键，调节可调电阻 RW，使输出电压 V0＝10 V，测量以下各点电位，根据各点电位判断晶体管的工作状态。测量结果如表 A-1 所示。

表 A-1 串联反馈式稳压电源电路各点电位测量结果

V0/V	VC2/V	VB2/V	VE4/V	VB4/V	VB1/V
10	19.9	11.6	5.0	5.6	5.9

（2）测量输出电压调节范围。改变 RW，测量 V0 的最大值和最小值，并与理论计算值进行比较。本实验中 V0 的范围为 15.7～7.4 V。

（3）测量稳压电源的输出电阻。断开负载电阻 RL，调节 RW，使输出电压 V0＝12V。接入负载 RL＝20 欧，测量输出电压 V0 的大小，按公式 $R_0＝\Delta V0/\Delta I0$ 计算输出电阻。本实验中，V0＝11.935V，$\Delta V0＝0.065A$，$\Delta I0＝2.84mA$，求得 $R_0＝22.89\ \Omega$。

（4）测量稳压电源的稳压系数。接入负载电阻 RL，使输出电压 V0＝12V。调节输入交流电压 V1＝18×（1＋10％）V，测量稳压电源输出电压值。由下列公式计算稳压系数。$S_r＝（\Delta V0/V0）/（\Delta V1/V1）$。本实验中 V1＝19.8V，$\Delta V0＝0.042V$，$\Delta V1＝0.8V$，求得 $S_r＝0.087$。把电阻 R3 改为 5.1 kΩ，重新测量稳压器的输出电阻和稳压系数。并与上述的测量结果相比较，体会 R3 的作用。当 R3＝5.1 kΩ，测得 $\Delta V0＝0.038\ V$，求得 $S_r＝0.071$。

（5）输出短路保护测试。将稳压器的输出端短路，测量一下各点电位，并判定管子的工作状态，体会三极管 Q1 组成的短路保护电路工作原理。

表 A-2 串联反馈式稳压电源电路短路时各点电位测试结果

VC1/mV	VB1/mV	VC2/mV	VB2/mV
24.3	709	26.3	24.3

附录 B

ICL8038 精密波形发生器芯片及应用

1. 总体描述

ICL8038 的波形发生器是一个用最少的外部元件就能产生高精度正弦波、方波、三角波、锯齿波和脉冲波的单片集成电路。频率（或重复频率）从 0.001 Hz 到 300 kHz 可以选用电阻器或电容器来调节，调频及扫描可以由同一个外部电压完成。ICL8038 精密波形发生器是采用肖特基势垒二极管等先进工艺制成的单片集成电路芯片，特点如下。

(1) 温度变化时具有低的频率漂移，最大不超过 5×10^{-7} Hz/℃。

(2) 正弦波输出具有低于 1% 的失真度。

(3) 三角波输出具有 0.1% 高线性度。

(4) 具有 0.001 Hz～1 MHz 的频率输出范围，工作周期宽。

(5) 输出电平从 TTL 电平至 28V。

(6) 具有正弦波、三角波和方波等多种函数信号输出。

(7) 易于使用，只需要很少的外部元件。

ICL8038 芯片的封装引脚及实物如图 B-1 所示，内部原理如图 B-2 所示。

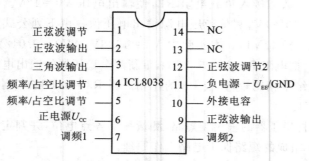

正弦波调节	1		14	NC
正弦波输出	2		13	NC
三角波输出	3		12	正弦波调节2
频率/占空比调节	4 ICL8038		11	负电源 $-U_{EE}$/GND
频率/占空比调节	5		10	外接电容
正电源 U_{CC}	6		9	正弦波输出
调频1	7		8	调频2

图 B-1　ICL8038 封装引脚及实物

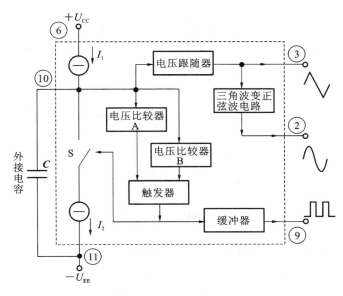

图 B-2　ICL8038 内部原理框图

ICL8038 的基本工作原理是由内部两个恒流源来完成外接电容 C 的充电和放电过程,实现振荡。恒流源 1 对电容 C 连续充电,增加电容电压,从而改变比较器的输入电平,比较器的状态改变,带动触发器翻转来使恒流源 2 对电容 C 放电,当触发器的状态使恒流源 2 处于关闭状态,电容电压达到比较器 A 输入电压规定值的 2/3 时,比较器 A 状态改变,使触发器工作状态发生翻转,将模拟开关 S 由恒流源 1 接到恒流源 2。此时电容器处于放电状态,在单位时间内电容器端电压将线性下降,当电容电压下降到比较器 B 的输入电压规定值的 1/3 时,比较器 B 状态改变,使触发器又翻转回到原来的状态,这样周期性的循环,从而完成振荡过程。

2. 最大限值范围

供电电压　($U_{CC}\sim-U_{EE}$)......................................36 V

输入电压　(任何管脚)....................................$-U_{EE}$ 至 U_{CC}

输入电流　(管 4～5).......................................25 mA

输出电流　(管脚 3 和 9)...................................25 mA

3. 基本应用电路

由图 B-3 所示的基本电路很容易获得四种函数信号。假如电容器在充电过程和在放电过程的时间常数相等,而且在电容充放电时,电容电压就是三角波,三角波信号由此获得。由于触发器的工作状态变化时间也是由电容电压的充放电过程决定的,所以,触发器的状态翻转,就能产生方波信号,在芯片内部,这两种函数信号经功率放大,并从管脚 3 和管脚 9 输出。适当选择外部的电阻 R_A、R_B 和 C,可以满足方波等信号在频率、占空比调节的要求,所以,只要调节电容器充放电时间不相等,就可获得锯齿波等信号。

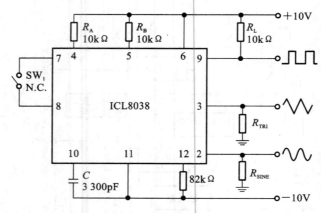

图 B-3　ICL8038 的基本应用电路

4. 波形调节

如图 B-4(a)所示,所有信号波形对称都可由外部时间电阻器来调整。R_A 控制三角波,正弦波的上升部分和矩形波为"1"时的状态。图 B-4(b)所示为具有微调功能的应用电路,如果占空比仅在 50% 的小范围内变化,1kΩ 的电位器比较方便,但如果需要较为严格的 50% 占空比,用 2kΩ 或 5kΩ 的电位器为好。

三角信号波形的大小被设置在 1/3 电源电压;因此三角的上升的部分是

$$t_1 = \frac{C \times U_{CC}}{I} = \frac{C \times 1/3 \times U_{CC} \times R_A}{0.22 \times U_{CC}} = \frac{R_A \times C}{0.66}$$

三角波和正弦波下降部分和矩形波为"0"的状态是

$$t_2 = \frac{C \times U}{I} = \frac{C \times 1/3 U_{CC}}{2(0.22)\dfrac{U_{CC}}{R_B} - 0.22 \dfrac{U_{EE}}{R_A}} = \frac{R_A R_B R_C}{0.66(2R_A - R_B)}$$

当 $R_A = R_B$ 时占空比为 50%,输出波形如图 B-5 所示。

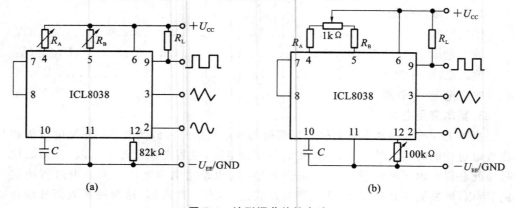

(a)　　　　　　　　　　　　　　　　　(b)

图 B-4　波形调节外接电路

(a)独立调节的波形发生应用电路　(b)具有微调功能的波形发生应用电路

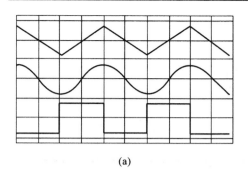

(a)

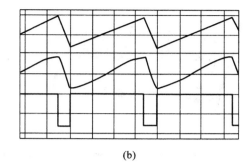

(b)

图 B-5　相位关系波形

（a）方波占空比 50％　（b）方波占空比 80％

5. 减少失真

为了减小正弦波失真，在管脚 11 和 12 之间的电阻最好是可变电阻。这种设计可以输出波形达到低于 1％ 的失真度。为了减少得更多，两个电位器可按照图 B-6 所示的连接，这种典型构造可使正弦波失真度减少到约 0.5％。

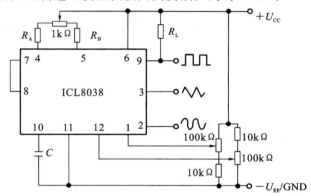

图 B-6　正弦波失真达到最低的连接

参考文献

[1] 康华光.电子技术基础(模拟部分)[M].5 版.北京:高等教育出版社,2006.

[2] 童诗白,华成英.模拟电子技术基础[M].4 版.北京:高等教育出版社,2006.

[3] 李哲英.电子技术及其应用基础(模拟部分)[M].北京:高等教育出版社,2003.

[4] 蔡惟铮.基础电子技术[M].北京:高等教育出版社,2004.

[5] 瞿安连.应用电子技术[M].北京:科学出版社,2003.

[6] 周淑阁.模拟电子技术基础[M].北京:高等教育出版社,2004.

[7] 江晓安,董秀峰.模拟电子技术[M].3 版.西安:西安电子科技大学出版社,2008.

[8] 杨素行.模拟电子技术基础简明教程[M].3 版.北京:高等教育出版社,2006.

[9] IAN HICKMAN. Analog Electronics(Second Edition). Woburn:Newnes Publishing Ltd,1999.

[10] 秦增煌.电工学(上、下册)[M].5 版.北京:高等教育出版社,2000.

[11] 沙占友,王彦朋,周万珍.单片开关电源最新应用技术[M].北京:机械工业出版社,2006.

[12] 张友纯.模拟电子线路学习指导[M].武汉:华中科技大学出版社,2010.

[13] 于卫.模拟电子技术实验及综合实训教程[M].武汉:华中科技大学出版社,2008.

[14] 李霞.模拟电子技术基础[M].武汉:华中科技大学出版社,2009.